PRÉVENIR LES RISQUES D'UNE OPÉRATION DE CONSTRUCTION

DANS LA MÊME COLLECTION :

Réussir la passation des marchés publics
Guide des maîtres d'ouvrage
Olivier Hache
192 pages, 2e édition 2004.

La maintenance des bâtiments en 250 fiches pratiques
Contexte et enjeux – Diagnostics et contrôles réglementaires – Fiches techniques de suivi des ouvrages
Jean-René Albano
492 pages, 2e édition 2005.

160 séquences pour mener une opération de construction
Des études préalables à l'achèvement de l'ouvrage – Actions techniques et démarches administratives
Hervé Debaveye et Pierre Haxaire
376 pages, 4e édition 2005.

Conduire son chantier
Rôle et responsabilités des intervenants – Mise au point du dossier marché de travaux – Préparation du chantier – Exécution des travaux – Achèvement du chantier
Jacques Armand, Yves Raffestin, Daniel Couffignal, Bernard Dugaret et Gilles Péqueux
340 pages, 7e édition 2003.

La gestion financière des chantiers de bâtiment et de travaux publics
Étude de prix – La gestion prévisionnelle et son contrôle – Mémoire de l'entreprise
André Claude
304 pages, 2e édition 2004.

PRÉVENIR LES RISQUES D'UNE OPÉRATION DE CONSTRUCTION

130 FICHES D'AIDE À LA DÉCISION

Michel Rabatel
Ingénieur des travaux publics

Philippe Estingoy
Directeur départemental de l'équipement

EDITIONS
LE MONITEUR
17, rue d'Uzès – 75002 Paris

ISBN : 2.281.11306.X
www.editionsdumoniteur.com

AVANT-PROPOS

Le présent ouvrage recense cent trente situations à risque rencontrées au cours d'opérations de construction de bâtiments. L'expression « situation à risque » désigne tout dysfonctionnement, maladresse ou incompréhension susceptible de générer une augmentation notable du coût ou du délai de l'opération.

Chacun de ces événements fait l'objet d'une fiche répondant systématiquement au schéma suivant :
- Identification du problème ;
- Analyse ;
- Solution.

La rubrique « Solution » donne à l'utilisateur des conseils pratiques destinés à éviter la situation à risque étudiée, ou à en faciliter la gestion.

Certaines fiches comportent une rubrique « Commentaire » ou proposent des références documentaires.

Toutes les fiches sont rédigées par référence à des situations réelles rencontrées par les auteurs, de manière souvent récurrente.

Les auteurs

Philippe Estingoy et Michel Rabatel

AVERTISSEMENT

Malgré le succès qu'il a rencontré, l'ouvrage *Montage et suivi d'une opération de construction,* dont la seconde édition est parue aux Éditions du Moniteur en 2002, ne pourra être réédité, pour des motifs indépendants de la volonté des auteurs et de l'éditeur.

Les utilisateurs de cet ouvrage retrouveront dans *Prévenir les risques d'une opération de construction* des conseils issus de la pratique des métiers de la maîtrise d'ouvrage, de la conduite d'opération et de la conduite de projets publics de construction.

Vingt-six fiches du présent ouvrage reprennent des travaux et analyses développés dans *Montage et suivi d'une opération de construction.*

À la date de la mise sous presse du présent ouvrage, une réforme du Code des marchés publics est attendue. Son impact ne concerne qu'une dizaine de fiches et devrait se réduire, le plus souvent, à une simple modification de la numérotation de l'article cité.

Pour l'utilisation pratique des fiches renvoyant à un article du Code, il est conseillé au lecteur de corriger le n° de l'article, puis de s'assurer de la cohérence de la fiche avec le contenu dudit article.

L'éditeur

PRÉFACE

La complexité de l'environnement technique, administratif et réglementaire dans lequel doit être réalisée une opération publique de construction ou de réhabilitation de bâtiment a, en quelques décennies, transformé la fonction de maître d'ouvrage public en un véritable métier, nécessitant des compétences spécifiques.

Les maîtres d'ouvrage, qui ne possèdent pas nécessairement ces compétences car elles peuvent être totalement étrangères à leur cursus de formation initiale, à leur expérience professionnelle antérieure ou à leur domaine professionnel principal, recourent à l'assistance de spécialistes tels le mandataire ou le conducteur d'opération.

Cette professionnalisation de la maîtrise d'ouvrage publique doit permettre au décideur de se donner les moyens de gérer ou de faire gérer son opération dans le respect des obligations réglementaires et des règles de l'art, en limitant au maximum les risques juridiques et financiers. Cela fait partie de la politique « qualité » que tout investisseur public doit s'appliquer à intégrer.

Toutefois, même pour des acteurs professionnels, la gestion d'un investissement immobilier public n'est jamais un long fleuve tranquille, et les embûches sont nombreuses.

La victime en est toujours la collectivité publique concernée avec, dans son sillage, son représentant légal.

Le présent ouvrage recense, d'une manière claire et synthétique, des dysfonctionnements récurrents rencontrés sur des opérations réelles par les praticiens de la maîtrise d'ouvrage et de la conduite d'opérations publiques de construction que sont Philippe Estingoy et Michel Rabatel. Il donne au lecteur les éléments de base indispensables pour les contourner ou les corriger.

Les cent trente fiches de cas qui y sont présentées constituent autant de signaux de vigilance qui seront précieux aux maîtres d'ouvrage publics mais aussi à leurs partenaires les plus proches, mandataires, conducteurs d'opérations, maîtres d'œuvre, assistants internes ou externes des collectivités ou des établissements publics.

Une très large majorité des situations décrites peuvent aussi caractériser des opérations privées de construction.

Prévenir les risques d'une opération de construction sera très vite reconnu comme une arme indispensable aux chasseurs de retards et de surcoûts de toutes natures.

Christian Dutreil
Inspecteur général des affaires sociales

SOMMAIRE

LISTE DES SIGLES ET ABRÉVIATIONS

AAPC	Avis d'appel public à la concurrence
ACT	Assistance à la passation des contrats de travaux
Ademe	Agence de l'environnement et de la maîtrise de l'énergie
Afnor	Association française de normalisation
AMO	Assistance à maîtrise d'ouvrage, assistant à maître de l'ouvrage
Anah	Agence nationale pour l'amélioration de l'habitat
APD	Avant-projet définitif
APS	Avant-projet sommaire
Arene	Agence régionale de l'environnement et des nouvelles énergies
ATE	Agrément technique européen
Basias	Base de données des anciens sites industriels et activités de service
BET	Bureau d'études techniques
BOAMP	Bulletin officiel des annonces des marchés publics
BPU	Bordereau des prix unitaires
BRGM	Bureau des recherches géologiques et minières
CAO	Commission d'appel d'offres
Cated	Centre d'assistance technique et de documentation
CAUE	Conseil d'architecture, d'urbanisme et de l'environnement
CCAG	Cahier des clauses administratives générales des marchés de l'État
CCAP	Cahier des clauses administratives particulières
CCATP	Cahier des clauses administratives et techniques particulières
CCH	Code de la construction et de l'habitation
CCM	Commission centrale des marchés
CCP	Cahier des clauses particulières
CCRA	Comité consultatif des règlements amiables
CISSCT	Collège interentreprises de sécurité, de santé et des conditions de travail
CCTBPC	Centre technique des tuiles et briques et produits céramiques
CCTG	Cahier des clauses techniques générales
CCTP	Cahier des clauses techniques particulières
CEN	Comité européen de normalisation
Cenelec	Comité européen de normalisation électrotechnique
CET	Centre d'enfouissement technique
CGCT	Code général des collectivités territoriales
CHSCT	Comité d'hygiène, de sécurité et des conditions de travail
CISSCT	Collège interentreprises de sécurité, de santé et des conditions de travail
CMP	Code des marchés publics
Coprec	Comité des organismes de prévention et de contrôle
COS	Coefficient d'occupation du sol
Costic	Comité scientifique et technique de l'industrie du chauffage, de la ventilation et du conditionnement d'air

CPS	Cahier des prescriptions spéciales
CRAM	Caisse régionale d'assurance maladie
Credef	Centre de recherches, d'études, de diagnostics et de formation
CSPS	Coordonnateur sécurité et protection de la santé
CSTB	Centre scientifique et technique du bâtiment
CT	Contrôleur technique
CTBA	Centre technique du bois et de l'ameublement
CTICM	Centre technique industriel de la construction métallique
DAJ	Direction des affaires juridiques
DAO	Dessin assisté par ordinateur
DAT	Déclaration d'achèvement des travaux
DCE	Dossier de consultation des entreprises
DD	Déchets dangereux
DDA	Direction départementale de l'agriculture
DDE	Direction départementale de l'équipement
DE	Détail estimatif
DGCCRF	Direction générale de la concurrence, de la consommation et de la répression des fraudes
DGD	Décompte général définitif
DI	Déchets inertes
DIB	Déchets industriels banals
DICT	Déclaration d'intention de commencement de travaux
DIU	Dossier d'intervention ultérieure sur l'ouvrage
DMLT	Dossier de maintenance des lieux de travail
DOE	Dossier des ouvrages exécutés
DPGF	Décomposition du prix global forfaitaire
DQE	Devis quantitatif estimatif
DRT	Direction des relations du travail
DTU	Document technique unifié
DUP	Déclaration d'utilité publique
EDF-GDF	Électricité de France - Gaz de France
EOTA	European Organisation for Technical Approval
ERP	Établissement recevant du public
EU	Eaux usées
EV	Eaux vannes
FFB	Fédération française du bâtiment
GPEM	Groupement permanent d'études de marchés
GTB	Gestion technique des bâtiments
HLM	Habitation à loyer modéré
HQE	Haute qualité environnementale
IGH	Immeuble de grande hauteur
INRS	Institut national de recherche et de sécurité pour la prévention des accidents du travail et des maladies professionnelles
ITBTP	Institut technique du bâtiment et des travaux publics
JAL	Journal d'annonces légales
JOUE	Journal officiel de l'Union européenne

MAPA	Marchés à procédure adaptée
MIQCP	Mission interministérielle pour la qualité des constructions publiques
MO	Maître de l'ouvrage
MOE	Maître d'œuvre
MOP	Maîtrise d'ouvrage publique (loi MOP, du 12 juillet 1985)
MOUS	Maîtrise d'œuvre urbaine et sociale
NGF	Nivellement général de la France
NRE	Nouvelles régulations économiques
OGBTP	Office général du bâtiment et des travaux publics
OPC	Ordonnancement, pilotage, coordination
OPPBTP	Organisme professionnel de prévention du bâtiment et des travaux publics
OPQIBI	Organisation professionnelle de qualification de l'ingénierie du bâtiment et de l'infrastructure
OPQTECC	Organisation professionnelle de qualification des techniciens de l'économie de la construction et de la coordination
OPR	Opérations préalables à la réception
Otua	Office technique pour l'utilisation de l'acier
PAE	Plan d'assurance de l'environnement
PAQ	Plan d'assurance qualité
PEO	Plan d'exécution des ouvrages
PGC	Plan général de coordination
PLD	Plafond légal de densité
PLU	Plan local d'urbanisme
POS	Plan d'occupation des sols
PPSPS	Plan particulier de sécurité et de protection de la santé
PRE	Participation pour raccordement à l'égout
PRM	Personne responsable du marché
PRO	Projet
PUC	Police unique de chantier
QSE	Qualité sécurité environnement
RC	Responsabilité civile
RIA	Robinet d'incendie armé
SCI	Société civile immobilière
SEM	Société d'économie mixte
Setra	Service d'études techniques des routes et autoroutes
SHa	Surface habitable
SHOB	Surface hors œuvre brute
SHON	Surface hors œuvre nette
SHOP	Surface hors œuvre pondérée
SIQ	Spécifications initiales qualité
SME	Système de management environnemental
SOPAE	Schéma organisationnel du plan d'assurance environnement
SOPAQ	Schéma organisationnel du plan d'assurance qualité
SPS	Sécurité et protection de la santé
SSI	Système de sécurité incendie

TDCAUE	Taxe départementale pour le financement des conseils d'architecture, d'urbanisme et de l'environnement
TDENS	Taxe départementale pour les espaces naturels sensibles
TLE	Taxes locales d'équipement
TPG	Trésorier payeur général
TRC	Police « tous risques chantiers »
UGAP	Union des groupements d'achats publics
Untec	Union nationale des techniciens économistes de la construction et des coordonnateurs
VRD	Voirie et réseaux divers
ZAC	Zone d'aménagement concerté
ZPPAU	Zone de protection du patrimoine architectural et urbain

1

ÉTUDES PRÉALABLES

MANQUE DE CONVICTION DU MAÎTRE DE L'OUVRAGE POUR LES ÉTUDES PRÉALABLES

Identification du problème

« Les études préalables permettent, avant de lancer une opération, de préciser la demande et de choisir la meilleure solution pour y répondre. Leur réalisation aide le maître d'ouvrage à " préparer le terrain " et sensibiliser l'ensemble des personnes concernées. » Cette définition est extraite de l'ouvrage de la Mission interministérielle pour la qualité des constructions publiques (MIQCP) : *Études préalables et programme d'une construction publique*, publié en 1988, qui constitue une référence en la matière.

Les maîtres d'ouvrage publics ont souvent de bonnes raisons de vouloir engager la construction de leurs bâtiments au plus vite :
– pression d'associations ;
– surcoûts de fonctionnement à résorber ;
– échéances diverses (rentrée scolaire, élections, obtention d'une subvention), etc.

Ces contraintes, souvent très honorables, les incitent à abréger, voire éviter, les études préalables. Seule semble compter à leur yeux l'échéance de début ou de fin des travaux.

Régulièrement, ce comportement génère des retards et des surcoûts sans aucune commune mesure avec les quelques semaines, au mieux les quelques mois, gagnés au stade du lancement de l'opération.

Les exemples ci-après sont tirés de situations réelles.

Exemples

– Construction d'une école dans le périmètre de protection d'une station de la météorologie nationale dont le déplacement fort onéreux a dû être effectué aux frais de la commune.

– Aménagement d'un théâtre en un lieu inaccessible aux véhicules de livraison des décors.

– Construction d'un immeuble de logements sur un terrain cachant un important réseau d'égout moyenâgeux, impossible à désaffecter, et faisant obstacle à la construction de la façade principale à l'emplacement prévu.

– Restructuration lourde de quatre étages d'un bâtiment en comportant sept, sans remise en conformité du SSI, sanctionnée par un refus de permis de construire.

Analyse

Les études préalables permettent d'identifier les contraintes ou erreurs d'appréciation susceptibles de faire obstacle à une réalisation ou une utilisation satisfaisantes de la construction. Ainsi :
– une mauvaise analyse de la situation peut conduire à une erreur d'appréciation ;
– une absence d'objectifs clairs ou une confusion entre objectifs, besoins et solutions peut générer une construction inadaptée ;
– une mauvaise localisation peut se traduire par la sous-utilisation d'un équipement ou générer des surcoûts ultérieurs ;
– en l'absence d'étude de faisabilité, des contraintes coûteuses peuvent surgir pendant la conception ou les travaux et remettre en cause l'opération.

Commentaire

Les enjeux des études préalables sont rappelés par la MIQCP dans l'ouvrage précité, sous la forme d'une véritable mise en garde :
« Ne pas effectuer d'études préalables, c'est prendre le risque de :
– laisser édifier un bâtiment ne répondant pas aux attentes et besoins réels de la collectivité ;
– réaliser une opération non justifiée ;
– mal localiser le bâtiment (desserte insuffisante, accès difficile, éloignement, sentiment d'insécurité) ou gâcher un site ;
– dépenser plus que prévu et mal gérer les deniers publics ;
– engager une opération trop lourde sur le plan des coûts de fonctionnement, pouvant entraîner parfois la fermeture de l'équipement ;
– perdre du temps quand surgiront les problèmes ;
– répondre trop tard à des besoins urgents ;
– improviser au moment du choix du maître d'œuvre, être mal compris par ce dernier. »

Remarque

Ces propos pourraient passer pour excessifs si la réalité de certaines constructions publiques n'en montrait chaque jour la pertinence.

1.01 MANQUE DE CONVICTION DU MAÎTRE DE L'OUVRAGE POUR LES ÉTUDES PRÉALABLES

Solution

Le maître de l'ouvrage doit savoir s'entourer de conseillers compétents, à qui il peut faire confiance, pour réaliser son opération. Ces conseillers (conducteur d'opération, mandataire, maître d'œuvre, etc.) doivent être en position de s'exprimer librement lorsqu'ils concluent à la nécessité de réaliser des études préalables à l'opération, et de faire accepter leurs préconisations en la matière.
Un bon conseiller doit savoir :
– exprimer ses analyses et ses conclusions techniques dans le respect des contraintes politiques du maître de l'ouvrage ;
– cerner avec peu ou pas d'études le périmètre des risques grâce à son expérience et à son « intuition éduquée » ;
– faire partager au maître de l'ouvrage, avec diplomatie et pédagogie, sa perception du périmètre des risques, avant de lui proposer des stratégies d'actions respectant ce périmètre, en les hiérarchisant.

Documentation

MIQCP, *Études préalables et programme d'une construction publique*, Éditions du Moniteur, 2e éd., 1988.

DANGER DU CHOIX D'UN TERRAIN EN FONCTION D'UNE OPPORTUNITÉ FONCIÈRE

1.02

Identification du problème

On ne saurait reprocher à une collectivité locale, un établissement public ou tout autre maître d'ouvrage public de saisir une opportunité de vente pour se constituer une réserve foncière.

Toutefois, il peut en résulter une grave erreur de gestion. L'acquisition est souvent mise en relation immédiate avec le projet considéré comme le plus urgent par le maître de l'ouvrage, et tout le monde se félicite de cette extraordinaire opportunité. C'est ce biais qui conduit à réaliser des bâtiments publics entachés de graves défauts de localisation.

Nombre de projets correspondent aux archétypes énumérés ci-après.

Exemples

– Construction d'une école à proximité d'un carrefour dangereux.
– Construction dans une zone de bruit, entraînant des surcoûts de protection phonique.
– Bâtiment public d'une grande agglomération mal desservi par les transports en commun.
– Obligation de modification peu cohérente du POS ou du PLU, et donc à la limite de la légalité, pour recevoir le projet.
– Construction d'une école sur des terrains communaux éloignés du centre et nécessitant la réalisation de travaux de VRD onéreux.
– Construction d'une maison de retraite éloignée des lieux de la vie urbaine, et enfermant de fait les personnes âgées dans un ghetto.

Analyse

Le problème décrit résulte d'un réflexe patrimonial bien ancré dans la culture française. Il conduit à la création d'un lien artificiel entre une démarche patrimoniale et un besoin immédiat.

Commentaire

Le maître de l'ouvrage doit être capable de réintroduire une rationalité professionnelle dans sa démarche, en évitant toute solution de facilité.

Solution

Pour juger des avantages et inconvénients du terrain, il est impératif de disposer du concept programmatique de l'opération pressentie et de confronter les paramètres de ce concept aux caractéristiques du terrain :
– statut du projet au regard de la réglementation en matière d'urbanisme ;
– superficie ;
– géométrie ;
– topographie ;
– accessibilité par les véhicules du personnel et des usagers, et par les véhicules de livraison (types et gabarits à définir en fonction de la nature du futur bâtiment) ;
– accessibilité par les véhicules de lutte contre l'incendie ;
– desserte par les réseaux ;
– caractéristiques géotechniques du sol ;
– nuisances diverses ;
– etc.

Ce type de réflexion relève du domaine des études dites « de faisabilité », pour la réalisation desquelles le maître de l'ouvrage ne doit pas hésiter à recourir à un ou plusieurs spécialistes (voir fiche 1.03). Ces études peuvent procéder de démarches simples (par exemple, comparaisons des coûts directs des transports collectifs au moyen de ratios) ou très complexes (par exemple, réalisation préalable d'un plan de déplacement à l'échelle d'une agglomération).

POSITIONNEMENT DES ÉTUDES DE FAISABILITÉ

Identification du problème

Lorsqu'un maître de l'ouvrage engage l'étude de faisabilité d'une opération – c'est-à-dire son aptitude à être réalisée dans les conditions initialement supposées – celle-ci n'est pas encore acquise. C'est une évidence qu'il convient de rappeler en raison de ses implications directes.

Les premières difficultés rencontrées en matière d'étude de faisabilité se situent au niveau de la recherche des directions qui permettront d'obtenir une fiabilité maximale pour une juste dépense.

En particulier, il convient :
- de situer le ou les justes niveaux de la démarche de programmation qu'il sera nécessaire d'atteindre avant d'engager les études de faisabilité ;
- d'identifier les contraintes susceptibles de poser des problèmes de faisabilité en engageant un minimum d'études spécifiques.

Analyse

L'étude de faisabilité la plus rentable pour un maître de l'ouvrage est incontestablement celle qui va mettre en évidence des obstacles dont l'absence d'identification aurait généré des surcoûts ou retards incompatibles avec l'économie de l'opération.

Toutefois il est souvent difficile, pour le maître de l'ouvrage, d'engager des dépenses importantes à ce stade de l'opération.

Commentaire

Il n'existe malheureusement pas de règle de positionnement optimal des études de faisabilité au sein de la démarche de programmation.

Engager des études de faisabilité au contenu pléthorique pour résoudre un problème ne présente aucune utilité, sachant qu'à l'issue de ces études l'opération peut être soit abandonnée, soit réalisée sur la base d'hypothèses différentes.

Certains problèmes de faisabilité sont à traiter très en amont, dès la première expression des objectifs par le maître de l'ouvrage : par exemple, la compatibilité fonctionnelle du projet avec un terrain choisi *a priori*.

D'autres ne sont identifiables qu'au cours de la démarche de programmation : par exemple, une exigence particulière de surcharge d'exploitation incompatible avec la réutilisation d'un plancher existant.

Certains problèmes de faisabilité sont très aisés à déceler (par exemple, la compatibilité des surfaces d'un programme et d'un bâtiment existant), d'autres ne peuvent être identifiés qu'après une analyse fine.

Solutions

Solution préventive

Un programmiste compétent sait positionner de manière optimale les études de faisabilité en confrontant les éléments issus de la démarche de programmation, à chaque stade de celle-ci, avec les contraintes caractéristiques de l'environnement physique et réglementaire de l'opération.

Remarque

L'étude de faisabilité fait partie intégrante de la démarche de programmation ; toutefois, les documents qui en résultent n'ont pas nécessairement leur place dans le programme d'architecture et d'ingénierie.

Solution corrective

Losqu'une mauvaise maîtrise du couple programmation-faisabilité conduit à identifier de manière tardive une contrainte susceptible de perturber la faisabilité de l'opération (par exemple au stade des études de conception), le maître de l'ouvrage ne doit pas hésiter à interrompre le processus en cours pour engager une étude de faisabilité sérieuse et doit assumer le risque de devoir modifier certains paramètres de l'opération.

Documentation

MIQCP, *Études préalables et programme d'une construction publique*, Éditions du Moniteur, 2e éd., 1988.

Collectif, *Guide Bonhomme de la maîtrise des projets de bâtiment*, Éditions du Moniteur (ouvrage à mises à jour).

RECENSEMENT DES CONTRAINTES SPÉCIFIQUES D'UNE OPÉRATION

Identification du problème

La notion même d'étude de faisabilité est indissociable de la démarche, parfois longue et difficile, de recensement des contraintes susceptibles d'avoir un impact sur l'organisation, le coût ou le contenu de l'opération.

Commentaire

L'auteur des études de faisabilité (programmiste ou prestataire spécifique) doit donc être particulièrement sensibilisé aux problèmes posés par les contraintes rencontrées sur le chemin de la réalisation d'une opération d'investissement.

Solution

Contraintes les plus fréquentes

L'auteur des études de faisabilité doit avoir en permanence à l'esprit une liste théorique des contraintes les plus fréquentes et en vérifier l'existence sur le ou les sites étudiés.

Autres contraintes

Après avoir confronté les informations disponibles relatives à l'opération envisagée avec sa liste théorique de contraintes, l'auteur des études de faisabilité doit être convaincu qu'il risque d'exister, quelque part, une ou plusieurs autres contraintes plus spécifiques et doit entreprendre les analyses nécessaires à leur identification.

Sources d'information

L'identification des contraintes spécifiques est en général possible grâce à l'analyse des « données » recueillies dans le cadre de la démarche de programmation, à l'analyse des réglementations spécifiques relatives à l'opération, et à une succession d'enquêtes systématiques auprès de personnes susceptibles de détenir des informations sur le ou les sites pressentis pour la future construction.

Analyse des données

L'analyse des données relatives au(x) site(s) de construction, recueillies lors de la démarche de programmation, permet parfois de mettre en évidence des contraintes imprévisibles spécifiques.

Exemple

Ouvrage militaire enfoui, en béton, mis en évidence par l'étude géotechnique.

Remarque

Toutes les « données » ne sont pas nécessairement sources de contraintes.

Analyse des réglementations spécifiques relatives à l'opération

Certaines contraintes de construction résultent de réglementations qui s'imposent au maître de l'ouvrage ou que le maître de l'ouvrage souhaite voir appliquées.

L'auteur des études de faisabilité doit notamment prendre garde aux contraintes résultant de réglementations spécifiques au type d'opération envisagé.

Exemple

Contraintes réglementaires imposées lors de la réalisation d'une hélistation en superstructure d'un hôpital.

Enquêtes systématiques

L'identification des contraintes spécifiques passe souvent par la réalisation d'enquêtes auprès de personnes ayant acquis, à des titres très divers, des informations au sujet du site de construction, notamment :
- la mairie ;
- le service local de l'équipement ;
- les différents prestataires de services ;

– les riverains ;
– lorsque le projet est réalisé sur un site construit, le personnel d'entretien.

• *La mairie*

Pour certains types de travaux, une demande de renseignements auprès de la mairie et de certains exploitants d'ouvrages est obligatoire.

• *Le service local de l'équipement*

La structure qui dispose d'un maximum d'informations synthétiques sur les contraintes administratives et techniques existant sur un site donné est, en général, le service local de l'Équipement. Un échange verbal informel avec le responsable local ou certains de ses collaborateurs est souvent fructueux dans ce domaine.

• *Les prestataires de services*

Il est prudent d'informer et d'interroger, par lettre circulaire précisant les références cadastrales des parcelles concernées par l'opération, un maximum de services ou d'organismes qui sont eux-mêmes, soit générateurs de contraintes, soit détenteurs d'informations importantes sur ce sujet.

Ces services sont notamment :
– le service départemental d'architecture et du patrimoine ;
– EDF ;
– GDF ;
– les services des télécommunications ;
– les différents services concessionnaires (eau, assainissement) ;
– les services techniques de la ville concernée.

• *Les riverains et le personnel d'entretien*

Une visite sur le site, assortie de discussions avec les riverains et le personnel d'entretien, lorsqu'il existe, est souvent riche d'enseignements.

Demandes de renseignements obligatoires

Réglementation

Décret n° 91-1147 du 14 octobre 1991, relatif à l'exécution de travaux à proximité de certains ouvrages souterrains, aériens ou subaquatiques de transport ou de distribution, *JO* du 9 novembre 1991.

Arrêté du 16 novembre 1994 pris en application des articles 3, 4, 7 et 8 du décret n° 91-1147 du 14 octobre 1991, relatif à l'exécution de travaux à proximité de certains ouvrages souterrains, aériens ou subaquatiques de transport ou de distribution, *JO* du 30 novembre 1994.

Le décret du 14 novembre 1991 fait obligation à toute personne qui envisage la réalisation de travaux à proximité de certains ouvrages souterrains, aériens ou subaquatiques de transport ou de distribution de se renseigner en mairie, puis auprès des exploitants d'ouvrages qui ont communiqué leur adresse à la mairie, sur l'existence et les zones d'implantation éventuelles de ces ouvrages.

• *Travaux concernés*

Les travaux concernés par ces dispositions sont notamment les suivants :
– démolition ;
– remblaiement ;
– abattage ou élagage d'arbres ;
– fouilles ;
– terrassement ;
– canalisations ;
– branchements.

• *Ouvrages souterrains, aériens ou subaquatiques concernés*

Les ouvrages concernés par ces dispositions sont notamment les suivants :
– ouvrages de transport d'hydrocarbures liquides ou liquéfiés ;
– ouvrages de transport de produits chimiques ;
– ouvrages de transport ou de distribution de gaz ;
– installations électriques ;
– ouvrages de télécommunication ;
– ouvrages de prélèvement ou de distribution d'eau destinée à la consommation humaine en pression ou à écoulement libre ;
– réservoirs d'eau destinés à la consommation humaine enterrés, en pression ou à écoulement libre ;
– ouvrages de transport ou de distribution de vapeur d'eau, d'eau surchauffée, d'eau chaude ou d'eau glacée ;
– ouvrages d'assainissement.

Documentation

Collectif, *Guide Bonhomme de la maîtrise des projets de bâtiment*, Éditions du Moniteur (ouvrage à mises à jour).

QUE FAIRE D'UN BÂTIMENT EXISTANT OU D'UN TERRAIN DÉSAFFECTÉ ?

Identification du problème

Il arrive qu'un maître de l'ouvrage qui dispose ou est en mesure de disposer d'un terrain, bâti ou non, souhaite réaliser une opération dont il a du mal à imaginer le contenu au-delà de quelques concepts de base.

C'est souvent le cas des projets de rénovation urbaine, lors de la mutation d'une forme d'activité vers une autre (par exemple, friche industrielle à réaffecter à un usage mixte, tertiaire avec logements).

Les réponses au concept de base peuvent être multiples, et le choix de l'investissement optimal peu aisé à identifier.

Il se peut même que le maître de l'ouvrage ne dispose pas de besoins réellement formalisés mais seulement d'objectifs généraux (par exemple, pour une commune, augmenter les surfaces d'espaces publics de loisirs de plein air).

Analyse

Pour réaliser un investissement de qualité le maître de l'ouvrage doit disposer d'un programme complet et précis (voir partie 3).

Le bon usage des deniers publics (ou privés) n'est pas compatible avec la commande simultanée de plusieurs programmes d'opérations incertaines. Lorsque les objectifs du maître de l'ouvrage sont trop imprécis, l'élaboration d'un programme peut même n'avoir aucun sens.

Solution

Pour faciliter sa prise de décision, le maître de l'ouvrage va rechercher des idées et les ébauches de leur traduction concrète auprès d'équipes spécialisées, en ayant recours à la procédure des marchés de définition.

Grâce aux marchés de définition, le maître de l'ouvrage passe une commande dans les mêmes termes à plusieurs équipes. Il dispose ainsi de plusieurs axes de réflexion, assortis de solutions.

Si nous convenons de qualifier d'« étude de définition » la prestation issue d'un marché de définition, chaque étude de définition propose successivement :
– des objectifs plus ciblés, voire une réorientation des objectifs généraux ;
– les grandes lignes d'un ou de plusieurs programmes d'opération compatibles avec ces objectifs ;
– les niveaux de prix de ces programmes ;
– les différentes modalités de réalisation de ces programmes, notamment en identifiant les problèmes de faisabilité correspondants.

L'étude de définition peut être complétée par un programme d'architecture et d'ingénierie assorti des études de faisabilité correspondantes, ou plus fréquemment par un panachage d'éléments de programmation et de faisabilité avec l'esquisse graphique d'une ou de plusieurs solutions.

Commentaire

Les marchés de définition font l'objet d'un article spécifique du Code des marchés publics.

Texte officiel

Code des marchés publics

Art. 73 – Lorsque la personne publique n'est pas en mesure de préciser les buts et performances à atteindre par le marché, les techniques de base à utiliser, les moyens en personnel et en matériel à mettre en œuvre, elle peut recourir aux marchés de définition.

Ces marchés ont pour objet d'explorer les possibilités et les conditions d'établissement d'un marché ultérieur, le cas échéant au moyen de la réalisation d'une maquette ou d'un démonstrateur. Ils doivent également permettre d'estimer le niveau du prix des prestations, les modalités de sa détermination et de prévoir les différentes phases de l'exécution des prestations.

Documentation

MIQCP, *Les Marchés de définition*, 1997 (disponible sur Internet à l'adresse suivante : www.archi.fr/MIQCP/IMG/pdf/g3.pdf).

COMMENT JUGER DE LA COMPATIBILITÉ D'UN BÂTIMENT EXISTANT AVEC UN PROGRAMME ?

Identification du problème

La question de la compatibilité d'un programme de bâtiment avec un bâtiment existant susceptible de recevoir ce programme est fréquente. Il n'est pas rare que la réponse à cette question, importante puisqu'elle vise à une optimisation de la gestion du patrimoine, ne puisse être acquise avec certitude qu'après une étude d'agencement de locaux, montrant qu'il existe au moins une solution graphique satisfaisante au problème posé.

Analyse

Dans certains cas, une approche analytique peut éviter le recours à une étude de faisabilité graphique, coûteuse et difficile à positionner par rapport à la mission de maîtrise d'œuvre ultérieure.

Solution

Recours à deux notions complémentaires

L'approche analytique impose successivement une analyse typologique du bâtiment existant et l'utilisation de la notion de rendement d'une opération de réhabilitation.

Analyse typologique du bâtiment existant

Tout bâtiment est caractérisé par une trame de structure, une ou des trames d'ouvertures, une épaisseur, une hauteur entre planchers et une longueur.

Lorsque l'ensemble de ces paramètres ne correspond pas à une typologie courante de bâtiment connue pour être compatible avec le programme, l'étude de faisabilité graphique s'impose.

Dans le cas contraire, la faisabilité peut être acquise sans étude graphique au prix de quelques vérifications (accessibilité, possibilité de mise en conformité avec la réglementation incendie, etc.) et sous réserve de disposer d'une surface dans œuvre aménageable supérieure d'au moins 20 % à la surface dans œuvre théorique calculée à partir du programme. Cette différence est destinée à tenir compte de pertes dues au rendement.

Lorsque les deux conditions ne sont pas réunies simultanément (typologie favorable et excédent de surface d'au moins 20 %), l'étude de faisabilité graphique s'impose.

Notion de rendement d'une opération de réhabilitation

Les contraintes diverses caractérisant un bâtiment existant (structure, trames de fenêtres, position des circulations existantes, points de montée, impossibilité fonctionnelle de réaliser certains locaux en dessous d'une surface minimale qui conduit de fait à surdimensionner ces locaux, souci de ne pas laisser vide une surface non utilisée en extrémité d'un étage, etc.) sont, en général, des obstacles incontournables à la réutilisation optimale des surfaces dans œuvre disponibles. En pratique, 100 m^2 dans œuvre du bâtiment existant ne peuvent jamais recevoir 100 m^2 dans œuvre de programme.

Cet état peut être apprécié en faisant appel à la notion mathématique de rendement ; le rapport η est le rendement de l'opération de réhabilitation :

$$\eta = \frac{\text{Surface dans œuvre du programme}}{\text{Surface dans œuvre effectivement aménagée}}$$

Remarques

1. La plage courante de variation de ce rendement se situe entre 0,70 et 1 en fonction :
– des caractéristiques du programme et du bâtiment à réhabiliter ;
– de l'habileté du maître d'œuvre à réutiliser le ou les bâtiments existants ;
– des tolérances fixées par le maître de l'ouvrage en matière de respect des surfaces.
Au stade d'une étude de faisabilité, on peut retenir comme valeur de calcul la valeur intermédiaire 0,80.

2. Le problème analysé ci-dessus ne se pose que pour les réhabilitations de première famille, c'est-à-dire celles qui ont pour objectif l'adaptation du bâtiment existant à un programme préétabli. Pour les réhabilitations de deuxième famille, le programme est déterminé en fonction des caractéristiques du bâtiment existant, ce qui permet de caler le programme sur la surface existante. Dans ce cas le rendement est nécessairement égal à 1 (sur ce point, voir fiche 1.07).

Exemples

Un local de 30 m² sans fenêtre n'est pas une salle de dessin ; un local de 7 m x 2 m n'est pas un bureau de 14 m² ; on évite de construire une cloison nouvelle au droit d'une fenêtre ou un bureau de petite taille autour d'un poteau, etc.

Documentation

Philippe Estingoy et Michel Rabatel, *Montage et suivi d'une opération de construction*, Éditions du Moniteur, 1994, 2e éd., 2002.

RÉALISER UN PROJET DE RÉUTILISATION D'UN BÂTIMENT EXISTANT

Identification du problème

En matière de réhabilitation il existe deux grandes familles d'opérations qui conduisent à des modes d'organisation des opérations d'investissement correspondantes totalement différents.

Le maître de l'ouvrage doit donc, dès le stade des études préalables, savoir dans quel type de montage il va se situer. Souvent, le type de montage va s 'imposer à lui pour des motifs techniques ou réglementaires ; dans d'autres cas, il disposera d'une totale latitude de choix.

Analyse

Première famille de réhabilitations

Il s'agit des réhabilitations qui ont pour objectif de réutiliser un bâtiment existant pour réaliser un programme correspondant aux objectifs et besoins d'une opération neuve équivalente.

Le bâtiment fait l'objet de toutes les adaptations et démolitions nécessaires pour respecter le programme. Si l'on exclut quelques sujétions inévitables résultant de contraintes techniques et architecturales du bâtiment réhabilité, le projet réalisé correspond de très près au projet neuf qui aurait été obtenu à partir du même programme, notamment en matière de fonctionnalités et de surfaces.

Ces opérations obéissent à un mode d'organisation rigoureusement semblable à celui d'opérations neuves de même nature, l'analyse des contraintes imposées par la réutilisation du bâtiment existant n'étant qu'une forme particulière d'étude de faisabilité à réaliser avant la désignation du maître d'œuvre.

Deuxième famille de réhabilitations

Il s'agit des réhabilitations pour lesquelles le programme de réutilisation est réalisé sur mesure de manière à optimiser les espaces et structures du bâtiment.

Pour ces opérations de réhabilitation de deuxième famille, il est impératif de mener de pair les études de programmation, de faisabilité et de conception.

Commentaire

Dans tous les cas, le risque d'aléas inhérent à toute intervention sur un bâtiment existant est inversement proportionnel à la qualité des diagnostics préalables réalisés, notamment en matière de structure, de présence d'amiante ou de plomb.

Solution

Deuxième famille de réhabilitations

Les dispositions particulières prévues par le Code des marchés publics (art. 72) et les décrets d'application de la loi MOP (relatifs aux missions de maîtrise d'œuvre pour opérations de réutilisation ou de réhabilitation) sont particulièrement bien adaptées à ce type d'opérations. Il est même possible d'affirmer que ces textes permettent de résoudre de façon satisfaisante des problèmes propres aux réhabilitations de deuxième famille, naguère insolubles dans le strict respect de la réglementation en vigueur.

Trois dispositions concourent à la mise en place de modes d'organisation adaptés aux opérations de réhabilitation de deuxième famille :
- la possibilité de choix du maître d'œuvre après passation de plusieurs marchés de définition ayant le même objet (CMP, art. 73) ;
- la possibilité de ne pas recourir à un concours pour l'attribution d'un marché de maîtrise d'œuvre relatif à la réutilisation ou à la réhabilitation d'un ouvrage existant (CMP, art. 74) ;
- l'existence du nouvel élément de maîtrise d'œuvre « études de diagnostic » (décret n° 93-1268 du 29 novembre 1993).

Première famille de réhabilitations

La totale adéquation du décret du 21 décembre 1993 avec les opérations de réhabilitation de deuxième famille rend ce décret plus difficile à utiliser pour les opérations de réhabilitation qui doivent être traitées comme des opérations de constructions neuves. En particulier, en cas de concours, l'absence d'esquisse est une lacune qu'il convient de combler.

La solution la plus pertinente au problème posé consiste à traiter simplement certaines opérations de réhabilitation à l'aide des missions de maîtrise d'œuvre destinées aux opérations de constructions neuves. Le rapport de présentation du marché justifie, dans ses attendus, l'usage de cette disposition.

Toutefois, en l'absence de texte réglementaire autorisant explicitement cette dérogation, il peut être prudent de contourner l'obstacle en rajoutant à la mission de base pour opérations de réhabilitation l'élément « esquisse ».

Le marché de maîtrise d'œuvre doit alors être rédigé de telle sorte que les prestations redondantes contenues à la fois dans l'esquisse et dans les études d'APS ne soient rémunérées qu'une seule fois.

Documentation

Philippe Estingoy et Michel Rabatel, *Montage et suivi d'une opération de construction*, Éditions du Moniteur, 1994, 2e éd., 2002.

COÛT D'UNE OPÉRATION DE RÉHABILITATION

Identification du problème

Les maîtres d'ouvrage publics ont depuis plusieurs décennies réalisé des opérations de réhabilitation de leur patrimoine, solutions alternatives à certaines opérations de construction, dans une logique à la fois patrimoniale et d'optimisation de l'usage des deniers publics.

Il est indéniable que l'étalement des investissements dans le temps est beaucoup plus facile en réhabilitation de patrimoine qu'en construction neuve, ce qui offre une meilleure aisance budgétaire.

En revanche, les économies d'investissement escomptées sont rarement au rendez-vous.

Analyse

Dans le coût de construction d'un bâtiment public, le poste gros œuvre représente entre 20 % et 40 % du total. Un maître de l'ouvrage qui réhabilite un bâtiment en conservant le gros œuvre (ce qui est souvent un minimum) s'attend, avec une logique imparable, à réaliser une économie du même ordre.

En pratique, ce gain existe mais il est plus que largement compensé par les surcoûts inhérents à une procédure de réhabilitation :
- consommation de surface souvent supérieure à celle prévue au programme (sur la notion de rendement, voir fiche 1.06) ;
- surcoûts de reprises diverses (sous-œuvre, planchers, toiture). Les travaux de reprise, toujours délicats, doivent être confiés à des ouvriers spécialisés ; si ce n'est pas le cas, l'entreprise s'expose au risque de sinistres ;
- prestations sur mesure, non standardisées (notamment les menuiseries extérieures) ;
- marge de précaution des entrepreneurs contre le risque d'aléas, qu'ils peuvent avoir à assumer dans un marché forfaitaire.

Commentaire

L'expérience montre qu'en réhabilitation le coût de l'équivalent neuf est à peu près atteint dans la configuration type suivante :
- déconstruction et reconstruction de tout le cloisonnement intérieur ;
- remaniement limité de la toiture ;
- reprises limitées des planchers ;
- réfection de l'intégralité des menuiseries extérieures et des enduits de façade ;
- réfection de l'ensemble des prestations de second œuvre.

Cette référence permet d'affirmer, sans calcul, que le coût final d'un projet de réhabilitation avec interventions lourdes sur le clos-couvert se situera entre 10 et 20 % au-delà du coût d'un projet neuf répondant au même programme. Cette conclusion est confirmée par l'expérience.

Solution

Pour avoir une approche pertinente d'un projet de réhabilitation, le maître de l'ouvrage doit impérativement faire réaliser tous les diagnostics préalables du bâtiment, nécessaires à la bonne identification des postes de surcoût potentiels.

Une estimation fiable du coût des travaux ne pourra en général être accessible qu'au stade des études d'APD, voire des études de projet intégrant de solides avant-métrés.

À ce stade, le maître de l'ouvrage peut avoir à décider de choisir entre poursuivre une opération plus chère qu'une construction neuve équivalente ou renoncer à son opération, ce qui va générer d'autres types de surcoûts dus au retard (actualisation des prix et pertes d'exploitation éventuelles).

La prise de décision doit intégrer plusieurs critères : le coût et la fonctionnalité du projet de réhabilitation, les conséquences d'un retard éventuel, l'aspect patrimonial, notamment lorsque l'abandon de la réhabilitation suppose la démolition d'un bâtiment de qualité. La notion de retard doit être objectivée par une analyse fine des délais prévisionnels correspondant à chaque solution : en général les délais de réalisation d'une construction neuve sont plus courts que les délais de réalisation d'une réhabilitation équivalente en surface.

FAUT-IL COMMUNIQUER L'ÉTUDE DE FAISABILITÉ AU MAÎTRE D'ŒUVRE ?

Identification du problème

Par définition, l'étude de faisabilité est réalisée très en amont d'une opération, généralement au stade de la démarche de programmation et en cohérence avec celle-ci.

De nombreux maîtres d'ouvrage joignent l'étude de faisabilité au programme lors de la communication des documents contractuels destinés au maître d'œuvre.

Une telle transmission ne peut se faire sans une analyse préalable de ses conséquences éventuelles et sans quelques précautions, notamment lorsque l'étude de faisabilité comporte des simulations de plans en relation avec le futur projet.

Analyse

Il est fondamental d'informer correctement le futur maître d'œuvre d'une opération d'investissement du cheminement et des conclusions de l'étude de faisabilité. Un paragraphe spécifique, rédigé à cet effet, trouve toute sa place dans le programme d'architecture et d'ingénierie.

En revanche, il convient de s'interroger avant de communiquer au maître d'œuvre l'intégralité de l'étude de faisabilité et de ses documents graphiques. Celle-ci pourrait en effet, lorsqu'elle comporte un volet de simulation architecturale, être perçue par le futur maître d'œuvre comme une préétude de conception destinée à imposer un concept architectural.

Commentaire

L'étude de faisabilité fait partie intégrante de la démarche de programmation ; toutefois, les documents qui en résultent n'ont pas nécessairement leur place dans le programme d'architecture et d'ingénierie.

Solution

Lorsque l'étude de faisabilité ne comporte pas de réflexion à caractère architectural, il n'y a, en général, que des avantages à en communiquer tout le contenu au futur maître d'œuvre.

Lorsque l'étude de faisabilité comporte un volet de simulation architecturale (volumétrique ou fonctionnelle) deux solutions sont possibles.

1. L'étude de faisabilité architecturale n'est pas communiquée au futur maître d'œuvre, le programme d'architecture et d'ingénierie en reprend les éléments essentiels et les conclusions, à l'exclusion de tout document graphique.

2. L'étude de faisabilité architecturale est communiquée au futur maître d'œuvre. Dans ce cas, le paragraphe spécifique du programme précise clairement qu'il s'agit d'une représentation graphique destinée à montrer qu'il existe au moins une réponse architecturale satisfaisante aux questions posées, mais *en aucun cas d'une image de la réponse architecturale attendue* par le maître de l'ouvrage.

Remarque

Bien que plus délicate à manier, la seconde solution est préférable en cas de concours d'architecture. En effet, une diffusion occulte et inéquitable de l'étude de faisabilité à l'un ou à plusieurs des candidats à l'insu de la maîtrise d'ouvrage ne peut jamais être exclue.

Documentation

Philippe Estingoy et Michel Rabatel, *Montage et suivi d'une opération de construction*, Éditions du Moniteur, 1994, 2e éd., 2002.

L'AUTEUR DE L'ÉTUDE DE FAISABILITÉ PEUT-IL ÊTRE MAÎTRE D'ŒUVRE DE LA MÊME OPÉRATION ?

1.10

Identification du problème

Les analyses, enquêtes, réflexions menées au titre des études préalables se traduisent à deux niveaux :
- pour le maître de l'ouvrage, sous la forme écrite (et souvent graphique) du document de synthèse ;
- pour les auteurs de l'étude, sous la forme non écrite des acquis liés au vécu de l'étude.

Ces acquis peuvent être importants, et parfois constituer une véritable ébauche de réflexion en matière de conception architecturale.

Si tout ou partie du document de synthèse peut être diffusé de façon simple et équitable aux candidats invités à participer au concours de maîtrise d'œuvre, la transmission du vécu de l'auteur de l'étude de faisabilité vers ces mêmes candidats n'est pas possible.

Cette simple remarque de bon sens conduit à s'interroger sur la question de la participation de l'auteur de l'étude de faisabilité à la mission de maîtrise d'œuvre de la même opération.

Analyse

La question débattue met en jeu deux principes fondamentaux du droit :
- la liberté d'accès à la commande publique ;
- l'égalité d'accès à la commande publique.

En certaines circonstances, ces deux principes peuvent être antagonistes.

Commentaire

Le problème posé est totalement différent selon que les modalités de sélection du maître d'œuvre intègrent ou non un concours.

Solution

Marché de maîtrise d'œuvre après concours

La réponse à la question dépend de la nature de l'étude de faisabilité et de son degré d'anticipation de la prestation à produire au titre du concours.

Si l'étude de faisabilité ne constitue pas une anticipation probante de la prestation à remettre au titre du concours, le maître de l'ouvrage n'a pas de motif légitime d'interdire l'accès au concours aux auteurs de l'étude de faisabilité.

Dans le cas contraire, la participation de l'auteur de l'étude de faisabilité au concours d'architecture ultérieur n'est généralement pas admissible, au nom du principe d'égalité d'accès à la commande publique.

Toutefois, sauf précaution contractuelle particulière, le principe de liberté d'accès à la commande publique interdit au maître de l'ouvrage de s'opposer à la candidature de l'auteur de l'étude de faisabilité au concours de maîtrise d'œuvre.

Le seule solution pour résoudre cette contradiction consiste à interdire, par contrat, au titulaire de l'étude de faisabilité de participer à toute mission de maîtrise d'œuvre ultérieure portant sur la même opération. Cette interdiction ne doit toutefois pas être érigée en principe applicable *a priori*, mais résulter d'une véritable analyse de l'interaction possible entre le contenu de l'étude de faisabilité et le contenu de la mission de maîtrise d'œuvre.

Exemple

Rien n'autorise le maître de l'ouvrage à restreindre l'accès au concours relatif à un projet de construction d'un collège pour le bureau d'études techniques auteur de l'étude préalable portant sur le débit maximal admissible du réseau d'assainissement.

Marché de maîtrise d'œuvre sans mise en compétition

Lorsque le marché de maîtrise d'œuvre est conclu sans remise préalable de prestations, il peut être intéressant, *a contrario*, d'en confier l'exécution à l'auteur de l'étude de faisabilité, qui pourra ainsi profiter pleinement et directement de tous les acquis des études préalables.

Remarque

Une telle solution, dont l'intérêt est évident, doit toutefois être utilisée avec prudence. Elle doit être compatible avec les règles de passation des marchés publics de maîtrise d'œuvre, et elle est susceptible de nuire à l'objectivité de l'étude de faisabilité (voir fiche 1.11).

CONDITIONS D'OBJECTIVITÉ DE L'ÉTUDE DE FAISABILITÉ

Identification du problème

En phase d'études de conception, le maître de l'ouvrage découvre que les obstacles sur le chemin de la réalisation de l'opération sont beaucoup plus importants que ce qui apparaît à la lecture des conclusions de l'étude de faisabilité.

Il s'interroge sur l'objectivité de cette étude.

Analyse

Il existe deux motifs qui peuvent amener l'auteur d'une étude de faisabilité à en altérer les conclusions en minimisant les contraintes et leur impact sur le déroulement de l'opération :
– une étude de faisabilité à conclusion négative n'est pas toujours bien perçue par le maître de l'ouvrage commanditaire ; or celui-ci est en général un client potentiel pour l'auteur de l'étude. Cette réaction, qui s'explique souvent par la déception liée à la nécessité de retarder l'opération, d'en revoir le programme ou d'en augmenter le budget, est d'autant plus regrettable que l'étude de faisabilité qui met en évidence des contraintes majeures et irréductibles est, en général, celle qui a le taux de rentabilité le plus élevé ;
– l'étude de faisabilité, dont le coût est limité, est souvent suivie d'une commande de maîtrise d'œuvre importante. Dans ces conditions, l'auteur de cette étude peut préférer à une conclusion négative, brutalement objective, une conclusion plus nuancée qui lui ouvrira la porte d'une mission de maîtrise d'œuvre rémunératrice (solution envisageable lorsque le marché de maîtrise d'œuvre peut être conclu sans mise en compétition préalable).

Solution

La solution à ce dysfonctionnement se situe pour une bonne part dans le comportement du maître de l'ouvrage. Celui-ci :
– ne doit pas avoir d'*a priori* et ne doit pas faire pression sur l'auteur de l'étude de faisabilité pour amener ce dernier à conclure nécessairement de façon positive, même dans le cas où une conclusion négative serait désastreuse pour la collectivité ou l'établissement concerné ;
– ne doit en aucun cas laisser entendre à l'auteur de l'étude de faisabilité qu'il pourrait lui être passé une commande complémentaire (notamment de maîtrise d'œuvre) si les conclusions étaient positives.

ORGANISER UNE OPÉRATION AVEC PROCESSUS INDUSTRIEL STRUCTURANT LE BÂTIMENT

Identification du problème

Comment réaliser l'opération de construction d'un bâtiment dont l'organisation et les surfaces sont conditionnées de manière étroite et incontournable par le processus industriel que ce bâtiment va recevoir ?

Analyse

Pour certaines opérations, le poids des équipements ou du processus industriel est si fort qu'il conditionne des choix majeurs de programmation. L'architecture des locaux – voire les surfaces qui y sont affectées et les schémas fonctionnels – ne peut être définie sans la connaissance préalable des équipements. La solution d'une telle problématique s'accorde mal avec la procédure classique de réalisation d'une opération qui suppose une démarche séquentielle, dans laquelle le programme d'architecture et d'ingénierie précède le programme d'équipements.

Exemples

Parmi les opérations pour lesquelles le processus industriel est structurant, figurent notamment les blanchisseries, les cuisines centrales des collectivités et les chaufferies centrales.

Solution

Opérations comprenant quelques équipements structurants

Pour certaines opérations, seuls quelques équipements structurants ont un impact sur le programme d'architecture et d'ingénierie. Toutefois cet impact ne peut être ignoré (par exemple pour les secteurs médico-techniques des hôpitaux).

Dès le stade du préprogramme d'architecture et d'ingénierie, le programmiste doit s'interroger sur la cohérence de ses prescriptions avec les équipements et amender si besoin le préprogramme. L'impact ultime de ces équipements sur le bâtiment est traité suivant la méthode dite « de gestion de l'interface équipements-bâtiment », décrite à la fiche 2.21.

Opérations à processus industriel structurant

Pour certaines opérations, le programme d'architecture et d'ingénierie est conditionné par le choix préalable d'un processus industriel et des équipements associés (par exemple, une grande cuisine collective).

La forme que peut prendre la solution à ce problème dépend de la capacité ou de la volonté du maître de l'ouvrage de choisir tous les paramètres du processus industriel ainsi que les équipements dès le stade de la démarche de programmation.

• *Processus industriel et équipements choisis dès le stade de la démarche de programmation*
Cette situation, peut être traitée comme celle décrite pour les opérations comprenant quelques équipements structurants (voir fiche 2.21). En pratique, elle est peu fréquente. Il est en effet très difficile pour un maître de l'ouvrage de choisir le processus industriel dans le détail et tous les équipements structurants dès le stade de la programmation. Le choix de cette solution implique de répondre préalablement à de nombreuses et délicates questions :
– le maître de l'ouvrage doit il acquérir ses équipements dès ce stade ? Dans l'affirmative, doit-il se les faire livrer ? Dans quels locaux provisoires ? En cas de livraison anticipée, qu'adviendra-t-il de la garantie lorsque les équipements seront installés ? Les équipements doivent-ils être conservés par les fournisseurs ? (Dans l'affirmative, le délicat problème de l'avance sur approvisionnement doit être posé, avec pour corollaire la mise des équipements sous scellés) ;
– la commande doit-elle se limiter à une notification de principe ? Qu'adviendra-t-il si l'équipement n'est plus fabriqué ou a beaucoup évolué au moment de la livraison ?

• *Processus industriel et équipements non arrêtés au stade de la démarche de programmation*
Dans ce cas, qui est le plus fréquent, la démarche de programmation traditionnelle n'est plus suffisante pour résoudre le problème. Le maître de l'ouvrage n'a d'autre solution que de procéder en trois étapes :
– définir un programme de base qui lui garantit un niveau minimal de qualité ;
– choisir une procédure de réalisation de l'opération dans laquelle architectes-concepteurs, entrepreneurs de construction et fournisseurs d'équipements ont la

possibilité de travailler de concert pour dégager une solution optimisée ;
– choisir simultanément le programme définitif optimisé et le projet de bâtiment, adaptés aux contraintes du processus industriel, après appel d'offres spécifique associant tous les partenaires précités.

Remarque

Dans le domaine des marchés publics, la procédure dite « de conception-réalisation » permet d'atteindre cet objectif dans des conditions satisfaisantes (voir fiches 11.01 à 11.08).

CONFUSION ENTRE LES DIFFÉRENTS TYPES DE SURFACE

1.13

Identification du problème

Les causes d'erreurs ayant pour origine la confusion entre différents types de surface sont nombreuses :
- erreur d'estimation du coût d'un projet au stade du programme, voire en phase de conception, en appliquant un ratio de prix de surface dans œuvre à la surface utile ;
- erreur de calcul prévisionnel de l'emprise au sol d'un bâtiment ;
- erreur de calcul du coefficient d'occupation des sols, sanctionnée par le refus du permis de construire ;
- oubli des surfaces de circulation dans l'étude de faisabilité d'un programme concernant un bâtiment existant ; etc.

Analyse

Dans le domaine de la construction, il existe différents modes de quantification des surfaces des bâtiments. Chaque mode correspond à un objectif ou usage spécifique et relève en général d'une réglementation particulière.

Suivant les objectifs recherchés et le contexte réglementaire, l'intervenant dans l'acte de construire doit utiliser des notions réglementaires telles que :
- la surface hors œuvre brute (SHOB) ;
- la surface hors œuvre nette (SHON) ;
- la surface habitable (SH).

Ou des notions pratiques telles que :
- la surface dans œuvre (SDO) ;
- la surface utile (SU).

Commentaire

Il est important, pour chaque acteur de la construction, d'utiliser ces notions en ayant une bonne connaissance de leur contenu et de leurs domaines d'application.

Solution

Pour les surfaces réglementaires, en cas de doute, il convient de se référer aux documents sources.

Pour les surfaces non réglementaires, dont le contenu varie suivant les auteurs, il est impératif de caler chaque usage sur une définition précise, prise comme référence.

Réglementation et documentation

Surface hors œuvre brute et surface hors œuvre nette (SHOB et SHON)

Réglementation

Code de l'urbanisme, art. L. 112-1 et R. 112-2.

Circulaire n° 90-80 du 12 novembre 1980 relative au respect des modalités de calcul des surfaces de plancher hors œuvre des constructions (Équipement).

Circulaire n° 81-100 du 18 novembre 1981 relative aux modifications apportées à l'assiette de la taxe locale d'équipement par le décret n° 81-620 du 20 mai 1981 (Équipement).

Circulaire n° 96-39 du 19 juin 1996 relative aux modalités de calcul de la surface hors œuvre nette des constructions agricoles (Équipement).

Documentation

Brochure SHO_B^N portant illustration de la circulaire n° 90-80 du 12 novembre 1990, ministère de l'Équipement, des Transports et du Tourisme, février 1995.

Surface habitable (SH)

Réglementation

Code de la construction et de l'habitation, art. R. 111-2 et R. 111-10.

Surface utile et surface dans œuvre (SU et SDO)

Documentation

Collectif, *Guide Bonhomme de la maîtrise des projets de bâtiment*, Éditions du Moniteur (ouvrage à mises à jour).

Ratios de coûts. Une méthode d'évaluation pour les constructions publiques neuves, guide diffusé dans les réseaux du ministère de l'Équipement par le Certu sous l'égide de la Direction générale de l'urbanisme, de l'habitat et de la construction.

Observatoire de la construction hospitalière, « Les surfaces et les coûts », décembre 2004 (MAINH, 129, rue de l'Université, 75007 Paris).

Remarque importante

Aucune de ces trois sources ne donne la même définition de la surface utile et de la surface dans œuvre…

RATIO SDO/SU « HORS NORME »

Identification du problème

Lors de l'analyse d'un projet architectural, le prestataire chargé de ce travail informe le maître de l'ouvrage que l'un des projets présente un ratio SDO/SU « hors norme ».

Analyse

Parfois désigné sous le vocable erroné de « rendement » du projet, le rapport SDO/SU est un bon ratio de mesure de l'optimisation de la surface dans œuvre.

L'analyse de la valeur du ratio SDO/SU d'un projet architectural peut donner des informations intéressantes sur ses caractéristiques. Ce ratio est en effet représentatif du complément de surface que le maître d'œuvre a dû rajouter à la surface utile (circulations, cloisonnements, etc.) pour transformer l'expression des besoins en surface utile du programme en un ensemble fonctionnel.

Un ratio très supérieur à la normale peut caractériser un projet non optimisé en matière d'organisation des circulations et autres espaces de liaison.

Un ratio très inférieur à la normale peut caractériser un projet aux circulations exiguës, peu aptes à répondre aux besoins.

Les indications données par l'analyse de la valeur des ratios doivent toujours être confirmées par une analyse architecturale plus fine ; elles ne constituent que des présomptions, à valider ou invalider.

Il convient toutefois de ne pas perdre de vue que le montant de l'investissement est en proportion directe avec la surface dans œuvre et non avec la surface utile. Pour un programme de surface utile donnée, le maître de l'ouvrage a donc tout intérêt à se voir proposer une solution optimisant la surface dans œuvre.

Remarque

La référence à la notion mathématique de rendement serait correcte si elle était appliquée non pas au ratio SDO/SU mais au ratio inverse SU/SDO. Dans le présent ouvrage, la notion de rendement est utilisée pour quantifier l'écart entre la surface du programme et l'excédent de surface du bâtiment dans une opération de réhabilitation (voir fiche 1.06).

Commentaire

Le maître de l'ouvrage doit impérativement connaître avec précision l'origine de la distorsion pour pouvoir juger si elle est caractéristique d'un mauvais projet ou au contraire d'une spécificité intéressante du projet.

Exemple

Un ratio SDO/SU anormalement élevé, relevé dans un projet de maison d'accueil pour personnes âgées, résultait en fait d'un parti architectural très intéressant proposant une construction autour d'un atrium.

Solution

Le maître de l'ouvrage demande à son prestataire d'identifier clairement et de quantifier les surfaces sources des distorsions du ratio.

Un architecte ou autre intervenant ayant l'expérience requise (conducteur d'opération ou programmiste) pourra alors juger si la ou les distorsions présentent un caractère positif ou un défaut du projet.

Si le ratio met en évidence un excédent de surface intéressant pour la qualité du projet, une évaluation du surcoût correspondant est nécessaire pour une prise de décision finale sur la suite à donner : acceptation, amendement ou abandon du projet.

DIAGNOSTIC INFLATIONNISTE DU BUREAU DE CONTRÔLE TECHNIQUE

Identification du problème

Le maître de l'ouvrage fait réaliser un diagnostic de mise en sécurité d'un bâtiment par un contrôleur technique. L'estimation du montant des travaux nécessaires, validée par un maître d'œuvre ou un économiste de la construction, lui semble très élevée.

Après analyse, le diagnostic fait apparaître des travaux qui ne peuvent être réalisés dans le bâtiment existant qu'à un coût prohibitif compte tenu des contraintes architecturales, fonctionnelles ou techniques caractérisant ce bâtiment.

Commentaire

En droit français, la mise en conformité totale d'un bâtiment ancien à une réglementation nouvelle ne s'impose qu'en cas de réhabilitation dudit bâtiment.

De plus, il existe fréquemment des obstacles techniques ou fonctionnels à la mise en conformité totale d'un bâtiment ancien. Celui-ci fait alors l'objet d'une « mise en sécurité », démarche pragmatique qui vise à se rapprocher de la réglementation en vigueur en tenant compte des contraintes majeures du bâtiment et en mettant en œuvre des mesures compensatoires en cas de risque grave à couvrir.

La démarche de mise en sécurité suppose un consensus avec les services de prévention des risques d'incendie.

Analyse

La recherche d'une mise en conformité totale est une orientation fréquente des diagnostics réalisés par certains bureaux de contrôle. Cette approche est en effet la plus rapide, la plus simple, et elle évite des négociations parfois difficiles avec les services de prévention. De plus, elle réduit au minimum le risque du contrôleur technique en matière de responsabilité civile.

Elle a pour inconvénient de conduire à un investissement maximal.

Face à ce type de situation, il est indispensable de contraindre le contrôleur technique à une vision plus pragmatique.

Solutions

Deux solutions sont possibles :
- faire auditer le diagnostic par un bureau d'études techniques afin d'obtenir une hiérarchisation des prescriptions et un retour vers une démarche de mise en sécurité sans mise en conformité systématique. Ce bureau d'études, qui doit avoir une bonne maîtrise de la réglementation contre les risques d'incendie, peut assister le maître de l'ouvrage dans ses négociations avec les services *ad hoc* ;
- contraindre le bureau de contrôle à hiérarchiser lui-même son diagnostic, notamment en distinguant les travaux obligatoires (avec mention des références du règlement concerné) et les préconisations complémentaires (à motiver), puis faire réviser le diagnostic, après mise en évidence des travaux présentant un coût exorbitant, par un professionnel (économiste de la construction ou architecte).

Dans tous les cas, lorsqu'il passe une telle commande, le maître de l'ouvrage gagne à être directif, en rappelant au contrôleur technique que celui-ci est rémunéré non pour rechercher la solution la plus conforme à ses propres intérêts, mais pour aider le maître de l'ouvrage à trouver une solution de mise en sécurité optimisant le rapport accroissement de sécurité/coût d'investissement, et cela dans le cadre d'une démarche consensuelle avec les services de prévention.

ERREUR DE SYSTÈME DE NIVELLEMENT

Identification du problème

Le raccordement de la voie privée de desserte d'un lotissement à une voie publique met en évidence une erreur d'altimétrie de plus de vingt centimètres, très préjudiciable au bon fonctionnement du réseau d'assainissement.

Le diagnostic dénonce une erreur de choix du système de référence altimétrique.

Analyse

Systèmes de référence altimétriques

Les possibilités offertes par l'évolution des techniques (satellites en particulier) et la nécessité d'une harmonisation à l'échelle européenne ont conduit l'IGN, en 1982, à remplacer, pour la France métropolitaine, le système de nivellement existant dit « NGF-altitude orthométrique » (ou système Lallemand) par le système « IGN 69-altitude normale ».

• *Différence entre les deux systèmes*

Dans le système NGF-altitude orthométrique, l'altitude est déterminée *sans* correction des variations induites par les modifications locales de la valeur de l'accélération de la pesanteur.

Dans le système IGN 69-altitude normale, l'altitude est déterminée *avec* correction des variations induites par les modifications locales de la valeur de l'accélération de la pesanteur.

• *Lien entre les deux systèmes*

Les cotes altimétriques issues des deux systèmes sont liées par la formule :

altitude normale (IGN 69) = altitude orthométrique (NGF) + terme correcteur

Remarque

À titre d'exemple, dans la région lyonnaise, le terme correcteur est fixé entre 210 et 275 mm.

Solution

Sauf indication contraire, pour le territoire métropolitain, les plans établis par les géomètres et topographes depuis 1982 sont réputés cotés dans le système IGN 69 ; en pratique, des plans ont été établis dans l'ancien système plusieurs années après cette date, et continuent de l'être.

En cas de réutilisation d'un relevé topographique existant, une vérification peut être nécessaire. Une erreur (éventuellement de plusieurs dizaines de centimètres) peut en effet avoir de graves conséquences sur un projet.

Lors d'apports de compléments à des plans existants antérieurs à 1990, ou lors de la mise à jour de tels plans, il est important de demander, si nécessaire, le recalage des cotes de niveau dans le système actuel.

Remarque

De nombreux documents comportent encore des cotes repérées suivant le système NGF. Par exemple, dans certains plans d'occupation des sols, les cotes altimétriques de repérage des zones inondables sont rattachées à ce système.

Commentaire

Les systèmes altimétriques de référence à utiliser en France pour l'exécution et la publication des levés de plans entrepris par les services publics sont définis par l'article 1er du décret n° 2000-1276 du 26 décembre 2000 (voir tableau 1.16.1).

Tableau 1.16.1 – Systèmes altimétriques de référence à utiliser en France.

Zone	Système altimétrique
France Métropolitaine, à l'exclusion de la Corse	IGN 1969
Corse	IGN 1978
Guadeloupe	IGN 1988
Martinique	IGN 1987
Guyane	NGG 1977
Réunion	IGN 1989

Source : décret n° 2000-1276 du 26 décembre 2000.

Texte officiel

Décret n° 2000-1276 du 26 décembre 2000 portant application de l'article 89 de la loi n° 95-115 du 4 février 1995 modifiée d'orientation pour l'aménagement et le développement du territoire relatif aux conditions d'exécution et de publication des levés de plans entrepris par les services publics, *JO* du 28 décembre 2000.

2

ORGANISATION DE LA MAÎTRISE D'OUVRAGE ET DE L'OPÉRATION

CHOIX ENTRE MANDATAIRE ET CONDUCTEUR D'OPÉRATION

Identification du problème

Le maire, le président de collectivité territoriale, le directeur d'établissement public ou tout autre gestionnaire de collectivité publique qui ne dispose pas des moyens ou compétences dans ses propres services, pour accomplir de manière satisfaisante sa mission de maîtrise d'ouvrage se pose inévitablement la question du recours à une assistance externe.

En la matière, la distinction entre mandat et conduite d'opération est parfois mal connue.

Analyse

Deux notions bien distinctes

Les notions de mandat et de conduite d'opération sont fondamentalement différentes.

La mission de mandat suppose une véritable délégation de prérogatives importantes de maîtrise d'ouvrage, telles, par exemple, la délégation de pouvoir pour l'approbation des avant-projets et la signature des contrats de travaux. Le mandataire exerce, au nom et pour le compte du maître d'ouvrage, une partie des attributions de la maîtrise d'ouvrage.

La mission de conduite d'opération est une mission de conseil et d'assistance, sans délégation de pouvoir.

Les missions sont si différentes qu'il serait parfaitement cohérent, en matière d'organisation (mais beaucoup moins cohérent en matière d'optimisation des coûts et des procédures), d'avoir pour une même opération un conducteur d'opération et un mandataire.

Définitions

La loi MOP définit le mandat et la conduite d'opération respectivement dans ses articles 3 et 6.

Texte officiel

Loi MOP

Art. 3 – Dans la limite du programme et de l'enveloppe financière prévisionnelle qu'il a arrêtés, le maître de l'ouvrage peut confier à un mandataire, dans les conditions définies par la convention mentionnée à l'article 5, l'exercice, en son nom et pour son compte, de tout ou partie des attributions suivantes de la maîtrise d'ouvrage :

1. Définition des conditions administratives et techniques selon lesquelles l'ouvrage sera étudié et exécuté ;

2. Préparation du choix du maître d'œuvre, signature du contrat de maîtrise d'œuvre, après approbation du choix du maître d'œuvre par le maître de l'ouvrage, et gestion du contrat de maîtrise d'œuvre ;

3. Approbation des avant-projets et accord sur le projet ;

4. Préparation du choix de l'entrepreneur, signature du contrat de travaux, après approbation du choix de l'entrepreneur par le maître de l'ouvrage, et gestion du contrat de travaux ;

5. Versement de la rémunération de la mission de maîtrise d'œuvre et des travaux ;

6. Réception de l'ouvrage, et l'accomplissement de tous actes afférents aux attributions mentionnées ci-dessus.

Le mandataire n'est tenu envers le maître de l'ouvrage que de la bonne exécution des attributions dont il a personnellement été chargé par celui-ci.

Le mandataire représente le maître de l'ouvrage à l'égard des tiers dans l'exercice des attributions qui lui ont été confiées jusqu'à ce que le maître de l'ouvrage ait constaté l'achèvement de sa mission dans les conditions définies par la convention mentionnée à l'article 5. Il peut agir en justice.

Art. 6 – Le maître de l'ouvrage peut recourir à l'intervention d'un conducteur d'opération pour une assistance générale à caractère administratif, financier et technique. [...]

La définition légale de la mission de conduite d'opération, trop succincte, doit être précisée pour éviter tout risque de conflit ou de contentieux.

La définition suivante, élaborée en 1994 par les auteurs du présent ouvrage dans *Montage et suivi d'une opération de construction* (Éditions du Moniteur, 2e éd., 2002), semble faire aujourd'hui l'objet d'un consensus :

« La conduite d'opération est une *prestation de conseil et d'assistance générale à caractère administratif, financier et technique* dont la finalité est de permettre au maître de l'ouvrage d'exercer pleinement sa mission et ses responsabilités en prenant à chaque étape d'une opération d'investissement les

décisions les plus favorables à une optimisation des résultats :
- respect des objectifs du programme ;
- coûts ;
- qualité des prestations ;
- délais ;
- réduction des risques de contentieux. »

Pour éviter une ambiguïté récurrente, il est utile de compléter cette définition en précisant que la mission de conduite d'opération est une mission dynamique permettant une anticipation maximale des prises de décision par le maître de l'ouvrage, et non une simple mission d'accompagnement.

Commentaire

Les prérogatives d'un conducteur d'opération sont à la fois différentes et beaucoup plus limitées que celles d'un mandataire : à travers sa mission d'assistance et de conseil, le conducteur d'opération ne possède qu'un pouvoir de proposition, qui laisse au maître de l'ouvrage la totale maîtrise financière et administrative de l'opération d'investissement.

Le mandat dégage le maître de l'ouvrage d'une partie des tâches, décisions et responsabilités qui lui incomberaient dans un schéma d'organisation sans mandat.

Le conducteur d'opération intervient tout au long du processus ; en particulier, il participe activement à l'établissement du programme de l'opération. Il n'est qu'un conseiller et ne peut pas engager le maître de l'ouvrage ; il ne signe jamais en ses lieu et place.

Le mandataire dispose de délégations. En application de l'article 3 de la loi MOP, le maître de l'ouvrage ne peut choisir son mandataire avant l'achèvement du programme et la fixation de l'enveloppe financière prévisionnelle.

Solution

Si l'on exclut les prérogatives dont il ne peut se départir (voir fiche 2.02), le représentant légal du maître de l'ouvrage public peut organiser la maîtrise d'ouvrage à sa guise, en fonction :
- des moyens et compétences dont il dispose avec ses propres services ;
- de ses compétences propres ;
- du temps qu'il peut consacrer à la mission ;
- de l'intérêt qu'il porte à ce type de mission et aux opérations de construction ;
- de l'encadrement législatif et réglementaire.

Le représentant légal du maître de l'ouvrage qui ne dispose pas des compétences et du temps nécessaires pour mener la mission à bien a tout intérêt à opter pour une mission de mandat.

Le représentant légal du maître de l'ouvrage qui entend suivre de très près la réalisation de son ouvrage sans perdre une seule de ses prérogatives, et qui dispose des moyens pour le faire, a intérêt à se faire assister par un conducteur d'opération.

Entre ces deux solutions extrêmes, un contrat de mandat à la carte peut permettre au représentant légal du maître de l'ouvrage de conserver plus de prérogatives que le strict minimum imposé par la loi. Par exemple, il peut décider de signer les contrats.

Comme il n'est pas concevable qu'un maître de l'ouvrage doté de peu de moyens ou inexpérimenté se dote successivement d'un conducteur d'opération, qui va l'assister pour la passation du marché de programmation et l'élaboration du programme, puis d'un mandataire pour la suite de la mission, il est fréquent que ce type de maître de l'ouvrage choisisse directement son mandataire sur la base d'un programme succinct.

LE MAÎTRE DE L'OUVRAGE PEUT-IL DÉLÉGUER TOUTES SES PRÉROGATIVES ?

Identification du problème

Un hôpital local ne dispose d'aucun moyen interne pour assurer lui-même la maîtrise d'ouvrage de la restructuration de son unité d'hébergement pour personnes âgées dépendantes.

Le directeur souhaite déléguer totalement sa mission de maîtrise d'ouvrage à une structure spécialisée.

Analyse

Avant la loi MOP

Avant la loi du 12 juillet 1985 sur la maîtrise d'ouvrage publique (loi MOP), les investisseurs publics avaient la possibilité de se dessaisir de l'ensemble de leurs prérogatives de maître d'ouvrage au profit d'intervenants tiers : État, autres collectivités ou établissements publics, sociétés d'économie mixte.

Ces maîtres d'ouvrage délégués réalisaient l'ouvrage en lieu et place de la collectivité et, à la fin de l'année de parfait achèvement, l'ouvrage faisait l'objet d'une procédure de remise à l'issue de laquelle la collectivité, pour le compte de qui l'ouvrage avait été réalisé, retrouvait ses prérogatives de propriétaire.

Après la loi MOP

La loi MOP fixe clairement une liste limitative des attributions qu'un maître d'ouvrage public peut confier à un mandataire (voir fiche 2.01). Le mandataire issu de cette loi ne peut donc plus être qualifié de « maître d'ouvrage délégué ».

Commentaire

Par déduction, un maître de l'ouvrage ne peut se départir des prérogatives suivantes :
- s'assurer de la faisabilité et de l'opportunité de l'opération ;
- déterminer la localisation de l'ouvrage ;
- définir le programme ;
- arrêter l'enveloppe financière prévisionnelle ;
- assurer le financement ;
- choisir le processus de réalisation ;
- approuver le choix des prestataires ;
- choisir les modalités de consultation (obligatoires ou non) des personnes éventuellement concernées par l'ouvrage (usagers, riverains, etc.) ;
- donner son accord à son mandataire sur les dossiers d'avant-projets ;
- donner son accord préalable à son mandataire avant que celui-ci ne prenne la décision de réceptionner l'ouvrage.

Solution

Le maître d'ouvrage qui souhaite transférer un maximum de prérogatives à un spécialiste tiers doit recourir à une mission complète de mandat.

Il n'en restera pas moins maître de l'ouvrage et devra accepter de consacrer le temps nécessaire à l'exercice de cette mission, si besoin après avoir accompli un stage de formation.

CHOIX D'UN CONDUCTEUR D'OPÉRATION OU D'UN MANDATAIRE PAR UN MAÎTRE DE L'OUVRAGE INEXPÉRIMENTÉ

2.03

Identification du problème

Le maître de l'ouvrage public qui fait appel à un conducteur d'opération ou à un mandataire n'a en général pas les moyens – voire, parfois, pas la compétence – nécessaires pour organiser la dévolution et la passation de ses marchés publics sans aide extérieure.

Comment, dans ces conditions, ce maître de l'ouvrage pourra-t-il être en mesure d'organiser la procédure de passation de son marché de conduite d'opération ou de mandat ?

Analyse

En France, les missions de conduite d'opération et de mandat sont restées longtemps hors du champ de la concurrence. Bien que plusieurs motifs aient contribué à cette disposition, le législateur français avait par ce biais résolu ce problème difficile.

Aujourd'hui, la logique européenne de mise en concurrence systématique dès le premier euro ne permet plus à un maître de l'ouvrage public de choisir ce type d'assistant sans posséder un minimum de compétences spécifiques.

Solution

Il n'existe malheureusement pas de solution immédiate à ce délicat problème.

Plusieurs pistes peuvent être explorées :
- recours à l'assistance limitée et gracieuse d'une autre structure publique ;
- utilisation d'un dossier type, généreusement offert par un autre maître d'ouvrage public ou une structure d'assistance à maîtrise d'ouvrage.

Une solution durable passera, vraisemblablement, par une initiative publique ou privée de publication d'un dossier-guide commenté de passation d'un marché de conduite d'opération ou de mandat.

CHOIX DU CONDUCTEUR D'OPÉRATION OU DU MANDATAIRE : DIFFICULTÉ DE MISE EN CONCURRENCE AVEC REMISE DE PRIX

2.04

Identification du problème

Choix du conducteur d'opération

Pour que sa mission soit efficace, le conducteur d'opération doit intervenir très en amont d'une opération, si possible dès le stade des études préalables.

Or, à ce stade, les caractéristiques de l'opération future ne sont pas connues.

En effet, il est très fréquent que l'opération définie à l'issue de la démarche de programmation soit éloignée de l'image résultant des premières idées émises par les acteurs concernés.

Il arrive même que, du fait de son professionnalisme, le conducteur d'opération doive convaincre le maître de l'ouvrage de ne pas réaliser une opération ne répondant pas aux besoins ou porteuse de risques techniques ou financiers majeurs.

Dans ces conditions, le contenu de la mission de conduite d'opération ne peut être connu avec précision qu'à l'issue des études de programmation, c'est-à-dire plusieurs mois après le début de l'intervention du prestataire concerné...

Choix du mandataire

Dans son article 3, la loi MOP stipule que « dans la limite du programme et de l'enveloppe financière prévisionnelle qu'il a arrêtés, le maître de l'ouvrage peut confier à un mandataire [...] l'exercice, en son nom et pour son compte, de tout ou partie des attributions [énumérées au même article] de la maîtrise d'ouvrage. »

Pour la mission de mandat, les conditions de passation de la commande, à savoir la définition du programme, devraient être arrêtées avant tout début de mission ; le problème analysé dans la présente fiche s'en trouverait résolu.

En pratique, pour les petites opérations, ces dispositions se révèlent totalement irréalistes. Comment peut-on concevoir qu'un maître de l'ouvrage qui manque totalement de moyens, voire d'expérience, puisse organiser seul un montage complexe supposant l'intervention successive d'un conducteur d'opération et d'un programmiste, puis, et seulement à ce stade, d'un mandataire ?

Analyse

Tout d'abord, il est clair que les incertitudes qui entachent la commande de conduite d'opération rendent celle-ci incompatible avec la procédure d'appel d'offres. Le marché de conduite d'opération entre dans la catégorie des marchés de services dont « la prestation de services à réaliser est d'une nature telle que les spécifications du marché ne peuvent être établies préalablement avec une précision suffisante pour permettre le recours à l'appel d'offres » (CMP, art. 35).

Ensuite, il apparaît que la prestation de conduite d'opération comporte deux phases répondant à des logiques très différentes :
– une phase d'assistance aux études préalables et à la programmation (ou d'études préalables et de programmation lorsque le conducteur d'opération réalise lui-même ces prestations – voir fiche 2.05) ;
– une phase de conduite de l'opération, lorsque celle-ci a été définie par le programme et que sa faisabilité est acquise.

Solution

Conducteur d'opération

Il n'existe pas de solution simple pour résoudre le problème.

Le recours au marché négocié, même avec mise en concurrence préalable, constitue un premier niveau de réponse au problème : en permettant le dialogue, le marché négocié évite que le jeu conjugué du marché à forfait et des règles strictes de l'appel d'offres n'amène un prestataire à s'engager de manière inconsidérée sur une prestation floue.

Le marché négocié à prix provisoire pourrait ouvrir la voie à une réponse adaptée. Toutefois, pour les marchés publics, cette procédure est très encadrée et réservée aux « prestations complexes » (CMP, art. 18). Il n'est en général pas possible de qualifier de prestation complexe la mission de conduite d'une opération simple de faible montant.

Pour sortir de cette situation, que le législateur n'a manifestement pas prévue, la séquence de solutions suivante est satisfaisante :

1. le marché est organisé en deux phases, une phase d'assistance aux études préalables et à la programmation, une phase de conduite de l'opération proprement dite après acceptation du programme et de l'enveloppe financière par le maître de l'ouvrage ;

2. la première phase fait l'objet d'une rémunération globale et forfaitaire, la seconde phase fait l'objet d'une rémunération sur prix unitaire définie sur la base d'un prix au mètre carré utile de programme. Par prudence, la consultation peut consister en une demande de prix unitaires par plages de surface pour éviter les dérives inflationnistes d'un système totalement proportionnel. Le marché prévoit que la mission peut s'arrêter à l'issue de la première phase sans indemnité versée en sus de la rémunération contractuelle de cette phase si l'opération ne se réalise pas ou se réalise suivant des hypothèses étrangères aux hypothèses avancées au stade du choix du conducteur d'opération.

Remarques

Il est prudent, dans un tel marché, de donner une définition contractuelle de la surface utile.
Il est également possible de demander un prix global et forfaitaire pour chaque surface.

Exemple

Construction d'un bâtiment d'hébergement de médecine dans un hôpital. Surface : environ 1 200 m² utiles. Prix au mètre carré de construction (travaux seuls) : environ 1 400 € TTC. En supposant que le candidat retenu vende sa mission à un taux de 3 % du montant des travaux pour ce type de projet, il proposera un prix unitaire au mètre carré de 42 € TTC. Si la surface utile du programme approuvé est de 1 230 m², le montant de la rémunération sera de 51 660 € TTC.

Mandataire pour de petites opérations

Pour de petites opérations, le maître de l'ouvrage qui souhaite recourir à un seul prestataire pour l'élaboration du programme et la mission de mandat devra organiser la commande en deux phases, faisant chacune l'objet d'un marché bien distinct : une phase d'études préalables et de programmation, et une phase de mandat.

La phase de mandat ne sera contractualisée qu'après arrêt du programme et de l'enveloppe financière par le maître de l'ouvrage.

Les principes d'organisation et de rémunération des deux marchés seront les mêmes que ceux proposés ci-avant pour la conduite d'opération.

LE CONDUCTEUR D'OPÉRATION PEUT-IL ÉTABLIR LE PROGRAMME ?

2.05

Identification du problème

Au stade de la définition des prestations qu'il entend commander à son futur conducteur d'opération, le maître de l'ouvrage s'interroge pour savoir si l'élaboration du programme incombe au conducteur d'opération ou si cette prestation très spécifique suppose le recours à un prestataire spécifique (le programmiste).

Analyse

La loi MOP, dans son article 6, définit la mission de conduite d'opération comme « une assistance générale à caractère administratif, financier et technique ».

Le flou relatif de cette définition ne permet pas de répondre à la question.

Toutefois, pour les opérations simples et de petite taille (ordre de grandeur du montant de l'opération : 2 millions d'euros), il est d'usage que le contrat de conduite d'opération intègre l'élaboration du programme.

Commentaire

Le conducteur d'opération choisi pour ses compétences en matière d'organisation et d'assistance technique administrative et financière n'a pas nécessairement les compétences requises pour élaborer le programme d'une opération complexe ou trop spécialisée.

Solution

Réponse en relation avec la taille et la complexité de l'opération

Pour les opérations simples et de taille petite ou moyenne, le maître de l'ouvrage a intérêt à ne pas multiplier les intervenants et donc à confier l'élaboration du programme au conducteur d'opération.

Toutefois, lors du choix de ce prestataire, il doit évidemment veiller à l'analyse des références relatives aux missions de programmation (voir fiche 3.01).

Pour les opérations de taille importante ou complexes, le maître de l'ouvrage a intérêt à choisir successivement le conducteur d'opération puis le programmiste, en exigeant pour l'un et l'autre les références et compétences appropriées.

Même si le conducteur d'opération possède les qualifications requises pour être programmiste, il ne peut être candidat à la seconde consultation que s'il ne participe pas du tout à son organisation.

Positionnement du conducteur d'opération face au programmiste

La présence d'un programmiste professionnel n'est pas incompatible avec celle d'un conducteur d'opération, qui aura notamment la charge de l'organisation de la procédure de choix du programmiste, de la gestion du marché de programmation et de l'organisation générale de la démarche de programmation. Dans tous les cas, le conducteur d'opération doit garder la maîtrise d'une partie du pilotage de la démarche de programmation, ne serait-ce qu'à travers la rédaction du CCTP du marché du programmiste.

Le conducteur d'opération est le conseiller du maître de l'ouvrage et, à ce titre, il doit être très attentif à la défense des intérêts de ce dernier.

À l'issue de la démarche de programmation, le conducteur d'opération, qu'il soit chargé de l'élaboration du programme ou non, doit avoir réussi à dégager un programme consensuel, accepté par l'ensemble des intéressés et compatible avec les obligations fixées par le maître de l'ouvrage (contraintes financières tout particulièrement) ou par d'autres intervenants (par exemple, octroi de subventions directement lié au respect de certaines normes).

Remarque

La présence du programmiste ne doit pas empêcher le conducteur d'opération de jouer totalement son rôle de conseiller et d'informateur. Il lui appartient notamment de mettre en évidence :

– les conséquences que peuvent avoir les demandes parfois exorbitantes de certains utilisateurs ou usagers, voire du maître de l'ouvrage lui-même ;

– les incohérences qui peuvent exister entre les différentes demandes ;

– les incohérences éventuelles entre les prestations issues du programme et le budget que le maître de l'ouvrage envisage de consacrer à l'opération.

ABSENCE DE DÉMARCHE DE CONDUITE DE PROJET

Identification du problème

Tout au long de l'opération, le représentant légal du maître de l'ouvrage a l'impression de se limiter à suivre les préconisations de son conducteur d'opération, sans vision globale du déroulement de son projet et sans possibilité d'anticiper un certain nombre d'actions, notamment en matière de communication ou de passation de commandes annexes à l'opération principale.

Analyse

Compte tenu de la complexité croissante de l'environnement administratif, juridique et technique dans lequel se réalise une opération de construction, la fonction de maître de l'ouvrage est devenue un vrai métier, qui nécessite des compétences spécifiques.

Trois types de compétences sont incontournables :
– une bonne connaissance du droit de la comptabilité publique ;
– une bonne connaissance du droit des marchés publics (même si, en la matière, les éventuelles lacunes du maître de l'ouvrage doivent être corrigées par le conducteur d'opération ou le mandataire) ;
– une très bonne maîtrise de la démarche de conduite de projet.

Le problème identifié au premier paragraphe ci-avant est caractéristique d'une situation dans laquelle le représentant légal du maître de l'ouvrage ne s'est pas doté, pour réaliser son opération, d'un chef de projet maîtrisant bien la démarche de conduite de projet.

Commentaire

Pour les grosses opérations, la démarche de conduite de projet peut vite devenir très complexe, le projet général incluant plusieurs projets particuliers.

Exemple

Dans un CHU, le projet général (issu du projet d'établissement) peut être le suivant : « Fournir une meilleure réponse aux besoins médicaux relevant de l'activité de pédiatrie et mettre aux normes d'hygiène et de sécurité les bâtiments correspondants ».
Pour aboutir dans des conditions satisfaisantes, ce projet général va devoir être décliné en projets particuliers (voir figure 2.06.1) :
– projet médical ;
– projet de soins ;
– projet économique ;
– projet social ;
– projet de construction d'un bâtiment neuf ;
– projet d'équipement du bâtiment ;
– projet de sécurité des biens et des personnes sur le site de la future construction et à l'intérieur de celle-ci ;
– projet de déménagement et de réinstallation.
Comme une telle démarche est souvent mise à profit pour corriger des insuffisances collatérales, d'autres projets très ciblés peuvent se rajouter au projet général :
– projet d'amélioration de la qualité et du prix des repas ;
– projet de réorganisation d'activités de laboratoire mal adaptées à la pédiatrie ; etc.

Solution

L'analyse du dysfonctionnement donne immédiatement la solution : mettre en place un chef de projet compétent qui organise son opération en un ou plusieurs projets de manière prévisionnelle et dynamique, en se fixant des objectifs de maître d'ouvrage (délais, qualité, coût, gestion sociale, communication, etc.) et en suivant la réalisation de ces objectifs par le biais d'un tableau de bord, sans rester « à la remorque » du conducteur d'opération.

Remarque

La démarche de conduite de projet va en général de pair avec la mise en place d'un comité de pilotage. Elle suppose l'établissement de bilans périodiques, dits « revues de projet », à l'occasion desquels il est fait un point sur l'avancement de tous les composants du projet.

Documentation

Jean-Jacques Néré, *Comment manager un projet*, Éditions Demos, coll. « Management/Ressources humaines », 2000.

ABSENCE DE DÉMARCHE DE CONDUITE DE PROJET **2.06**

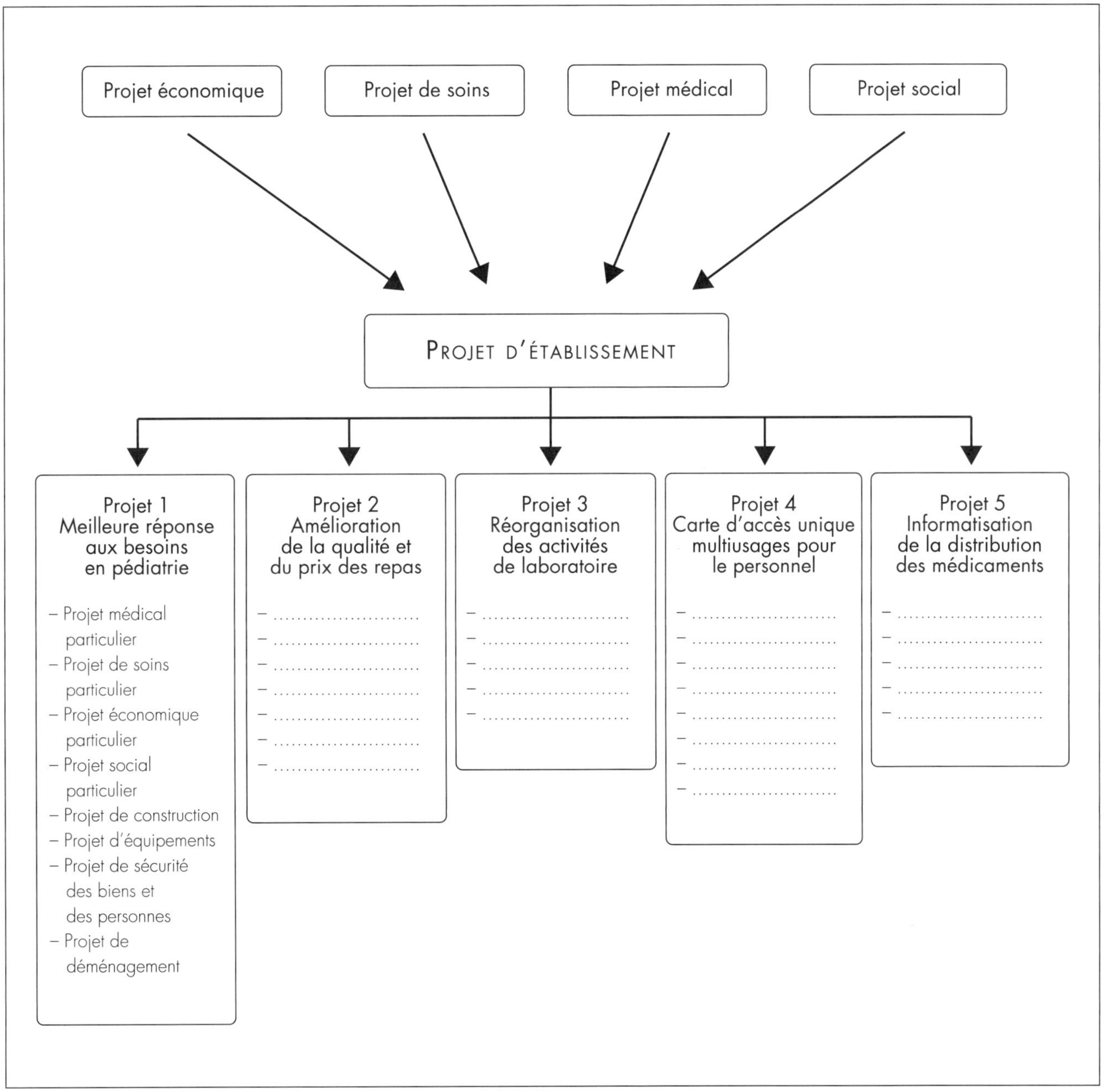

Figure 2.6.1 – Arbre des projets conditionnant le projet d'établissement d'un CHU et en découlant (source : Michel Rabatel, « L'organisation de la maîtrise d'ouvrage : un enjeu primordial pour la réussite du projet », in MAINH, Fiches pratiques du séminaire " Réussir une opération immobilière 2004-2005 "*).*

RÉFLEXIONS TROP TARDIVES SUR LA SÉCURITÉ DES PERSONNES ET DES BIENS

2.07

Identification du problème

Si l'on ne peut réaliser un projet de construction en faisant abstraction de l'aspect « sécurité des biens et des personnes », il est très fréquent que cette préoccupation soit tardive. Lors de la visite d'un bâtiment en cours de construction par les futurs utilisateurs ou usagers, cette question, souvent abordée, ne peut pas être contournée.

La réponse apportée se traduit inévitablement par la réalisation de prestations spécifiques. Certaines de ces prestations sont souvent en contradiction avec les règles de sécurité contre l'incendie. Leur mise en œuvre nécessite alors une négociation avec les services de prévention. Retard de livraison du bâtiment et surcoût sont le prix à payer pour le manque d'anticipation dans ce domaine.

Exemple

Lors de la réalisation d'un bâtiment administratif dans un bâtiment ancien, le projet prévoyait le démontage de ferronneries existantes, situées devant les fenêtres du rez-de-chaussée, ce qui fut fait sans analyse préalable des possibilités de protection contre l'intrusion en cours de chantier. Pour répondre aux conséquences de cette imprévision, il s'est avéré nécessaire de les remettre en place…

Analyse

Comme pour la fiche précédente, la situation décrite est caractéristique de l'absence d'une démarche de projet incluant nécessairement l'anticipation de toutes les démarches corrélatives nécessaires (voir fiche 2.06).

Toutefois, on peut aussi y voir une carence du conducteur d'opération, qui aurait dû porter cette question à l'ordre du jour des discussions relatives à l'opération dès le stade du programme.

Commentaire

Pour les opérations de grande taille, la réflexion sur la sécurité des biens et des personnes peut même constituer un projet particulier, possédant son propre chef de projet et son propre comité de pilotage.

Solutions

Solution préventive

L'analyse du dysfonctionnement donne immédiatement la solution : une opération réussie suppose une démarche de projet performante et la présence d'un conducteur d'opération expérimenté. Ce mode d'organisation doit garantir le maître de l'ouvrage contre l'omission de réflexions essentielles comme celles relatives à la sécurité des biens et des personnes.

Solution corrective

Mieux vaut réorganiser correctement une opération engagée de manière empirique que de poursuivre dans l'improvisation ; mieux vaut une réflexion tardive sur la sécurité des biens et des personnes qu'une occultation de cette question essentielle.

Identification du problème

La loi n° 78-12 du 4 janvier 1978, relative à la responsabilité et à l'assurance dans le domaine de la construction, a institué une obligation d'assurance des travaux de bâtiment. Cette obligation d'assurance (qui couvre les travaux de VRD annexes exécutés selon les DTU du bâtiment) ne s'étend pas aux ouvrages de génie civil. Les dispositions en la matière relèvent du Code des assurances.

L'assurance dommages-ouvrage garantit, en dehors de toute recherche des responsabilités, le paiement de la totalité des travaux de réparation des dommages de la nature de ceux dont sont responsables les constructeurs au sens de l'article 1792-1 du Code civil.

Assurance obligatoire

Le bâtiment à construire, réparer ou aménager (ouvrage) doit être assuré, avant l'ouverture du chantier, par la personne maître de l'ouvrage ou par une autre (CCH, art. L. 111-30), de sorte que, sans que l'on ait à se préoccuper de recherche de responsabilité, les dommages soient immédiatement réparés.

Texte officiel

Code des assurances

Art. L. 242-1 – Toute personne physique ou morale qui, agissant en qualité de propriétaire de l'ouvrage, de vendeur ou de mandataire du propriétaire de l'ouvrage, fait réaliser des travaux de bâtiment, doit souscrire avant l'ouverture du chantier, pour son compte ou pour celui des propriétaires successifs, une assurance garantissant, en dehors de toute recherche des responsabilités, le paiement de la totalité des travaux de réparation des dommages de la nature de ceux dont sont responsables les constructeurs au sens de l'article 1792-1, les fabricants et importateurs ou le contrôleur technique sur le fondement de l'article 1792 du Code civil.

Toutefois, l'obligation prévue au premier alinéa ci-dessus ne s'applique ni aux personnes morales de droit public ni aux personnes morales exerçant une activité dont l'importance dépasse les seuils mentionnés au dernier alinéa de l'article L. 111-6, lorsque ces personnes font réaliser pour leur compte des travaux de bâtiment pour un usage autre que l'habitation. [...]

Remarque

Le premier alinéa se retrouve en termes identiques dans l'article L. 111-30 du Code de la construction et de l'habitation.

Dérogations à l'obligation d'assurance dommages

La loi du 4 janvier 1978 prévoyait deux exceptions à l'obligation d'assurance :
– ouvrages réalisés par l'État ;
– ouvrages réalisés par des collectivités locales disposant des moyens propres à réparer rapidement les dommages.

La loi n° 89-1014 du 31 décembre 1989 adapte ces règles au contexte réglementaire lié à l'ouverture du marché européen. Désormais, ne sont pas soumises à l'obligation d'assurance les personnes morales de droit public (État, collectivités locales, etc.) lorsqu'elles font réaliser pour leur propre compte des travaux de bâtiment pour un usage autre que l'habitation.

Remarque

Ne sont pas soumises à l'obligation d'assurance des personnes morales exerçant une activité dont l'importance dépasse les seuils mentionnés au dernier alinéa de l'article L. 111-6 du Code des assurances, lorsqu'elles font réaliser pour leur compte des travaux de bâtiment pour un usage autre que l'habitation. Cette dérogation, qui concerne de très grosses structures de droit privé, ne trouve pas d'application dans le cadre du présent ouvrage.

Sanctions pour non-respect de l'obligation d'assurance

Réglementation

Loi n° 78-12 du 4 janvier 1978, *JO* 5 janvier 1978.

Loi n° 92-1336 du 16 décembre 1992, *JO* 23 décembre 1992.

L'article L. 111-34 du Code de la construction et de l'habitation (article L. 243-3 du Code des assurances) stipule que quiconque contrevient aux obligations en matière d'assurance dommages-ouvrage sera puni d'un emprisonnement de six mois et d'une amende de 75 000 euros, ou de l'une de ces deux peines seulement.

Toutefois, ces dispositions ne s'appliquent pas à la personne physique construisant un logement pour l'occuper elle-même ou le faire occuper par son conjoint, ses ascendants, ses descendants ou ceux de son conjoint.

Remarque

Cette absence de sanction n'est pas équivalente à une possibilité de dérogation ; en cas de vente de l'immeuble par exemple, l'absence d'assurance DO peut constituer un motif de rupture unilatérale de la promesse de vente par l'acheteur.

Analyse

En définitive, malgré une réglementation très marquée par les obligations originelles, le maître de l'ouvrage public qui fait réaliser pour son propre compte des travaux de bâtiment pour un usage autre que l'habitation, n'est pas assujetti à l'obligation d'assurance.

Dans ces conditions, de nombreux maîtres d'ouvrage publics éprouvent des difficultés pour définir leur stratégie en la matière.

Solution

La réponse à la question de la souscription d'une assurance volontaire par le maître de l'ouvrage passe par une analyse de risque. Cette analyse doit conduire le maître de l'ouvrage à croiser deux paramètres :
– la capacité financière de la collectivité ou de l'établissement public ;
– le coût prévisionnel du bâtiment construit ou réhabilité.

La collectivité ou l'établissement public peuvent ne pas souscrire d'assurance s'ils sont en mesure, en cas de sinistre grave, de disposer rapidement du financement nécessaire à la reconstruction des ouvrages sinistrés. Cette avance de fonds peut durer plusieurs années si le maître de l'ouvrage doit engager une procédure judiciaire à l'encontre d'assureurs en responsabilité décennale peu réceptifs.

On peut supposer que, en la matière, un sinistre grave et exceptionnel peut conduire à une avance de fonds égale à 25 % du montant total de l'opération.

Dans ces conditions, un maître de l'ouvrage institutionnel réalisant chaque année de nombreuses opérations aura plus de facilités à dégager le budget nécessaire à l'avance de fonds qu'un maître de l'ouvrage occasionnel.

Une telle réaffectation de budget risque toutefois de se faire au détriment d'une ou plusieurs autres opérations d'investissement qui devront être retardées voire abandonnées ; cet aspect plus politique du problème est aussi à considérer compte tenu du montant de la prime d'assurance (2 à 3 % environ du montant des travaux, suivant la taille et la complexité de l'opération).

Réglementation

Code civil, article 1792.

Code des assurances.

Code de la construction et de l'habitation.

Ordonnance n° 2005-658 du 8 juin 2005 portant modification de diverses dispositions relatives à l'obligation d'assurance dans le domaine de la construction et aux géomètres experts, *JO* 9 juin 2005.

Loi n° 78-12 du 4 janvier 1978, relative à la responsabilité et à l'assurance dans le domaine de la construction, *JO* 5 janvier 1978.

Loi n° 81-5 du 7 janvier 1981, relative au contrat d'assurance et aux opérations de capitalisation, *JO* 8 janvier 1981.

Loi n° 89-1014 du 31 décembre 1989, portant adaptation du Code des assurances à l'ouverture du marché européen, *JO* 3 janvier 1990.

Loi n° 94-5 du 4 janvier 1994, modifiant le Code des assurances (partie législative) en vue notamment de la transposition des directives n°s 92-49 et 92-96 des 18 juin et 10 novembre 1992 du Conseil des Communautés européennes, *JO* 5 janvier 1994.

Circulaire n° 79-38 du 5 avril 1979, « Modalités pratiques d'application des textes relatifs à l'assurance construction », *BOMET* n° 79/19.

Circulaire interministérielle du 3 mai 1988 relative à l'obligation d'assurance des travaux de bâtiment réalisés par les collectivités locales, NOR/INT/B/88/00171/C.

ASSURANCE DOMMAGES-OUVRAGE : ÉTENDRE LA MISSION AUX ÉQUIPEMENTS DISSOCIABLES

2.09

Identification du problème

Les prestations couvertes par l'assurance dommages-ouvrage se superposent exactement au domaine d'application de la garantie décennale.

La mise en œuvre de l'assurance dommages ouvrage se heurte donc aux mêmes difficultés que celle de la garantie décennale.

Globalement, les principes de la garantie décennale sont clairs, à l'exception toutefois de deux notions donnant lieu à une jurisprudence abondante parce qu'elles ne peuvent être appréciées qu'au cas par cas :
- l'impropriété à destination ;
- le caractère indissociable ou non de certains équipements.

La mise en œuvre de l'assurance dommages-ouvrage donne parfois lieu à des débats, voire des conflits, entre le maître de l'ouvrage et son assureur, en raison de la difficulté d'appréciation des deux notions précitées.

Analyse

La loi impose les garanties minimales que doit couvrir l'assurance DO ; elles concernent les travaux de réparation des dommages de la nature de ceux dont sont responsables les constructeurs au sens de l'article 1792-1 du Code civil, les fabricants et importateurs ou le contrôleur technique sur le fondement de l'article 1792 du Code civil, à savoir :
- les dommages, même résultant d'un vice de sol, qui compromettent la solidité de l'ouvrage ;
- les dommages qui, affectant l'ouvrage dans l'un de ses éléments constitutifs ou l'un de ses éléments d'équipement, le rendent impropre à sa destination ;
- les dommages qui affectent la solidité des éléments d'équipement d'un bâtiment, mais seulement lorsque ceux-ci font indissociablement corps avec les ouvrages de viabilité, de fondation, d'ossature, de clos ou de couvert.

Outre la garantie obligatoire, l'assureur propose des garanties annexes en matière de :
- garantie de bon fonctionnement (équipements non indissociablement liés aux ouvrages) ;
- garantie des dommages immatériels consécutifs (préjudices subis à la suite d'un sinistre) ;
- garantie des dommages intermédiaires.

Solution

Si rien ne permet de mettre le contrat d'assurance dommages-ouvrage à l'abri des incertitudes de l'impropriété à destination, le maître de l'ouvrage peut aisément se garantir contre les incertitudes liées au caractère dissociable ou indissociable des équipements en optant pour un contrat étendu aux éléments d'équipement dissociables.

Cette option, au demeurant peu onéreuse, évite bien des discussions avec l'assureur lorsque le caractère « indissociable » de certains éléments d'équipement est sujet à interprétation.

Réglementation

Code civil, article 1792.

Code des assurances.

Code de la construction et de l'habitation.

Ordonnance n° 2005-658 du 8 juin 2005 portant modification de diverses dispositions relatives à l'obligation d'assurance dans le domaine de la construction et aux géomètres experts, *JO* 9 juin 2005.

Loi n° 78-12 du 4 janvier 1978, relative à la responsabilité et à l'assurance dans le domaine de la construction, *JO* 5 janvier 1978.

Loi n° 81-5 du 7 janvier 1981, relative au contrat d'assurance et aux opérations de capitalisation, *JO* 8 janvier 1981.

Loi n° 89-1014 du 31 décembre 1989, portant adaptation du Code des assurances à l'ouverture du marché européen, *JO* 3 janvier 1990.

Loi n° 94-5 du 4 janvier 1994, modifiant le Code des assurances (partie législative) en vue notamment de la transposition des directives n°s 92-49 et 92-96 des 18 juin et 10 novembre 1992 du Conseil des Communautés européennes, *JO* 5 janvier 1994.

Circulaire n° 79-38 du 5 avril 1979, « Modalités pratiques d'application des textes relatifs à l'assurance construction », *BOMET* n° 79/19.

Circulaire interministérielle du 3 mai 1988 relative à l'obligation d'assurance des travaux de bâtiment réalisés par les collectivités locales, NOR/INT/B/88/00171/C.

FAUT-IL SOUSCRIRE UNE PUC ?

Identification du problème

Si l'on ajoute l'assurance dommages que doit souscrire le maître de l'ouvrage aux assurances responsabilité que doivent souscrire les constructeurs (y compris les fournisseurs et importateurs), on aboutit en cas de sinistre à un système de couverture et de recherche de responsabilité complexe et parfois difficile à mettre en œuvre. De ce constat est née l'idée de la police unique de chantier (PUC).

Objet

L'objet de la police unique de chantier est de garantir les divers risques techniques d'une construction, bâtiment ou ouvrage de génie civil, au moyen d'un contrat unique souscrit par le maître de l'ouvrage, qui regroupe :
- l'assurance dommages-ouvrage ;
- les assurances de responsabilité des divers intervenants.

Caractéristiques

Cette assurance peut comprendre différentes garanties.

• *Garanties principales*
Elles constituent le « noyau dur » de la PUC et sont au nombre de deux :
- garantie obligatoire de l'assurance dommages-ouvrage ;
- garantie de responsabilité décennale des différents locateurs d'ouvrage intervenant sur l'opération.

• *Garanties complémentaires*
Elles sont proposées par les assureurs et garantissent :
- l'effondrement avant réception de l'ouvrage ;
- la conformité aux règlements de construction ;
- les dommages subis par les éléments d'équipement ;
- les dommages sur les « existants » (c'est-à-dire les parties anciennes, sur lesquelles portent les travaux neufs et qui appartiennent au maître de l'ouvrage ou à son propriétaire) ;
- les erreurs ou omissions sans désordres ;
- les dommages immatériels.

La garantie est limitée à l'ensemble des participants à la PUC, c'est-à-dire aux seuls constructeurs mentionnés dans le contrat.

La garantie est également limitée au coût total et définitif de la construction, indexé sur l'indice BT 01.

Souscription

Le maître de l'ouvrage souscrit le contrat tant pour son propre compte et celui des propriétaires successifs de l'ouvrage que pour le compte des intervenants à l'acte de construire qui lui sont liés par un contrat de louage d'ouvrage (architecte, bureau d'études techniques, entreprises, etc.).

Chaque bénéficiaire des garanties adhère personnellement à la PUC souscrite pour son compte par le maître de l'ouvrage.

Le règlement de la cotisation est effectué par le souscripteur pour le compte de chacun des assurés.

Analyse

Avantages

En cas de sinistre, la police unique de chantier est source de simplification des procédures ; elle présente l'avantage d'accélérer l'instruction du dossier.

Une telle assurance peut présenter un intérêt pour de très gros chantiers, faisant appel à des entreprises étrangères non nécessairement assurées en France ; elle est également, et paradoxalement, intéressante dans la perspective de son extension éventuelle à des garanties spécifiques, en relation directe avec la nature de l'ouvrage (extension aux « existants » par exemple).

FAUT-IL SOUSCRIRE UNE PUC ? **2.10**

Inconvénients

Compte tenu des échéances des contrats d'assurance et des habitudes dans ce domaine, le maître de l'ouvrage n'a aucune garantie de récupérer le montant de la PUC sur les offres des entreprises, qui restent souvent liées à leur propre contrat d'assurance. De plus, les différents intervenants chargés des prestations intellectuelles ont des contrats d'assurance qui se basent sur le chiffre d'affaires global, sans prendre en compte l'existence ou non d'une PUC pour telle ou telle opération.

Solution

La question de la souscription d'une PUC par le maître de l'ouvrage ne se pose que si ce dernier a décidé de souscrire une assurance dommages-ouvrage (voir fiche 2.08).

Dans ce cas, la PUC est à réserver aux grosses opérations complexes, ou à des opérations présentant un risque particulier.

MÉCONNAISSANCE PAR LE MAÎTRE DE L'OUVRAGE DE SON RÔLE ET DU RÔLE DES PARTICIPANTS À L'ACTE DE CONSTRUIRE

2.11

Identification du problème

Il n'est pas rare de rencontrer des maîtres d'ouvrage constructeurs occasionnels qui abordent leurs fonctions d'investisseurs avec une vision erronée ou fragmentaire de leur métier, et donc sans connaissance précise des limites de leurs prérogatives et de leurs responsabilités en la matière.

Analyse

Il est normal que le représentant légal du maître de l'ouvrage – ou toute autre personne investie de responsabilités en matière d'investissement dans l'établissement ou la collectivité – rencontre des difficultés s'il n'a pas acquis d'expérience spécifique dans des fonctions antérieures ou suivi une formation appropriée.

Les vrais problèmes naissent lorsque, pour des motifs divers, cette personne aborde son opération sans se donner les moyens de bien cerner le périmètre de ses fonctions et des fonctions des autres participants à l'acte de construire.

Les dysfonctionnements majeurs constatés lors d'opérations de construction résultent souvent d'insuffisances de la fonction maîtrise d'ouvrage.

Commentaire

Il existe des signes d'un mauvais positionnement du maître de l'ouvrage dans l'organisation de son opération que l'on retrouve plus fréquemment que d'autres, notamment :
- maître de l'ouvrage essayant de transférer la responsabilité de la non-faisabilité d'une opération au maître d'œuvre ;
- négociations directes de modifications du projet entre le maître de l'ouvrage et le maître d'œuvre, sans intervention du conducteur d'opération ;
- participation systématique du représentant légal du maître de l'ouvrage ou de l'un de ses proches collaborateurs, non investi d'une mission officielle de conduite de l'opération, aux réunions de chantier ;
- négociations directes de modifications de prestations ou de prix entre le maître de l'ouvrage et les entreprises sans intervention du maître d'œuvre ;
- signature par le maître de l'ouvrage des ordres de service aux entreprises.

Solution

La solution se décline en trois phases :
- une phase de formation permanente, qui va permettre aux acteurs d'acquérir un minimum de connaissances sur le métier de maître de l'ouvrage public et l'organisation d'une opération d'investissement ;
- une phase de définition de l'organisation de la maîtrise d'ouvrage la mieux adaptée au problème posé, tenant notamment compte des compétences et des plans de charge des acteurs de la collectivité ou de l'établissement public ;

- une phase d'appel à assistance externe (chef de projet, conducteur d'opération, mandataire) pour combler les lacunes résiduelles éventuelles (voir fiches 2.01, 2.02, 2.03 et 2.06).

IMMIXTION DU MAÎTRE DE L'OUVRAGE DANS LES DOMAINES DE PRÉROGATIVES DE SES PARTENAIRES

2.12

Identification du problème

L'immixtion peut se définir comme une distorsion du mode relationnel normal (c'est-à-dire résultant de la loi, des règlements et des contrats) par l'un des acteurs qui, consciemment ou non, agit en lieu et place d'un autre acteur, sans être investi des prérogatives légales ou contractuelles correspondantes.
Il existe deux formes d'immixtion du maître de l'ouvrage dans les prérogatives de ses partenaires :
- l'immixtion par excès d'autorité ;
- l'immixtion par abus de compétence.

L'immixtion par excès d'autorité est le fait de représentants du maître de l'ouvrage qui donnent des ordres aux constructeurs en lieu et place des intervenants investis de ce pouvoir, au titre de leur mission de gestion des contrats.

L'immixtion par abus de compétence est le fait de représentants du maître de l'ouvrage techniquement compétents qui, pour un acte donné, agissent en lieu et place de l'un de leurs partenaires.

Les deux formes d'immixtion n'ont pas nécessairement les mêmes conséquences juridiques mais se traduisent par les mêmes types de déviation :
- maître de l'ouvrage qui se dote d'un conducteur d'opération et met en place un système de relations directes avec le maître d'œuvre ;
- maître de l'ouvrage qui se dote d'un maître d'œuvre et donne des ordres aux entrepreneurs.

Remarque

Le vocable « constructeurs » est utilisé dans la loi sur l'assurance construction ; il désigne tous les partenaires du maître de l'ouvrage liés à celui-ci par un contrat de louage d'ouvrage.

Commentaire

L'immixtion par excès d'autorité résulte du penchant naturel pour l'autorité de l'un des acteurs de la maîtrise d'ouvrage, accentué par une méconnaissance du rôle de ses partenaires et des limites de leurs prérogatives et, en général, par l'angoisse de ne pas maîtriser l'opération. Cet acteur est parfois convaincu que sa fonction légale de représentant du décideur (« Le maître de l'ouvrage définit le programme et en assure le financement », loi MOP, art. 2) l'autorise à diriger les intervenants chargés de l'acte de construire.

L'immixtion par excès de compétence (réelle ou supposée) est en général le fait d'acteurs qui se substituent au conducteur d'opération ou au maître d'œuvre, qu'ils considèrent comme insuffisamment performants. Une telle déviation est souvent la traduction d'une solution de facilité : en certaines circonstances, il peut être plus facile de faire que de contraindre à faire, surtout lorsque l'on a la compétence pour faire...

Analyse

La réalisation de la construction d'un ouvrage public nécessite l'intervention coordonnée de plusieurs acteurs, aux rôles et compétences complémentaires. Ces rôles sont définis par la loi et ses déclinaisons réglementaires, et par les contrats. Ils sont prédéfinis et ne sont pas interchangeables. Même en cas de défaillance majeure d'un acteur, il n'existe pas toujours de possibilité de substitution immédiate de celui-ci par un autre partenaire du maître de l'ouvrage.

L'immixtion à trois conséquences graves :
- elle brouille le schéma normal des relations et peut faire perdre du crédit à un acteur majeur. Par exemple, les relations directes entre le maître d'ouvrage et les entrepreneurs affaiblissent systématiquement le maître d'œuvre ;
- elle déresponsabilise et démobilise l'acteur lésé de ses prérogatives ;
- si le maître de l'ouvrage est considéré par le juge comme notoirement compétent, l'immixtion se traduit par un transfert de responsabilité pouvant aller jusqu'à la mise en cause conjointe du maître de l'ouvrage et des constructeurs en cas de sinistre.

La seule immixtion que doit s'autoriser un maître de l'ouvrage concerne la sécurité des travailleurs : le représentant de la maîtrise d'ouvrage découvrant une situation de danger doit immédiatement prendre toutes dispositions pour faire rétablir la sécurité.

2.12 IMMIXTION DU MAÎTRE DE L'OUVRAGE DANS LES DOMAINES DE SES PARTENAIRES

Solutions

Solution préventive

La prévention du risque d'immixtion suppose :
– l'information du maître de l'ouvrage sur les risques qu'il encourt en cas d'immixtion (la présente fiche répond de manière succincte à cet objectif) ;
– la formation du maître d'ouvrage occasionnel au métier de maître d'ouvrage ;
– la mise en place d'une organisation de l'opération qui permette à chaque acteur d'exercer toutes ses prérogatives sans se sentir contraint d'empiéter sur celles des autres acteurs.

Solution corrective

La correction des conséquences éventuelles d'une situation d'immixtion suppose tout d'abord que l'un des acteurs ait été en mesure de la diagnostiquer. C'est souvent le conducteur d'opération qui a l'expérience et les compétences nécessaires pour identifier les situations d'immixtion ; il lui appartient alors de trouver les palliatifs qui s'imposent, lorsque la situation n'est pas irréversible.

IMMIXTION DU CONDUCTEUR D'OPÉRATION DANS LES DOMAINES DE PRÉROGATIVES DES AUTRES ACTEURS

2.13

Identification du problème

L'immixtion se définit dans les mêmes termes que dans la fiche 2.12 et appelle la même analyse (l'immixtion dans les domaines de prérogatives du maître d'œuvre ou des entreprises peut exister pour le conducteur d'opération comme pour le maître de l'ouvrage, et de la même manière).

Le conducteur d'opération peut de plus s'immiscer dans les prérogatives du maître de l'ouvrage.

Analyse

L'immixtion du conducteur d'opération dans les prérogatives des entreprises est une situation rare ; elle ne peut être le fait que de personnes physiques, qui ont une expérience antérieure de la conduite de travaux, ce qui correspond assez peu au profil courant des techniciens chargés de missions de conduite d'opération.

En revanche, l'immixtion du conducteur d'opération dans les prérogatives du maître d'œuvre est une tentation fréquente et un risque juridique constant du métier de conducteur d'opération. Le technicien compétent qu'est le conducteur d'opération peut tomber aisément, soit par facilité, soit de guerre lasse, dans les travers de l'immixtion en imposant des choix de solutions techniques au maître d'œuvre ou en donnant des directives techniques aux entrepreneurs. Lorsque le conducteur d'opération se place en situation d'immixtion, c'est souvent avec l'intention bienveillante de faire avancer l'opération en lieu et place d'un maître d'œuvre peu réactif.

L'immixtion du conducteur d'opération dans les prérogatives du maître de l'ouvrage constitue un grave transfert de responsabilité, totalement antinomique avec la notion de conduite d'opération. Le conducteur d'opération est un conseiller sans pouvoir de décision de maîtrise d'ouvrage. Le pouvoir de décision du conducteur d'opération est strictement limité aux initiatives qu'il doit prendre pour faire exécuter les contrats de prestations intellectuelles dont il assure le suivi.

Commentaire

Le conducteur d'opération étant nécessairement un intervenant réputé techniquement compétent, son immixtion dans les prérogatives du maître d'œuvre ou des entreprises engage sa responsabilité de manière forte, et en fait un « constructeur » au sens de la loi du 4 janvier 1978 sur l'assurance construction, alors même qu'il n'est pas nécessairement assuré en conséquence. En cas de sinistre sur une prestation résultant d'une solution technique imposée par un conducteur d'opération, celui-ci devra participer à la réparation au même titre que les constructeurs impliqués dans ce choix ou ayant manqué à leur devoir de conseil.

L'immixtion du conducteur d'opération dans les prérogatives du maître de l'ouvrage engage sa responsabilité contractuelle et peut l'amener à dériver jusqu'au délit de *comptabilité de fait*.

Remarque

Signalons toutefois une évolution intéressante de la jurisprudence qui, en droit privé, tend à définir l'immixtion comme le résultat d'un acte positif. Cette évolution ne concerne pour l'instant que les maîtres d'ouvrage privés. La confirmation de cette restriction et son extension au conducteur d'opérations publiques procéderait d'une bonne analyse de la réalité de la mission de conduite d'opération. En effet, le conducteur d'opération est un généraliste et non un technicien spécialisé capable de juger de la pertinence de toutes les solutions techniques mises en œuvre.

Solution

Afin d'éviter toute confusion de responsabilité résultant de la multiplicité des intervenants en phase de travaux, le conducteur d'opération doit se donner des règles de conduite ou des repères stricts :

– limiter ses contacts professionnels avec les entreprises aux seuls domaines de l'information sur les procédures administratives (sous-traitance notamment), de la sécurité des travailleurs et des médiations éventuelles ;

2.13 IMMIXTION DU CONDUCTEUR D'OPÉRATION DANS LES DOMAINES DES AUTRES ACTEURS

– exclure toute immixtion à caractère technique dans le domaine de la maîtrise d'œuvre, sauf lorsque la sécurité des travailleurs est en jeu et nécessite une intervention rapide (par exemple, arrêt immédiat de travaux réalisés au fond d'une tranchée profonde aux parois non blindées) ;
– répercuter au maître d'œuvre les observations à caractère technique concernant les prestations des entreprises, en laissant à celui-ci le libre choix des suites à donner. Une bonne pratique rhétorique du conducteur d'opération dans la formulation des remarques au maître d'œuvre consiste en l'utilisation de la forme interro-négative – « Monsieur l'architecte, ne pensez-vous pas que le ferraillage de ce balcon est posé à l'envers ? ». En cas de problème grave, l'observation fait l'objet d'un échange écrit. En cas de persistance du maître d'œuvre dans l'erreur, le conducteur d'opération propose au maître de l'ouvrage le recours à l'avis d'un tiers, spécialiste, couvert par une assurance décennale et responsabilité civile ;
– user de tous ses talents de communication, ou à défaut et en ultime recours de mises en garde écrites, pour obtenir, en temps opportun, des prises de décision de la part d'un maître de l'ouvrage timoré ou peu réactif.

Réglementation

Loi de finances du 23 février 1963, modifiée par la loi du 10 juillet 1982

Art. 60 - XI. Toute personne qui, sans avoir la qualité de comptable public ou sans agir sous le contrôle ou pour le compte d'un comptable public, s'ingère dans le recouvrement des recettes affectées ou destinées à un organisme public doté d'un poste comptable ou dépendant d'un tel poste, doit, nonobstant les poursuites qui pourraient être engagées devant les juridictions répressives, rendre compte au juge financier de l'emploi des fonds ou valeurs qu'elle a irrégulièrement détenus ou maniés.

Il en est de même pour toute personne qui reçoit ou manie, directement ou indirectement, des fonds ou valeurs extraits irrégulièrement de la caisse d'un organisme public et pour toute personne qui, sans avoir la qualité de comptable public, procède à des opérations portant sur des fonds ou valeurs n'appartenant pas aux organismes publics, mais que des comptables publics sont exclusivement chargés d'exécuter en vertu de la réglementation en vigueur.

Les gestions irrégulières entraînent, pour leurs auteurs, déclarés comptables de fait par la Cour des comptes, les mêmes obligations et responsabilités que les gestions patentes pour les comptables publics.

Néanmoins, le juge des comptes peut, hors le cas de mauvaise foi ou d'infidélité du comptable de fait, suppléer par des considérations d'équité à l'insuffisance des justifications produites.

Les comptables de fait pourront, dans le cas où ils n'ont pas fait l'objet des poursuites au titre du délit prévu et réprimé par l'article 258 du Code pénal [article 432-12 du nouveau Code pénal], être condamnés aux amendes prévues par la loi.

FONCTIONNEMENT AUTONOME DU CONDUCTEUR D'OPÉRATION

Identification du problème

Le problème est celui créé par un conducteur d'opération qui, bien qu'il n'outrepasse pas les limites de son pouvoir de décision, éprouve des difficultés pour rendre compte au maître de l'ouvrage.

Analyse

Ce fonctionnement autonome du conducteur d'opération peut avoir plusieurs origines :
– conducteur d'opération surchargé qui ne veut pas s'embarrasser de démarches qu'il considère comme secondaires. Dans le pire des cas, ce profil conduit à des répliques du type « vous me payez pour vous livrer un bâtiment, si vous le voulez à la date prévue, laissez-moi travailler » ;
– conducteur d'opération lassé face à un maître de l'ouvrage inorganisé, versatile ou ne sachant pas décider (voir fiche 2.06).

Commentaire

La tenue d'un tableau de bord avec rapports périodiques au maître de l'ouvrage fait partie intégrante de la mission du conducteur d'opération.

Solutions

Solution préventive

Ces travers peuvent être évités en prenant les précautions suivantes :
– au stade du choix du conducteur d'opération, prendre tous les renseignements nécessaires pour connaître les moyens qu'il s'engage à affecter à l'opération et sa façon de travailler ;
– avoir un contrat de conduite d'opération clair, complet et précis, donnant des garanties au maître de l'ouvrage et intégrant donc un CCTP de qualité ;
– désigner, au sein de la maîtrise d'ouvrage, un chef de projet ayant pouvoir de décision, apte à répondre efficacement à sa mission (voir fiche 2.06) ;
– se donner les moyens et le temps d'avoir un programme bien adapté aux objectifs et aux besoins du maître de l'ouvrage, donc stable sur la durée de l'opération.

Solution corrective

Le maître de l'ouvrage ne doit pas accepter que son conducteur d'opération échappe à son contrôle. Si c'est le cas, le changement de la personne physique voire de la personne morale assurant la mission peut s'imposer.

MISSION DE CONDUITE D'OPÉRATION LIMITÉE À UN SIMPLE ACCOMPAGNEMENT NON DYNAMIQUE

2.15

Identification du problème

En phase d'études, la dynamique d'une opération repose pour une part importante sur le dynamisme propre de deux acteurs : le chef de projet et le conducteur d'opération.

Il arrive que le conducteur d'opération ait une conception très statique de sa mission : il répond à toutes les sollicitations mais n'est jamais moteur ; ce type de comportement est antinomique avec la mission de conduite d'opération.

Remarque

En phase de travaux, la dynamique de l'opération repose pour une part importante sur la performance du coordonnateur de chantier.

Analyse

Lorsqu'une opération n'est pas menée par des acteurs au comportement moteur, qui s'appuient sur des objectifs de calendrier précis et préétablis, cette opération ralentit inexorablement.

L'explication de ce phénomène est simple : les prestataires intellectuels, acteurs d'une opération de construction, subissent des contraintes de plan de charge et d'emploi du temps parfois inconciliables. Il arrive même que ces incompatibilités soient sciemment générées : pour être certains que leurs carnets de commandes ne seront pas vides dans six mois, les prestataires privés peuvent avoir tendance, à un instant donné, à répondre à plus de commandes qu'il ne peuvent en traiter (l'objectif de survie financière peut, en période de récession même modérée, rendre ce mode de gestion incontournable). Pour gérer les pointes qui résultent de ces situations et rééquilibrer leur plan de charge, ces acteurs mettent à profit le manque de vigilance d'un ou plusieurs des conducteurs d'opération avec lesquels ils travaillent afin de retarder certaines de leurs productions.

Remarque

En phase de travaux, des dérives analogues de la part des entreprises peuvent résulter du manque de vigilance du coordonnateur de chantier.

Commentaire

Le comportement statique du conducteur d'opération peut résulter :
- de la conception même de la mission, et du caractère de la personne physique assurant cette mission ;
- d'une situation conjoncturelle (difficulté passagère).

Solutions

Solution préventive

Pour obtenir une prestation de conduite d'opération dynamique, le maître de l'ouvrage doit :
- si les règles de mise en concurrence le permettent, ne pas hésiter à interroger les candidats sur leur vision de la mission ; à défaut, une note méthodologique peut être demandée ;
- imposer par le biais du CCTP du marché de conduite d'opération la production d'un tableau de bord prévisionnel et de son suivi périodique ;
- prévoir la coordination, l'ordonnancement et le pilotage des prestataires intellectuels dans la mission de conduite d'opération par le biais du CCTP du contrat.

Solution corrective

Si malgré ces précautions le maître de l'ouvrage constate que la conduite d'opération n'est en fait qu'une prestation d'accompagnement, il doit s'en entretenir avec les responsables de la structure prestataire pour rechercher la solution appropriée. Dans les cas extrêmes, il ne doit pas hésiter à demander le remplacement de la personne physique chargée de la mission. Toutefois, le remplacement d'un acteur principal de la conduite d'opération est toujours néfaste, en raison de la perte de mémoire qui en résulte, et doit être envisagé avec discernement : assez aisé en début d'opération, il peut devenir problématique après plusieurs mois d'études.

MANQUE DE RÉACTIVITÉ DU MAÎTRE DE L'OUVRAGE POUR LES PRISES DE DÉCISION

2.16

Identification du problème

Un conducteur d'opération dynamique constate que la gestion rationnelle de ses prévisions achoppe régulièrement sur des délais anormalement longs de prise de décision par la maîtrise d'ouvrage.

Analyse

La situation décrite peut avoir plusieurs origines ; trois d'entre elles sont analysées ici :

1. le représentant légal du maître de l'ouvrage n'a pas conscience de l'impact de la durée de ses actes sur l'opération ;

2. le maître de l'ouvrage n'a pas une vraie maîtrise de ses missions et de ses responsabilités et se protège à outrance ;

3. la structure de maîtrise d'ouvrage a un fonctionnement intrinsèque lourd, inadapté à la gestion efficace d'une opération d'investissement de taille exceptionnelle.

Commentaire

La situation 1 est le fait de maîtres d'ouvrage occasionnels, non formés à ce métier et qui sont en général effarés, voire scandalisés par le délai global nécessaire à la réalisation d'une opération d'investissement. Ils en déduisent alors soit qu'ils n'ont aucune raison de se presser dans un système ou chacun leur semble prendre son temps, soit que la durée de leurs actes est insignifiante eu égard à la durée totale de l'opération (« Qu'est-ce que quinze jours pour signer un marché ou une décision quand l'opération dure cinquante mois ? »). En raisonnant ainsi, ils oublient que, pour une opération longue, des dizaines d'actes du maître de l'ouvrage seront nécessaires et que ces actes peuvent être la cause de retards cumulés très importants (à raison de dix jours de retard par acte, il est facile de démonter que le cumul peut dépasser plusieurs trimestres…).

La situation 2 est le fait soit de maîtres d'ouvrage occasionnels, soit de maîtres d'ouvrage institutionnels qui se trouvent soudain face à une opération de très grande taille au regard de celles qu'ils ont l'habitude de traiter. Elle se traduit par une débauche de précautions précédant tout acte juridique : demande d'avis de collaborateurs puis de spécialistes externes, voire intervention systématique d'un juriste-conseil.

La situation 3 est le fait de grandes structures de maîtrise d'ouvrage, souvent très performantes sur le plan administratif et juridique mais peu réactives. Dans certaines de ces structures, il n'est pas rare que la signature d'un marché ou d'une décision demande systématiquement un délai d'une quinzaine de jours voire plus. Les structures de maîtrise d'ouvrage institutionnelles (service technique de grande ville, de département, de région, de CHU, d'office d'HLM, etc.) sont souvent organisées pour garantir des procédures répétitives de qualité, à risque juridique minimal, mais sans objectif prioritaire d'optimisation des délais.

Solutions

Les solutions en réponse aux situations 1 et 2 passent par la formation des acteurs et par l'organisation en projet (voir fiches 2.06 et 2.10).

En réponse à la situation 3, la maîtrise d'ouvrage doit mener une réflexion sur son mode d'organisation. Face à un projet de taille exceptionnelle, une structure de maîtrise d'ouvrage institutionnelle a le choix entre deux orientations : maintenir son mode d'organisation antérieur et le compléter par une structure de gestion de projet, ou créer une structure spécifique, dédiée au projet, de type « mission grand projet ».

La première organisation permet de bénéficier au maximum de l'expérience des structures existantes ; elle peut minimiser le risque juridique, au prix de délais plus longs et donc de surcoûts d'actualisation de prix qui peuvent vite atteindre des sommes considérables. Elle est en général plus facile à mettre en œuvre car elle ne nécessite pas de redéploiement important de moyens.

La seconde organisation est caractéristique d'une volonté de recherche d'efficacité ; elle est plus perturbante pour la structure et suppose le recrutement d'acteurs expérimentés si le maître de l'ouvrage ne veut pas prendre de risques juridiques inutiles. De nombreux grands projets nationaux sont réalisés selon cette méthode.

DIFFICILE POSITIONNEMENT DE L'INGÉNIERIE INTERNE À LA MAÎTRISE D'OUVRAGE

2.17

Identification du problème

Le problème résumé ci-après concerne les structures de maîtrise d'ouvrage dotées d'un service technique structuré, apte à accomplir lui-même des missions de maîtrise d'œuvre ou de « conduite d'opération interne ».

Remarque

En application des dispositions de l'article 6 (modifié) de la loi n° 85-704 du 12 juillet 1985, relative à la maîtrise d'ouvrage publique et à ses rapports avec la maîtrise d'œuvre privée (loi MOP), le conducteur d'opération est nécessairement un acteur externe à la maîtrise d'ouvrage, lié à celle-ci par contrat. Lorsqu'une prestation similaire à la conduite d'opération est assurée par les services techniques de la maîtrise d'ouvrage, le vocable « conduite d'opération » ne devrait pas être utilisé. Notre souci de clarté quant aux rôles des acteurs conduit à passer outre cette règle. Pour distinguer les prestations de conduite d'opération de la loi MOP des prestations de montage et d'accompagnement de l'opération en tous points similaires, réalisées par les services techniques du maître de l'ouvrage, nous utiliserons le vocable « conduite d'opération interne ».

Dans le schéma classique d'organisation d'une opération d'investissement publique (maître de l'ouvrage + conducteur d'opération + maître d'œuvre, ou maître de l'ouvrage + mandataire + maître d'œuvre), les services techniques internes à la maîtrise d'ouvrage n'ont que quatre possibilités de positionnement :
- ils ne participent en rien à l'opération ;
- ils assurent une prestation de conduite d'opération interne ;
- ils assurent la maîtrise d'œuvre ;
- ils se positionnent comme conseiller technique du chef de projet.

Lorsqu'ils ne sont ni « conducteur d'opération interne » ni maître d'œuvre, ces services techniques ont souvent du mal à se positionner correctement dans l'opération.

Il peut en résulter des comportements manichéens : soit les agents concernés rejettent l'opération comme étrangère à leur champ d'action professionnel, soit ils se placent, plus ou moins volontairement, en situation de conducteur d'opération interne ou de maître d'œuvre en s'immisçant dans les prérogatives des acteurs externes chargés de ces missions.

Analyse

Face à une organisation très structurée (maître d'ouvrage + conducteur d'opération (externe) + maître d'œuvre externe), une analyse trop rapide peut conduire les agents des services techniques du maître de l'ouvrage à conclure qu'il ne reste plus de place pour eux dans ce schéma.

Comme, de plus, ce type d'organisation concerne, en général, une opération de taille plus importante que les projets habituellement traités directement par les agents en question, il peut en résulter un sentiment de frustration bien compréhensible, qui peut conduire aux déviances identifiées ci-avant.

Solutions

Solution préventive

Le positionnement satisfaisant de l'ingénierie interne à la maîtrise d'ouvrage suppose une organisation claire de celle-ci avec chef de projet et conducteur d'opération. Dans ce schéma, l'ingénierie interne est la conseillère privilégiée du représentant légal du maître de l'ouvrage et du chef de projet. Elle doit s'interdire toute immixtion dans les prérogatives du conducteur d'opération et du maître d'œuvre.

À cet effet, l'ingénierie interne doit respecter les règles de discipline strictes suivantes :
- ses remarques concernant les prestations fournies par les prestataires intellectuels doivent être adressées au conducteur d'opération ;
- ses remarques concernant les travaux doivent être adressées au maître d'œuvre par le biais du conducteur d'opération ;
- ses remarques concernant d'éventuelles insuffisances de la mission de conduite d'opération doivent être adressées au chef de projet.

Solution corrective

Il peut arriver que l'ingénierie interne à la maîtrise d'ouvrage se révèle dans l'incapacité de se positionner correctement au sein d'une structure de conduite de projet. Il peut en résulter des dysfonctionnements graves et des conflits avec les autres acteurs, préjudiciables à la réussite de l'opération. Dans ce cas, le maître de l'ouvrage ne doit pas hésiter à écarter ses collaborateurs de l'opération.

CONFLIT INTERNE À LA MAÎTRISE D'OUVRAGE

Identification du problème

Par « conflit interne à la maîtrise d'ouvrage », il convient d'entendre « conflit professionnel entre le maître de l'ouvrage et son conducteur d'opération » ou « conflit professionnel entre le maître de l'ouvrage et son mandataire ». Les conflits strictement internes à la maîtrise d'ouvrage et les conflits de personnes ont des causes trop variées pour pouvoir être traitées dans le présent ouvrage. En général, ces causes relèvent plus de la sociologie et de la psychologie que de l'organisation d'une opération de construction.

Analyse

Les conflits internes à la maîtrise d'ouvrage sont la plupart du temps la conséquence de l'un des dysfonctionnements analysés précédemment (voir fiches 2.06, 2.11 à 2.16).

Commentaire

Les conflits internes à la maîtrise d'ouvrage sont, avec les conflits entre maître de l'ouvrage et maître d'œuvre, les conflits les plus graves pour le bon déroulement d'une opération de construction. Ils peuvent conduire à l'échec total ou partiel de l'opération ; ils ne sont qu'exceptionnellement sans séquelles, notamment en matière de délais.

Solution

La solution passe nécessairement par une bonne identification de la ou des causes profondes du conflit.

Compte tenu des enjeux, le maître de l'ouvrage ne doit cependant pas hésiter à faire réaliser un diagnostic par un tiers spécialiste de la maîtrise d'ouvrage – ce tiers neutre peut se révéler difficile à trouver.

Si les acteurs concernés sont de bonne foi et se soucient du devenir de l'opération, le diagnostic peut aussi être le résultat d'une analyse collective, menée par les personnes concernées. En la matière, le recours aux techniques du « remue-méninges » (recherche collective d'idées) et à celles de l'analyse de processus, utilisées en démarche qualité, a prouvé son efficacité.

Le retour à la normale passe souvent par un rappel formel de la définition des rôles et des tâches, et de leur répartition entre les acteurs.

MAUVAIS PHASAGE DES APPELS D'OFFRES DE DÉSIGNATION DE CERTAINS ACTEURS

2.19

Identification du problème

Les exemples les plus fréquents en matière de choix tardifs de certains acteurs concernent :
– le conducteur d'opération, désigné après l'élaboration du programme ;
– l'étude de sol, trop tardive pour être annexée au programme du concours de maîtrise d'œuvre ;
– le coordonnateur en matière de sécurité et de protection de la santé (CSPS), inexistant au stade de l'APS ;
– le contrôleur technique, désigné après la remise des esquisses du concours de maîtrise d'œuvre ;
– l'intervention tardive de l'entrepreneur chargé de travaux préalables (démolitions, par exemple), qui ne pourront être achevés à la date prévue pour le commencement des travaux principaux.

Commentaire

Ces désignations tardives d'acteurs peuvent être à l'origine de dysfonctionnements plus ou moins importants, aux répercussions variables sur le déroulement de l'opération. Les situations précitées peuvent induire notamment les travers suivants.

• *Désignation tardive du conducteur d'opération :* manque d'encadrement des travaux du programmiste ; il en résulte un programme inflationniste, incompatible avec le budget du maître de l'ouvrage.

• *Remise tardive de l'étude de sol :* remise en cause par le maître d'œuvre de l'enveloppe financière affectée aux travaux.

• *Désignation trop tardive du CSPS :* absence de l'avis réglementaire obligatoire sur APS.

• *Désignation trop tardive du contrôleur technique :* non-identification, dans le projet retenu à l'issue du concours, d'une infraction, grave et rédhibitoire, à la réglementation relative à la sécurité incendie (par exemple, atrium de largeur insuffisante).

• *Désignation trop tardive d'un entrepreneur :* retard souvent définitif dans la livraison du bâtiment.

Analyse

Sauf s'il résulte d'un obstacle administratif ou technique (situation rare, à l'exclusion du cas de l'appel d'offres infructueux), le choix trop tardif de certains acteurs est clairement significatif de carences d'un ou de plusieurs des trois acteurs ayant un rôle majeur en matière d'ordonnancement et de pilotage des projets annexes au projet de construction, des études ou des travaux. Ces acteurs sont :
– le chef de projet ;
– le conducteur d'opération ;
– le coordonnateur de chantier.

Solution

Il est indispensable que les trois acteurs cités ci-avant soient des professionnels expérimentés, ce qui est souvent le cas du coordonnateur de chantier et du conducteur d'opération, choisis après appel d'offres, mais pas nécessairement du chef de projet, trop souvent désigné en fonction de règles de préséance ou d'opportunités internes à la maîtrise d'ouvrage.

OUBLIS OU RETARDS DE PROCÉDURES OBLIGATOIRES

2.20

Identification du problème

Le problème est voisin de celui examiné dans la fiche précédente. Parmi les oublis ou retards de procédure, citons :
- dépôt de demande de permis de construire trop tardif ;
- oubli de la demande d'autorisation d'installation classée ;
- date de dépôt de la demande d'autorisation d'ouverture incohérente avec la date prévue pour la réception du public dans le bâtiment.

D'autres procédures sont plus spécifiques et liées à la nature de certaines opérations, par exemple :
- accord des services vétérinaires pour une cuisine ;
- accord de la direction générale de la sûreté nucléaire et de la radioprotection (DGSNR) pour un service d'imagerie médicale ;
- procédures résultant de la loi sur l'eau.

Analyse

L'oubli d'une procédure réglementaire obligatoire est souvent désastreux pour une opération. Il est au minimum la cause de retards ; il peut aussi engendrer des remises en cause tardives du projet et, dans certains cas, générer une prise de risque pénal pour le maître de l'ouvrage.

Deux acteurs sont les garants du respect des procédures réglementaires : le conducteur d'opération (ou le mandataire, en fonction du type d'organisation de la maîtrise d'ouvrage retenu) et, dans une moindre mesure, le maître d'œuvre, le contrôleur technique et le coordonnateur de sécurité et de santé.

Solution

En maîtrisant bien ses procédures de passation et de dévolution des marchés, le maître de l'ouvrage, assisté de son conducteur d'opération, doit tout d'abord se donner un maximum d'atouts pour choisir des partenaires compétents.

Il doit ensuite se doter d'un tableau de bord spécifique de gestion et suivi des procédures. Ce tableau de bord est élaboré et suivi par le conducteur d'opération. Ce dernier doit se donner les moyens contractuels, techniques et relationnels nécessaires à la relance éventuelle des différents acteurs instructeurs ou producteurs des décisions correspondantes.

CONSÉQUENCES DE LA SÉPARATION ENTRE ÉQUIPEMENTS ET BÂTIMENT

2.21

Identification du problème

Des domaines traditionnellement séparés

Tout concourt à séparer le bâtiment et les équipements spécifiques qui lui sont destinés :
– les domaines du bâtiment et des équipements recouvrent chacun des spécialités de filières professionnelles séparées ;
– au sein de la maîtrise d'ouvrage, les responsabilités des investissements concernant respectivement le bâtiment et les équipements sont souvent dévolues à des personnes différentes, voire à des services différents ;
– les imputations budgétaires se font sur des comptes différents ;
– les pratiques de dévolution des commandes sont différentes.

Conséquences sur l'organisation des opérations

Dans la plupart des opérations, les acteurs chargés des équipements et les acteurs chargés du bâtiment s'ignorent. Le conducteur de l'opération et les autres partenaires du maître de l'ouvrage chargés de la construction du bâtiment ne se fixent pas d'autre objectif qualitatif que de livrer un bâtiment vide, que d'autres acteurs se chargeront d'adapter à ses équipements spécifiques.

De la même manière, les responsables des équipements ne se préoccupent des travaux préalables de raccordement de ces équipements qu'au stade de leur installation.

Analyse

La séparation des équipements et du bâtiment en domaines disjoints est en général admise comme une évidence par toutes les parties concernées. La règle du « chacun chez soi » apparaît même comme une nécessité incontournable.

En fait, les fondements de cette règle n'ont pas d'autres origines que l'habitude et la facilité.

Lorsque les problèmes de compatibilité entre équipements et bâtiment ne sont abordés qu'après la livraison des locaux, ils ne peuvent être résolus qu'à l'aide de solutions du type :
– démontage des faux plafonds (parfois par des intervenants peu soucieux des traces qu'ils peuvent y laisser…) ;
– saignées dans les cloisons traditionnelles ;
– démontage des cloisons sèches non prévues pour cet usage ;
– canalisations peu esthétiques, rajoutées « en apparent » ;
– reprises de peinture plus ou moins disgracieuses…

Les corollaires inévitables de ces mesures correctives sont des nuisances, des retards et des surcoûts.

Exemple

Pour illustrer les problèmes posés par la compatibilité entre équipements et bâtiment, il suffit de faire référence à un équipement banal : la fontaine à eau réfrigérée, que l'on rencontre dans beaucoup d'établissements. Cet équipement simple nécessite néanmoins trois types de raccordement : une alimentation en eau, une alimentation en électricité et une évacuation d'eau. Si les canalisations correspondantes ne sont pas prévues à moindre coût au stade de la construction, les travaux indispensables réalisés ultérieurement peuvent, pour une seule fontaine, générer plusieurs centaines d'euros de surcoût qui correspondent, de fait, au prix de l'imprévision.

Commentaire

D'une manière générale, le problème du traitement rationnel de l'interface entre les équipements et le bâtiment devrait être posé et résolu pour toutes les opérations de construction. Mais la gestion disjointe des équipements et du bâtiment peut avoir des conséquences particulièrement graves pour l'économie et la réussite de certains types d'opérations.

Il s'agit soit d'opérations très techniques, pour lesquelles le programme d'architecture et d'ingénierie est la conséquence directe du choix d'équipements ou de processus de fabrication, soit d'opérations particulières, pour lesquelles l'impact des équipements sur les prestations de bâtiment ne peut être négligé.

Pour ces opérations, la rationalisation de la gestion de l'interface entre équipements et bâtiment devient un objectif économique impératif.

CONSÉQUENCES DE LA SÉPARATION ENTRE ÉQUIPEMENTS ET BÂTIMENT 2.21

Exemple

Pour la construction d'un bâtiment médico-technique hospitalier, la gestion coordonnée des contraintes d'équipements et de la conception du bâtiment représente un enjeu de plus de 2 % d'économies d'investissement et de plusieurs mois sur le délai de mise en service.

Solutions

La séparation arbitraire entre bâtiment et équipements ne doit pas être acceptée comme une fatalité : il existe des méthodes qui permettent de gérer ces contradictions et de garantir un minimum de cohérence entre les équipements et les prestations de bâtiment d'une même opération d'investissement.

Opérations à processus industriel structurant

Voir fiche 1.12.

Autres opérations à équipements structurants

À côté des opérations très spécifiques dont les caractéristiques font de l'élaboration du programme des équipements ou du choix du processus industriel un *préalable* obligatoire au programme d'architecture et d'ingénierie ou à la conception du bâtiment, il existe d'autres types de constructions, dans lesquelles l'interaction entre équipements et bâtiment ne peut être ignorée, même si elle n'est pas déterminante.

Pour ces opérations, la mise en cohérence du bâtiment avec les équipements qu'il doit recevoir passe par la mise en œuvre d'une prestation spécifique dite « d'interface équipements-bâtiment », dont les principes sont définis ci-après.

• *Principes de la mission d'interface équipements-bâtiment*
Au plus tard au stade de l'APS, un programme des équipements complet et précis est remis au maître d'œuvre ou à un prestataire spécialisé ; ce dernier a la charge (par contrat ou avenant à son contrat) de classer les équipements en trois familles :

1. équipements sans impacts autres que ceux dus à leur encombrement ;

2. équipements aux caractéristiques constantes, dont l'impact sur le bâtiment est identifiable au-delà des évolutions technologiques proches et des différentes marques ;

3. équipements qui, en raison de leur évolutivité ou des distorsions entre marques, ont un impact sur le bâtiment impossible à identifier sans connaissance précise de leur marque et de leur type.

Les équipements des première et deuxième familles sont positionnés par le prestataire dans les locaux, et leurs contraintes sur le bâtiment clairement identifiées. Il en résulte une fiche d'interface local par local, avec identification de toutes les sujétions d'adaptation du bâtiment à l'équipement et représentation graphique des équipements.

Ces sujétions sont reprises dans le dossier de consultation des entreprises.

Les locaux destinés à recevoir au moins un équipement de troisième famille sont livrés bruts, de manière à limiter au minimum les surcoûts d'adaptation aux contraintes de l'équipement quand celui-ci sera connu. Toutefois, lorsque cet équipement a des conséquences sur les structures du bâtiment et que le maître de l'ouvrage ne souhaite pas recourir à la procédure de conception-réalisation pour son opération (voir la fiche 1.12), il n'existe pas d'autre solution que de dimensionner les espaces et les structures sur la base des contraintes les plus fortes générées par les principaux équipements de même nature disponibles sur le marché (dimensions, charge au sol, etc.).

Exemples

Parmi les opérations pour lesquelles l'impact des équipements sur le bâtiment ne peut être négligé, figurent notamment les plateaux médico-techniques hospitaliers et certains lycées ou collèges spécialisés.

À QUI CONFIER LA MISSION D'INTERFACE ÉQUIPEMENTS-BÂTIMENT ?

Identification du problème

La fiche 2.21 met en évidence la nécessité de faire réaliser une mission spécifique d'interface équipements-bâtiment par le maître d'œuvre ou un prestataire spécialisé. Chacune de ces deux solutions présente des avantages et des inconvénients.

Analyse

L'élaboration des fiches d'interface équipements-bâtiment nécessite deux types de compétences complémentaires :
– les compétences d'un spécialiste des équipements (par exemple, un ingénieur biomédical pour la construction d'un hôpital) ;
– les compétences d'un maître d'œuvre, capable de concevoir des locaux adaptés aux sujétions résultant des équipements.

Dès lors, le prestataire chargé de la mission d'interface équipements-bâtiment peut être soit le spécialiste chargé de l'élaboration du programme des équipements, soit le maître d'œuvre chargé de la conception et du suivi de la réalisation du bâtiment.

Remarque

Le programmiste chargé de l'élaboration du programme des équipements est en général distinct du programmiste chargé de l'élaboration du programme d'architecture et d'ingénierie, même si ces deux personnes peuvent appartenir à la même structure juridique.

Commentaire

• *Avantages et inconvénients de la première solution*

– La première solution a pour mérite d'éviter un travers fréquent : il est difficile d'obtenir du programmiste des équipements un programme suffisamment précis pour que le maître d'œuvre soit capable d'identifier de manière certaine toutes les contraintes d'adaptation du bâtiment aux équipements. Lorsque ce programme n'est pas suffisamment précis, le maître d'œuvre rencontre de réelles difficultés pour fournir les prestations d'interface équipements-bâtiment. Il en résulte des conflits préjudiciables au bon déroulement de l'opération. Lorsque le programmiste chargé des équipements a la charge de la mission d'interface, il est contraint de gérer lui-même les conséquences des imprécisions de son programme.
– Elle crée une zone d'interaction de responsabilités de conception entre le programmiste des équipements, qui identifie les contraintes et positionne les équipements dans les locaux par l'intermédiaire des fiches d'interface, et le maître d'œuvre qui conçoit le local. Il peut en résulter des difficultés majeures en cas de sinistre et de mise en jeu des garanties.

• *Avantages et inconvénients de la deuxième solution*

– Le maître d'œuvre a parfois des difficultés à identifier les contraintes liées aux spécificités d'un équipement, même sur la base d'un programme précis.
– Le maître d'œuvre est l'unique responsable de l'agencement du local, ce qui facilite incontestablement la mise en jeu des garanties en cas de dysfonctionnement.

Solutions

Les deux solutions peuvent être globalement satisfaisantes, sous réserve de les utiliser avec quelques précautions :
– dans la solution 1 (le programmiste des équipements élabore les fiches d'interface), une clause du marché de maîtrise d'œuvre stipulera que le maître d'œuvre doit vérifier la cohérence des fiches par local et qu'il a toute latitude pour les amender, en justifiant ses choix, s'il considère que l'agencement proposé par le programmiste est susceptible d'entraîner des désordres techniques ou fonctionnels. En outre, le contrat prévoira qu'à l'issue de cette vérification le maître d'œuvre est réputé reprendre l'intégralité de la responsabilité de la conception du local ;
– dans la solution 2 (le maître d'œuvre élabore les fiches d'interface), il convient d'imposer au maître d'œuvre de se doter des compétences indispensables dans le domaine des équipements pour accomplir correctement sa mission.

Compte tenu du nombre restreint de spécialistes des équipements susceptibles de rejoindre l'équipe de maîtrise d'œuvre, il est prudent de ne l'imposer qu'au stade de la mise au point du marché, par le biais de la sous-traitance. En effet, le nombre de spécialistes risque d'être insuffisant pour que chaque équipe de maîtrise d'œuvre en comprenne un.

Parallèlement, la commande des équipements passée au programmiste imposera la fourniture d'un programme complet, clair et très précis. Le contrat prévoira, de plus, que le programmiste répondra aux demandes de précision formulées par le maître d'œuvre.

Remerciements

Les auteurs remercient Sandie Liévin, ingénieur biomédical, pour sa contribution à l'amélioration des solutions proposées.

POUR QUELLES OPÉRATIONS FAUT-IL CHOISIR SON MAÎTRE D'ŒUVRE SUR APS ?

2.23

Identification du problème

Un concours de maîtrise d'œuvre peut aboutir à la production par les candidats d'une prestation qui est soit une esquisse, soit un APS. Le choix entre ces deux niveaux de réponse ne peut être arbitraire.

Analyse

Compte tenu des obligations réglementaires en matière d'indemnisation des candidats à un concours de maîtrise d'œuvre publique (indemnité au moins égale à 80 % du prix de revient de la prestation pour le candidat), il convient de remarquer en premier lieu qu'entre un concours sur esquisse et un concours sur APS le montant total des indemnités va varier du simple au double, voire du simple au triple pour les grands projets.

Dans ces conditions, le choix d'un concours sur APS ne doit être fait que s'il apporte une plus-value qualitative ou une diminution des risques au maître de l'ouvrage.

Solution

Parmi les cas les plus courants de pertinence d'un concours sur APS, on peut citer ceux où il permet de répondre aux objectifs suivants du maître de l'ouvrage :
- avoir très vite une enveloppe financière stabilisée, garantie par un engagement contractuel du maître d'œuvre ;
- disposer très vite d'une prévision fiable de consommation énergétique du futur bâtiment ;
- avoir la garantie d'une excellente fonctionnalité d'un local complexe (par exemple, une salle de spectacle) ;
- avoir dès le stade du concours des garanties sur la fonctionnalité et les performances des installations d'un bâtiment très technique (par exemple, accélérateur de particules dans un CHU, ou chaufferie centrale construite dans un espace restreint).

À QUI CONFIER LA MISSION DE COORDINATION DES SSI ?

Identification du problème

La mission de coordination des systèmes de sécurité incendie (SSI), prévue par la norme NF S 61-932, a pour objet de :
– définir des zones (zones de détection [ZD], zones de mise en sécurité [ZS], zones de diffusion d'alarme [ZA]) ;
– élaborer le cahier des charges des SSI ;
– suivre la réalisation de l'installation ;
– s'assurer du respect du cahier des charges et suivre les essais ;
– établir le procès-verbal des opérations préalables à la réception.

Elle est obligatoire pour de nombreuses opérations de construction de bâtiments recevant du public.

Se pose alors la question de la désignation du prestataire chargé de cette mission.

Analyse

Plusieurs éléments de la mission de coordination des SSI incombent clairement au maître d'œuvre au titre de la mission de base, notamment :

• *au stade des études de conception*
– la vérification du respect des cahiers des charges et le suivi des essais,
– la définition de la procédure de réception,
– l'établissement du procès-verbal des opérations préalables à la réception ;

• *au stade du DOE*
– l'établissement de la liste des plans fournis par les installateurs,
– l'établissement de la liste des matériels des SSI et des documentations donnant leurs caractéristiques,
– la fourniture des certificats de conformité aux normes, remis par les constructeurs,
– la fourniture des instructions de manœuvre,
– la fourniture de la notice d'exploitation et de maintenance des SSI.

Commentaire

Les opérations concernées sont celles dans lesquelles la réglementation en matière de sécurité contre l'incendie impose la présence d'un SSI. Seule la lecture attentive de l'arrêté du 25 juin 1980 permet de connaître s'il y a ou non obligation de prévoir un SSI dans un bâtiment déterminé. L'obligation résulte en effet de paramètres croisés, notamment la catégorie de l'établissement et sa capacité.

Il est prudent, en la matière, de solliciter l'avis du contrôleur technique.

Solution

Il semble évident que lorsque la mission de coordination des SSI est obligatoire, elle doit être confiée au maître d'œuvre comme élément indissociable de la mission de base. Toute autre solution faisant appel à un coordonnateur SSI distinct du maître d'œuvre ne peut que créer de graves confusions de responsabilité en cas d'accident ou de sinistre.

Sous réserve de l'avis souverain des tribunaux, il n'est pas à exclure que confier la mission de coordination des SSI à un prestataire autre que le maître d'œuvre puisse être analysé comme constituant une infraction aux dispositions de l'article 7 de la loi n° 85-704 du 12 juillet 1985 sur la maîtrise d'ouvrage publique et ses rapports avec la maîtrise d'œuvre privée, qui stipule que la mission de base doit faire l'objet d'un contrat unique.

Documentation

NF S 61-932 relative aux règles d'installation des SSI, septembre 1993.

FD S 61-949 relatif aux règles d'installation des SSI, novembre 1995.

Réglementation

Arrêté du 25 juin 1980, modifié, portant approbation des dispositions générales du règlement de sécurité contre les risques d'incendie et de panique dans les établissements recevant du public, *JO* du 14 août.

COMPORTEMENT EMPIRIQUE ET SUBJECTIF DU MAÎTRE DE L'OUVRAGE EN RÉUNION DE CHANTIER

2.25

Identification du problème

Il est très fréquent que le représentant légal du maître de l'ouvrage ou une autre personne investie de prérogatives de maîtrise d'ouvrage ou de chef de projet dans la structure chargée de la maîtrise d'ouvrage participe aux réunions de chantier.

Ce type d'action génère souvent des dysfonctionnements plus ou moins graves :
– mise en porte-à-faux suivie parfois d'une perte définitive de crédit du maître d'œuvre, déjugé publiquement par son maître de l'ouvrage ;
– immixtion involontaire du maître de l'ouvrage dans les prérogatives de son conducteur d'opération ou de son maître d'œuvre (voir fiche 2.12) ;
– modifications de prestations aux conséquences préjudiciables au respect des objectifs financiers ou de calendrier, arrachées au maître de l'ouvrage par un entrepreneur habile.

Exemple

Dans un marché à prix global et forfaitaire, un entrepreneur a commis une erreur importante d'estimation, à son détriment, sur une cloison courbe, architecturée dans un hall d'hôpital. Après avoir essayé, en vain, d'obtenir de l'architecte la suppression de cette prestation, il met à profit l'absence temporaire de celui-ci à une réunion de chantier pour obtenir l'accord du représentant du maître de l'ouvrage, sous couvert de recherche d'économies.

Analyse

La réunion de chantier est un lieu vivant qui permet de suivre un chantier en temps réel. De nombreux acteurs de la maîtrise d'ouvrage y participent, soit par goût personnel, soit parce qu'ils sont convaincus que cela est indispensable à un exercice plein et entier de leurs prérogatives.

Juridiquement, le seul représentant des intérêts du maître de l'ouvrage qui doive impérativement assister aux réunions de chantier est le maître d'œuvre.

Remarque

Attention aux différents sens du vocable représenter. Le maître d'œuvre ne peut que représenter les intérêts du maître de l'ouvrage ; il n'a pas le pouvoir de représenter le maître de l'ouvrage personne morale, c'est-à-dire qu'il ne peut agir en lieu et place du maître de l'ouvrage public.

Si l'opération est correctement conduite, les acteurs de la maîtrise d'ouvrage n'ont pas à participer aux réunions de chantier, sauf s'ils assurent la mission de conduite d'opération interne.

Remarque

Dans cette analyse, le vocable maîtrise d'ouvrage est utilisé au sens strict. Si la mission de conduite d'opération est assurée par les services de la maîtrise d'ouvrage, la participation du chargé d'opération aux réunions de chantier relève d'une analyse différente (voir fiche 10.15).

Solutions

Solution préventive

La solution à préconiser, avec insistance, est la non-participation du chef de projet ou d'un représentant de la maîtrise d'ouvrage aux réunions de chantier.

L'information de la maîtrise d'ouvrage passe par l'organisation de réunions spécifiques entre la maîtrise d'ouvrage et la conduite d'opération, avec la présence périodique ou systématique du maître d'œuvre.

Des visites du chantier peuvent être organisées à l'occasion de ces réunions.

Solution corrective

Lorsqu'un acteur de la maîtrise d'ouvrage persiste à participer aux réunions de chantier, il est indispensable qu'il se donne deux règles de conduite :
– se faire assister par son conducteur d'opération, qui devrait être en mesure d'éviter des comportements déviants de la part des acteurs ;
– s'interdire tout commentaire et toute participation aux débats relatifs à l'opération, notamment en matière technique et de choix de prestations.

ABSENCE D'ANTICIPATION DU DÉMÉNAGEMENT

2.26

Identification du problème

Rien n'exaspère tant les acteurs de la construction d'un bâtiment important que de constater qu'ils ont dû travailler avec des calendriers très tendus, et parfois résoudre en urgence des problèmes imprévus complexes afin de livrer le bâtiment à la date contractuelle, et qu'ensuite ce même bâtiment reste vide plusieurs mois. Cette situation résulte soit du manque de prévision en matière d'équipements (voir fiche 2.21), soit du manque de prévision en matière d'organisation du déménagement.

Analyse

Le déménagement faisant suite à la construction d'un bâtiment de taille importante (supérieure à 10 000 m^2) est une phase de l'opération qui possède toutes les caractéristiques d'un projet spécifique difficile à gérer et qui doit en conséquence être traitée comme tel. En particulier, lorsque le bâtiment est le lieu de travail d'un nombre important de personnes, le déménagement doit être étudié dans le détail pour perturber le moins possible la production.

Commentaire

À titre d'exemple, dans le domaine hospitalier, la question du déménagement est souvent très sensible. En effet, les prestations liées aux soins ne peuvent généralement pas être interrompues. Elles doivent être fournies la veille du déménagement, pendant le déménagement, et le lendemain du déménagement. Les réponses à cette question délicate ne peuvent pas être stéréotypées ; elles dépendent de la nature des activités concernées, des possibilités de repli d'activités, des solutions alternatives, de la capacité des autres établissements de santé, des surfaces disponibles pour des activités « tiroirs », etc.

Solution

Le projet de déménagement d'un grand bâtiment doit être traité avec les moyens et les compétences spécifiques nécessaires : organisation adaptée avec chef de projet, conduite de projet, objectifs calendaires précis, tableau de bord et, si besoin est, recours aux conseils de spécialistes.

Deux types de spécialistes sont parfois nécessaires :
- un spécialiste en organisation, pour aider le maître de l'ouvrage à maintenir son activité pendant la période tourmentée du déménagement ;
- un déménageur, pour organiser le déménagement proprement dit dans le respect des contraintes organisationnelles.

3

DÉMARCHE DE PROGRAMMATION

CHOIX D'UN PROGRAMMISTE COMPÉTENT

Identification du problème

Il arrive que des programmes comportent des défauts majeurs.

Surfaces

Les surfaces de certains programmes ne sont pas optimisées. Des excédents de 20 % à 30 % se rencontrent, en particulier lorsque le programmiste se limite au cumul de surfaces obtenues par simple enquête auprès des utilisateurs du futur ouvrage.

L'enregistrement passif des demandes des utilisateurs est la négation même de la démarche de programmation.

Prescriptions relatives à la fonctionnalité

Ces prescriptions sont parfois absentes ou présentées sous la forme de schémas préfigurant une solution architecturale, ce qui est contraire aux objectifs recherchés à l'issue d'une démarche de programmation de qualité (voir fiche 3.14). Ce défaut est souvent le fait de programmistes ayant une formation de base d'architecte.

Remarque

Dans ces schémas, les locaux sont souvent représentés par des rectangles aux surfaces proportionnelles aux surfaces du programme.

Ce travers peut être encore aggravé lorsque, au stade du concours de maîtrise d'œuvre, le programmiste-architecte défavorise plus ou moins consciemment les candidats qui proposent une organisation architecturale différente de celle qu'il a lui-même plus ou moins volontairement imaginée.

Prescriptions techniques

Dans un programme, les prescriptions techniques doivent être rédigées sous forme d'exigences et de performances à atteindre, et non sous forme de solutions architecturales ou techniques.

Il arrive que, dans certains programmes, ces prescriptions soient rédigées sous forme descriptive (comme dans le CCTP – appelé aussi « devis descriptif » – d'un marché de travaux), ou qu'elles soient absentes.

Ces travers sont souvent le fait de programmistes ayant une formation de base d'ingénieur maître d'œuvre.

Lisibilité du programme

Un programme doit être clair, facilement compréhensible par le maître de l'ouvrage, les utilisateurs et le maître d'œuvre, ce qui n'est pas toujours le cas.

Coût

Tout programme doit être assorti d'une estimation du coût de l'ouvrage correspondant ; là encore, ce n'est pas toujours le cas.

Analyse

Le degré de compétence des différents techniciens qui se présentent comme programmistes est extrêmement variable.

La plupart d'entre eux sont des acteurs du domaine du bâtiment qui possédaient des compétences dans d'autres domaines que la programmation et qui se sont reconvertis.

Il existe ainsi des programmes élaborés par des architectes, des sociologues, des ingénieurs, des économistes de la construction, voire d'anciens conducteurs de travaux.

Commentaire

Un programme trop marqué par le profil antérieur de son auteur est souvent un programme hétérogène, de mauvaise qualité.

La qualité des prestations produites dépend de l'expérience du prestataire et de son aptitude à maîtriser son nouveau métier.

Solution

Type de contrat

Le contrat conclu avec le programmiste est un marché de services dont la passation peut prendre des formes plus ou moins contraignantes.

Mode de passation

Le mode de passation dépend des seuils fixés par le Code des marchés publics et du choix du maître de l'ouvrage en matière d'organisation de ses commandes.

• *En dessous du seuil de passation des marchés selon la procédure adaptée*

La mise en concurrence avec analyse des références doublée d'une audition des candidats est recommandée. En effet, si l'analyse des références, et notamment de programmes, est indispensable, seule l'audition permet d'identifier la capacité d'un programmiste à gérer correctement les relations avec les utilisateurs ou usagers. Quelques questions bien ciblées mettent au jour la capacité de réactivité du programmiste face aux demandes inflationnistes éventuelles des futurs utilisateurs.

• *Au-dessus du seuil de passation des marchés selon la procédure adaptée*

L'appel d'offres est obligatoire. Dans ces conditions, l'audition n'est plus possible. L'analyse des offres doit notamment porter sur les références des candidats.

Importance des références

Le choix d'un programmiste doit être précédé d'une évaluation rigoureuse des références et garanties de tout professionnel candidat à ce type de mission. Au-delà des références des structures et des personnes physiques, il est important de demander des extraits de programmes réalisés pour d'autres maîtres d'ouvrage. L'analyse de ces extraits permet de déceler les défauts majeurs recensés ci-avant (voir § Identification du problème).

Remarques

1. Il peut être utile de faire lire, par un architecte, le ou les programmes remis comme référence par les candidats.
2. De nombreux programmistes hésitent à remettre des programmes complets lors des consultations non seulement en raison des problèmes de propriété intellectuelle de ces documents, mais surtout en raison des risques de plagiat.
3. Pour le programmiste, le problème de propriété intellectuelle est toutefois assez aisé à résoudre ; il lui suffit d'obtenir l'accord écrit du maître de l'ouvrage commanditaire.

Contenu du contrat

Dans tous les cas, l'existence, dans le contrat, d'un CCTP imposant une démarche de programmation rationnelle, par étapes, avec obligation de justification des choix retenus, notamment en matière de surfaces, constitue une garantie pour le maître de l'ouvrage.

IMPORTANCE DE LA DÉMARCHE

Identification du problème

Pour gagner du temps dans la réalisation de son opération, le maître de l'ouvrage décide de limiter au minimum la phase d'élaboration du programme, n'hésitant pas à reprendre à son compte le programme d'une opération similaire, qu'un programmiste complaisant accepte d'adapter dans l'urgence.

Analyse

Le programme d'architecture et d'ingénierie constitue l'aboutissement de la démarche de programmation. Les notions de programme d'architecture et d'ingénierie et de démarche de programmation sont indissociables :

– seule une démarche de programmation bien conduite permet d'obtenir un programme performant ;

– pour être fructueuse, la démarche de programmation doit nécessairement être traduite sous la forme exploitable d'un programme.

Remarque

L'obtention d'un programme par copie du programme d'architecture et d'ingénierie d'une opération analogue constitue la négation même de l'objectif qualitatif recherché. En procédant ainsi, le maître de l'ouvrage se prive des moyens indispensables à l'identification des paramètres permettant de donner à son opération le maximum d'atouts de réussite.

Commentaire

Faire comprendre à un acteur de la maîtrise d'ouvrage l'impérieuse nécessité de disposer d'un programme pour lancer un concours de maîtrise d'œuvre est en général assez aisé. En revanche, lorsque ce même acteur n'a jamais vécu de démarche de programmation au cours de son expérience professionnelle antérieure, il lui est difficile d'en déduire spontanément qu'en la matière l'important est avant tout de se donner les moyens, notamment en termes de délais, d'obtenir une démarche de programmation de qualité.

Solution

Le maître de l'ouvrage doit accepter de consacrer à la démarche de programmation les moyens adaptés.

Les délais minimaux nécessaires à l'élaboration d'un programme de qualité, avec une concertation modérée et bien maîtrisée, varient entre trois et six mois selon la taille et la complexité de l'opération. Ces délais peuvent aisément doubler si la concertation est élargie ou mal maîtrisée.

ABSENCE D'IDENTIFICATION DES OBJECTIFS FONDAMENTAUX

Identification du problème

Le programmiste chargé de l'élaboration du programme d'architecture et d'ingénierie d'un important centre hospitalier exige pour commencer sa mission de disposer du projet d'établissement et du programme médical auquel le futur bâtiment devra répondre. Une telle exigence est-elle fondée ?

Analyse

Le programme d'architecture et d'ingénierie est parfois victime de son succès ; même les moins expérimentés des maîtres d'ouvrage publics n'ignorent plus qu'ils doivent disposer d'un programme pour passer commande d'un projet à un maître d'œuvre. Dès lors, ils s'engagent parfois dans la démarche de programmation sans s'être donné les moyens d'identifier correctement leurs objectifs fondamentaux.

Pour les opérations simples, l'identification des objectifs fondamentaux du maître de l'ouvrage peut faire partie intégrante de la mission du programmiste (le contrat correspondant doit le prévoir). Pour des opérations complexes, l'identification des objectifs fondamentaux peut nécessiter une démarche de conduite de projet particulière, s'appuyant sur des compétences spécifiques.

Commentaire

Lorsque, dans le secteur hospitalier, le représentant du maître de l'ouvrage ou le chef de projet annoncent comme objectif fondamental « la reconstruction d'un bâtiment de médecine », c'est le signe d'une probable insuffisance de la démarche de conduite de projet dans les phases situées en amont de la programmation d'architecture et d'ingénierie.

Dans ce secteur, l'objectif fondamental d'une opération d'investissement n'est jamais la réalisation de bâtiments mais toujours la satisfaction de besoins sanitaires et de performances médicales, décrits dans le projet d'établissement puis déclinés par le projet médical et de soins spécifiques à l'opération.

La construction éventuelle d'un bâtiment n'est que la phase d'élaboration de l'un des outils nécessaires à la satisfaction de ces objectifs (voir exemple fiche 3.04).

Les mêmes travers se rencontrent souvent à l'occasion de la réalisation de tout équipement important.

Au début de la démarche de programmation, le programmiste doit consacrer du temps à faire exprimer au maître de l'ouvrage ses objectifs fondamentaux, en remontant le plus possible en amont de la problématique.

Une reformulation des objectifs fondamentaux par le programmiste est souvent nécessaire pour les convertir en concepts programmatiques et garantir la bonne compréhension de ceux-ci par le maître d'œuvre. Cette reformulation doit être validée par le maître de l'ouvrage.

Remarque

Lorsque le maître de l'ouvrage n'est pas en mesure d'exprimer clairement ses objectifs fondamentaux, il est souhaitable d'utiliser une autre procédure, tel le marché de définition.

Solution

L'identification des objectifs fondamentaux suppose :
– que les acteurs de la maîtrise de l'ouvrage soient formés à la conduite d'un projet d'investissement et sensibilisés à l'importance d'une bonne identification préalable des objectifs fondamentaux ;
– qu'ils acceptent de consacrer le temps nécessaire à l'identification de ces objectifs ;
– qu'ils abordent cette démarche sans *a priori*, en se faisant, si besoin est, aider par des professionnels ;
– que le conducteur et le programmiste soient de bons professionnels (voir fiche 1.01).

Documentation

Philippe Estingoy et Michel Rabatel, *Montage et suivi d'une opération de construction*, Éditions du Moniteur, 1994, 2e éd., 2002.

CONFUSION ENTRE OBJECTIFS ET SOLUTIONS

Identification du problème

Il est fréquent que la première expression qu'un maître de l'ouvrage donne de ses objectifs soit déformée.

Les déviations les plus fréquentes sont les suivantes :
- occultation complète ou déformation des objectifs véritables, par stratégie ou, tout simplement, parce que ces objectifs sont difficilement avouables (par exemple, de nombreux bâtiments publics ont été construits pour de simples motifs électoraux ou de concurrence entre deux communes voisines) ;
- erreur d'objectif résultant d'une insuffisance de l'analyse des besoins (développement du secteur d'hébergement dans un hôpital au moment où la durée moyenne de séjour diminue) ;
- objectifs multiples et contradictoires ;
- prééminence d'un objectif d'intérêt privé au détriment d'un objectif d'intérêt général (développement, dans un hôpital, d'une activité en raison non pas d'un besoin objectif, mais de la présence d'un spécialiste de cette activité) ;
- confusion entre objectifs et solutions.

Analyse

La démarche de programmation suppose une réflexion préalable sur la nature profonde des objectifs à atteindre et des besoins à satisfaire ; elle peut amener le maître de l'ouvrage à remettre en cause l'opportunité même de la réalisation de l'opération.

Commentaire

La difficulté peut être illustrée par les deux exemples suivants.

1. En préalable à la construction d'une cuisine hospitalière, l'interrogation sur les objectifs est la suivante : qui faut-il nourrir et à quel prix ? (Les malades ? le personnel ? les malades et le personnel ?) Les réponses possibles en termes de programme sont :
- la construction d'une nouvelle cuisine ;
- l'extension de la cuisine existante ;
- la création d'une cuisine commune à plusieurs établissements ;
- le recours à un prestataire extérieur.

2. Dans une commune en développement, il faut se poser la question de l'évolution de la natalité et de la probabilité d'arrivée de nourrissons dans la commune, sur plusieurs années, avant de décider de la construction d'une crèche.

La traduction des objectifs sous la forme « construction » procède d'une confusion entre objectifs et solutions ; la simple prise de conscience de cette erreur peut amener le maître de l'ouvrage à envisager des solutions différentes.

Solution

Le maître de l'ouvrage doit avoir conscience qu'il est souvent plus aisé d'aller vers une solution imaginée *a priori* que d'effectuer la démarche intellectuelle nécessaire pour bien identifier ses objectifs et ses besoins fondamentaux ; il ne doit donc pas hésiter à recourir aux services d'un spécialiste qui l'aidera dans ce domaine.

L'identification des objectifs fondamentaux est une étape délicate pour le programmiste, qui doit être capable d'amener le maître de l'ouvrage à s'exprimer librement sur ce sujet.

DÉMARCHE DE PROGRAMMATION D'ARCHITECTURE ET D'INGÉNIERIE INFLATIONNISTE

Identification du problème

Il n'est pas rare qu'à l'issue de la démarche de programmation il n'existe pas une totale cohérence entre le programme et le budget affecté à l'opération.

Cette situation génère des dysfonctionnements souvent majeurs, pouvant conduire à l'échec de l'opération.

Analyse

Tout concourt à rendre la démarche de programmation d'architecture et d'ingénierie inflationniste :
– les souhaits du maître de l'ouvrage qui, très vite, peuvent se révéler incompatibles avec son budget, parfois déterminé sans lien direct avec le programme ;
– la facilité, pour le programmiste, d'enregistrer de manière passive les demandes trop souvent immodérées des futurs utilisateurs du bâtiment ;
– l'incapacité naturelle de beaucoup d'acteurs à la mise en commun de locaux et de moyens ;
– les amendements apportés au programme à l'issue des phases de concertation ;
– le choix de niveaux de prestations supérieurs aux pratiques courantes dans un domaine déterminé.

Commentaire

Enveloppe financière surévaluée

Une enveloppe surévaluée peut conduire à une dépense inutile des deniers publics, notamment à l'issue d'un concours qui conduit nécessairement le maître d'œuvre à fournir une prestation en relation avec le budget qui lui est proposé. Un budget anormalement élevé génère un projet inutilement cher.

Enveloppe financière sous-évaluée

Lorsqu'un maître de l'ouvrage propose, pour réaliser une opération, une enveloppe insuffisante, il est possible qu'aucun maître d'œuvre ne signale l'anomalie au stade du concours. Dans un contexte de concurrence parfois âpre, il est fréquent que les concurrents ne prennent pas le risque de contrarier le maître de l'ouvrage en lui signalant son erreur d'estimation. Celui-ci doit, dans ces conditions, être considéré comme coresponsable de la perversion de la règle du jeu qui en résulte.

Dans le cas d'une enveloppe sous-évaluée, la situation peut se trouver aggravée lorsque le maître de l'ouvrage s'acharne à vouloir absolument respecter un budget irréaliste : la brutale réalité de la situation apparaît en général après plusieurs appels d'offres infructueux et une importante perte de temps et donc d'argent.

Solution

Seule une démarche de programmation rigoureuse, réalisée par des acteurs compétents, permet d'éviter une incohérence entre programme et budget.

Le résultat est obtenu par la conjonction de deux processus :
– la bonne maîtrise du programme de surfaces (voir fiche 3.07) ;
– la vérification de la cohérence programme-budget par le programmiste, à chaque étape importante de la démarche de programmation.

PROGRAMMATION NON PROSPECTIVE

Identification du problème

L'une des surprises que réserve le métier de programmiste résulte de la découverte de l'incapacité dans laquelle une majorité d'acteurs d'un projet de construction se trouvent d'aborder, de manière prospective, la démarche de programmation. Le programmiste se trouve en général confronté à deux types de comportements dominants :
– incapacité à imaginer les besoins futurs autrement qu'à travers la reconduction de la situation existante ;
– reproduction, plus ou moins consciente, d'une solution alternative préexistante, sans véritable interrogation sur la réalité des besoins propres (référence à des solutions mythiques empruntées aux États-Unis ou, simplement, à un maître de l'ouvrage voisin ou concurrent, par exemple).

Analyse

L'incapacité de nombreux maîtres d'ouvrage et de futurs utilisateurs d'un bâtiment public à aborder la démarche de programmation d'une manière prospective est un phénomène trop constant pour être le fait d'acteurs non représentatifs : il s'agit véritablement d'une caractéristique dominante du comportement humain dans ce type de démarche, qu'il convient de prendre en compte.

Solution

Il appartient au programmiste de contraindre les acteurs d'une opération de construction à se poser des questions sur l'évolution prévisible de leurs besoins, si nécessaire en les incitant à se remettre en cause :
– par des échanges avec d'autres maîtres d'ouvrage ;
– par des visites d'opérations proposant des organisations différentes ;
– par des présentations documentées et argumentées de solutions alternatives ;
– par l'organisation de débats contradictoires à l'aide de méthodes d'analyse de processus, ou de techniques telles que celles du « remue-méninges », voire, si nécessaire, par l'utilisation de méthodes déstabilisantes du type analyse des « scénarios du possible », en vue d'ébranler la certitude des utilisateurs.

COMMENT ÉVITER LES DÉRIVES DE SURFACES ?

Identification du problème

Les incohérences entre budget et programme analysées dans la fiche 3.05 ont souvent pour origine une inflation des surfaces.

Analyse

Il est évident que le coût d'une opération de construction est en relation directe avec les surfaces construites. La maîtrise du coût passe donc par une maîtrise préalable des surfaces.

Solution

La maîtrise des surfaces suppose la bonne maîtrise de la démarche de programmation conjointement par les acteurs de la maîtrise d'ouvrage et le programmiste.

La capacité du programmiste dans ce domaine n'étant pas toujours aisément vérifiable au stade de la sélection de celui-ci, notamment en cas d'appel d'offres, le maître de l'ouvrage a intérêt à imposer des contraintes contractuelles dans le marché de programmation.

Parmi les solutions les plus performantes, il convient de citer :

– l'obligation contractuelle faite au programmiste de se prononcer par écrit sur la pertinence des surfaces souhaitées par les utilisateurs, et ce pour chaque local ;
– l'obligation faite au programmiste d'engager la démarche de programmation par l'élaboration d'un préprogramme, en aveugle, c'est-à-dire sans aucun échange avec les futurs utilisateurs. Ce préprogramme donne des surfaces considérées par le programmiste comme satisfaisantes ; il sert de référence lors de la concertation avec les futurs utilisateurs.

Commentaire

La méthode de programmation en aveugle, très efficace pour atteindre l'objectif recherché, a été préconisée par les auteurs de *Montage et suivi d'une opération de construction* dès 1994. Elle suppose une excellente connaissance, par le programmiste, du domaine de programmation correspondant à la future opération, et l'élaboration préalable d'un recueil d'objectifs fondamentaux solidement identifiés et validés par le maître de l'ouvrage.

Documentation

Philippe Estingoy et Michel Rabatel, *Montage et suivi d'une opération de construction*, Éditions du Moniteur, 1994, 2e éd., 2002.

RÉUSSIR LA CONCERTATION

Identification du problème

À la date d'édition du présent ouvrage, aucun maître de l'ouvrage public ne peut envisager sérieusement de réaliser une opération de construction de bâtiment sans concertation. Toutefois, la concertation est un art difficile à maîtriser :
- l'insuffisance de concertation génère une attitude de rejet du bâtiment nouvellement construit, pour des motifs qui peuvent parfois apparaître comme futiles mais qui, en fait, sont révélateurs de la frustration ressentie par des utilisateurs qui n'ont pas pu s'exprimer lors des choix fondamentaux ;
- l'excès de concertation génère des retards importants et des transferts de responsabilité sur des décisions contraires aux principes fondateurs de la maîtrise d'ouvrage publique.

Pour réussir son opération, le maître de l'ouvrage est « condamné » à réussir sa concertation.

Analyse

Objet de la concertation

La concertation avec les futurs utilisateurs est indispensable à la réussite d'une construction publique : les compétences des utilisateurs et leur vision souvent pragmatique du futur bâtiment en font des conseillers précieux pour le maître de l'ouvrage.

La concertation permet aux utilisateurs de :
- faire bénéficier le maître de l'ouvrage de leur expérience, en formulant des exigences issues de la pratique quotidienne de leur activité (professionnelle, de loisirs, de services, etc.) ;
- comprendre qu'un certain nombre de contraintes (financières en particulier) sont autant d'obstacles à la réalisation du projet idéal qu'ils imaginent ;
- prendre conscience de la réalité des délais d'études et de procédures, délais dont ils ont en général une vision totalement irréaliste (par exemple, le délai normal d'organisation d'un appel d'offres – lancement, jugement, mise au point des marchés de travaux – est de quatre à cinq mois environ).

Intérêt de la concertation

Une concertation bien comprise et bien gérée doit conduire les utilisateurs à s'approprier progressivement le projet, y compris ses inévitables insuffisances.

Limites de la concertation

Malgré son importance, la concertation ne doit pas être érigée en système fonctionnant sans contrainte.

Les limites de la concertation sont fixées par :
- la frontière séparant un organe consultatif (organe représentatif des utilisateurs) d'un organe décisionnel (maître de l'ouvrage) ;
- les délais non indéfiniment extensibles des phases de programmation et de conception ;
- le budget consacré à l'opération.

Sur le plan des thèmes traités, il n'y a pas de limite théorique à la concertation. Toutefois, pour certains ssujets nécessitant des compétences particulières, une préinformation des utilisateurs peut être nécessaire ; à défaut, les utilisateurs peuvent formuler des observations totalement incongrues et difficiles à gérer car reposant sur des *a priori*.

Commentaire

L'avis des futurs utilisateurs du bâtiment ne doit être ni méprisé ni érigé en dogme à respecter à tout prix.

Solution

Le succès de la concertation suppose :
- un choix judicieux des représentants des utilisateurs ou usagers ;
- la définition de règles strictes ;
- une bonne information des acteurs ;
- la répercussion de la concertation au-delà des acteurs directs.

Choix des membres des structures de concertation

Les principes de constitution des structures de concertation sont simples ; ces structures comprennent des représentants des utilisateurs ou usagers futurs, choisis en raison :
– des fonctions, liées au futur bâtiment, qu'ils exercent (employé, gestionnaire, bénéficiaire de locaux ou de prestations, locataire, etc.) ;
– de leur représentativité et de leur crédit auprès des autres utilisateurs du futur bâtiment ;
– de leur compétence particulière eu égard au thème traité ;
– de l'intérêt qu'ils portent à l'opération.

Il ne sont jamais choisis sur de simples critères hiérarchiques.

Exemple

Un mauvais choix consisterait à solliciter, pour faire partie de la structure de concertation mise en place dans le cadre du projet de construction d'un bâtiment de médecine, un chef de service hospitalier autoritaire, susceptible de surcroît de cesser son activité avant la mise en service du bâtiment ! Ce type de décision caricaturale se rencontre fréquemment.

Règles de concertation

Les membres des structures de concertation doivent être parfaitement informés des modalités d'organisation de la concertation :
– critères de sélection des acteurs de la concertation ;
– conditions de prise de connaissance des dossiers d'études ;
– nature des documents diffusés ;
– délais d'analyse ;
– nombre et échéancier des réunions de travail avec le maître de l'ouvrage et les autres acteurs ;
– limites des prérogatives des structures de concertation (ces dernières ne peuvent notamment être investies d'aucune part des pouvoirs de décision du maître de l'ouvrage) ;
– modalités de répercussion de la concertation auprès de l'ensemble des utilisateurs.

Répercussion de la concertation auprès de l'ensemble des utilisateurs

Les conclusions des réunions de concertation doivent être transmises à l'ensemble des autres utilisateurs.

Ce deuxième niveau de la concertation est fondamental pour la réussite de la démarche ; il constitue souvent un point d'achoppement : la réussite de la concertation au niveau des structures principales peut masquer un échec global potentiel si la concertation se limite de fait à un petit groupe de personnes qui seront vite considérées par les autres utilisateurs comme des privilégiés non représentatifs.

La répercussion de la concertation auprès de l'ensemble des utilisateurs peut être organisée de plusieurs façons, notamment :
– par la mise en place d'un panneau d'information permanente exposant l'état d'avancement de l'opération ainsi que des extraits de programme (en phase de programmation) ou des plans (en phase de conception) ;
– par la désignation de référents choisis parmi les membres des structures de concertation et chargés de répondre aux questions.

Ce dispositif gagne à être conforté par des conférences plénières organisées aux échéances les plus marquantes.

Cette forme complémentaire de communication ne doit pas déplacer le niveau de la concertation et conduire à des remises en cause systématiques du travail effectué en amont.

VICISSITUDES D'UNE OPÉRATION RÉALISÉE SANS PROGRAMME

Identification du problème

Paradoxalement, malgré l'importance de la démarche de programmation et le caractère obligatoire du programme (loi MOP, art. 2), il existe encore des opérations réalisées sans programme. Elles obéissent la plupart du temps à un schéma initial assez caractéristique.

La commande est passée à l'architecte de manière extrêmement sommaire. Le marché de maîtrise d'œuvre stipule par exemple : réalisation d'une salle polyvalente.

Sur cette base, le maître d'œuvre essaye, en questionnant directement le maître de l'ouvrage ou les utilisateurs, d'obtenir quelques précisions complémentaires. Il peut ainsi arriver à connaître quelles activités devraient être pratiquées dans cette salle polyvalente. Ce type de démarche occultant les questions de fond, il s'ensuit généralement la réalisation successive de toute une série d'esquisses, voire d'avant-projets, jusqu'à l'obtention d'un document qui donne satisfaction au maître de l'ouvrage (parfois sans répondre à un réel besoin).

À travers cette démarche qui coûte cher tant au concepteur qu'au maître de l'ouvrage, ce dernier découvre progressivement la réalité de ses besoins et de ses exigences. Les avant-projets successifs sont autant de révélateurs du programme sous-jacent de l'opération.

Cette première étape étant franchie, il n'est pas rare que les acteurs de l'opération constatent :

– que la première estimation du coût de l'opération dépasse les possibilités financières du maître de l'ouvrage ;

– que le projet est incompatible avec certaines contraintes caractéristiques du site choisi *a priori* ;

– parfois même que le terrain pressenti n'est pas compatible avec l'opération.

Le processus est alors repris (révision à la baisse des exigences initiales, choix d'un nouveau terrain, etc.) et aboutit à de nouveaux avant-projets.

À travers cette démarche, le maître d'œuvre effectue tout ou partie des études de faisabilité qui auraient dû être menées préalablement à son intervention.

Les séquelles d'une telle situation peuvent nuire définitivement à la cohérence de conception et de réalisation de l'ouvrage, dont l'une des fonctions essentielles pourra avoir été totalement omise.

Analyse

La réalisation d'opérations sans programme est le fait de maîtres d'ouvrage occasionnels et mal conseillés.

Commentaire

Un marché de maîtrise d'œuvre conclu sans programme devrait faire l'objet d'un rejet en contrôle de légalité, pour infraction aux dispositions de l'article 7 de la loi MOP.

Solution

Un maître de l'ouvrage public occasionnel ne dispose en général pas, au sein de sa structure, des compétences suffisantes pour réaliser dans de bonnes conditions de délais et de coût, et avec une prise de risque juridique minimale, une opération de construction de bâtiment.

Dans de telles conditions, le recours à un mandataire ou à un conducteur d'opération s'impose.

UN PROGRAMME PRÉCIS LIMITE-T-IL LA CRÉATIVITÉ ARCHITECTURALE ?

Identification du problème

L'affirmation selon laquelle un programme précis limiterait la créativité architecturale peut sembler relever du domaine du bon sens.

Analyse

Dans les faits, cette affirmation peut être totalement fondée ou au contraire définitivement battue en brèche par des constats issus de la pratique des concours de maîtrise d'œuvre ; la réponse dépend de la qualité du programme.

Lorsqu'un programme est de qualité, c'est-à-dire lorsque ses objectifs sont exprimés sous la forme d'exigences ou de performances, sa précision ne constitue en rien un obstacle à la créativité architecturale et technique de l'équipe de maîtrise d'œuvre.

De plus, les incertitudes levées au stade de la programmation sont autant de causes d'atermoiements, de retards et de surcoûts, évités au stade de la conception de l'ouvrage.

Commentaire

L'expression programmation technique détaillée (PTD) est née dans les années soixante-dix, au sein des directions techniques des grands ministères constructeurs (Santé et Éducation nationale notamment).

Par le biais de ce vocable, ces directions entendaient marquer leur volonté de promouvoir des programmes d'architecture et d'ingénierie complets et précis. Cette politique contrastait singulièrement avec les pratiques d'une époque où les rares programmes se limitaient trop souvent à une liste de locaux et de surfaces. C'est dans cet esprit que le décret n° 74-569 du 17 mai 1974 du ministère chargé de la santé définissait le programme technique détaillé.

La plupart des concours de maîtrise d'œuvre du domaine de la santé sont aujourd'hui réalisés avec des programmes très précis. L'analyse des projets qui en sont issus montre que plus le programme est complet et précis, plus il contribue à la genèse de projets de qualité. De plus, il est tout à fait surprenant de voir que, dans un domaine aussi complexe que le domaine hospitalier, un programme très élaboré et très contraignant puisse conduire à des projets fondamentalement différents. Certains architectes n'hésitent pas à affirmer que leur créativité est stimulée par le défi que constitue un programme complet et précis, sous réserve que celui-ci soit de qualité (voir fiche 3.11).

Solution

Le maître de l'ouvrage public ne doit pas hésiter à se donner les moyens d'obtenir un programme précis en sélectionnant un programmiste compétent (voir fiche 3.01) et en consacrant le temps nécessaire à la démarche de programmation (voir fiche 3.02).

QU'EST-CE QU'UN BON PROGRAMME ?

Identification du problème

Quand, pour la réussite de l'opération, le maître de l'ouvrage est convaincu de l'importance à obtenir un programme de qualité, il se pose en général la question corrélative suivante : « Mais qu'est-ce donc qu'un programme de qualité ? »

Analyse

Le « bon programme » est celui qui permet d'obtenir le meilleur projet, répondant aux besoins du maître de l'ouvrage et accepté par le plus grand nombre possible de personnes parmi celles directement concernées par la mise en service de l'ouvrage.

Solution

Un programme de qualité doit :
- s'appuyer sur des objectifs correctement identifiés ;
- résulter d'une démarche consensuelle entre le maître de l'ouvrage, les futurs utilisateurs et usagers et les autres acteurs concernés par l'opération ;
- exprimer les objectifs à atteindre, les besoins et les performances à satisfaire sans induire de solution architecturale ou technique ;
- posséder une dimension prospective ;
- être compréhensible par des non-professionnels ;
- être compréhensible et facilement exploitable par le maître d'œuvre ;
- être assorti des études préalables nécessaires, notamment en matière de faisabilité technique, de faisabilité financière et de délais ;
- être complet, clair et précis ;
- ne pas exprimer d'exigences contradictoires ;
- être cohérent avec l'enveloppe financière qui lui est associée.

Commentaire

Il est très facile d'exprimer des exigences contradictoires dans un programme : par exemple, vouloir que tous les locaux d'un grand projet soient sur un même niveau, tout en exigeant des distances courtes à parcourir.

Documentation

MIQCP, *Études préalables et programme d'une construction publique*, Éditions du Moniteur, 1984.

MIQCP, *Programmation des constructions publiques*, Éditions du Moniteur, 2e éd., 2001.

Direction générale de l'urbanisme, de l'habitat et de la construction (DGUHC), Études préalables et programme d'une construction publique, 1988.

4

MAÎTRISE DES DÉLAIS ET DES COÛTS

OPTIMISATION DES DÉLAIS

Identification du problème

La plupart des maîtres d'ouvrage publics s'étonnent, voire s'indignent, de l'ampleur des délais nécessaires à la réalisation d'une opération de construction. Un délai d'environ trois ans constitue le minimum difficilement compressible pour une opération de taille modeste. Ce délai peut excéder dix ans pour la construction d'un hôpital de 80 000 m^2 ou d'un grand équipement sportif ou culturel.

Leur réaction est souvent attisée par la comparaison avec les délais de réalisation des opérations privées : à caractéristiques identiques, l'écart peut excéder plusieurs années pour une grosse opération.

Analyse

Les délais de réalisation d'une opération de construction sont de nature très différente. Il est nécessaire de distinguer :
- les délais de procédures réglementaires, en général fixés par le Code des marchés publics ;
- les délais de procédures de gestion des contrats (signatures, notifications, délivrance d'ordres de service, etc.) ;
- les délais de procédures externes à la maîtrise d'ouvrage (permis de construire, passage de la commission de sécurité, etc.) ;
- les délais des phases d'études ;
- les délais de concertation ;
- les délais de contrôle et de réception des prestations intellectuelles, notamment celles produites par le maître d'œuvre ;
- le délai de réalisation des travaux ;
- le délai de réception des travaux ;
- le délai d'installation et de réception des équipements.

La réduction des délais de réalisation d'une opération suppose :
- l'optimisation de chaque type de délai recensé ci-avant ;
- la prévention des risques de retard (voir fiche 4.02).

Solutions

Il n'existe malheureusement pas de méthode unique d'optimisation des délais de réalisation d'une opération de construction. Chaque type de délai doit faire l'objet d'une analyse et de traitements spécifiques.

Procédures réglementaires

Il faut *a priori* considérer les délais de procédures réglementaires comme incompressibles. Ces délais, imposés par la réglementation européenne et/ou le Code des marchés publics, ne peuvent être réduits qu'en des circonstances exceptionnelles, indépendantes de la volonté du maître de l'ouvrage.

En revanche, toutes les procédures réglementaires ne sont pas consommatrices de délais de façon équivalente. Par exemple :
- si les pièces du DCE sont achevées, l'appel d'offres restreint est plus long que l'appel d'offres ouvert ; si le délai de sélection des candidats est mis à profit pour achever le DCE, les conclusions sont inverses ;
- la procédure de conception-réalisation est plus courte, d'au moins six mois, que la procédure dite classique.

Il appartient au conducteur d'opération de conseiller le maître de l'ouvrage sur le choix des procédures réglementaires les mieux adaptées à une opération déterminée.

Remarque

En la matière, le délai n'est pas nécessairement le critère de choix prépondérant.

Procédures de gestion des contrats

Les délais de procédures de gestion des contrats sont une résultante directe du mode d'organisation de la maîtrise d'ouvrage.

Paradoxalement, en la matière, le petit maître de l'ouvrage occasionnel bien conseillé par un conducteur d'opération dynamique peut s'avérer plus performant qu'un grand maître de l'ouvrage institutionnel.

Les grosses structures (grandes communes, régions, départements, CHU, offices d'HLM, etc.) sont souvent structurées pour traiter un maximum d'opérations avec une sécurité juridique optimale, parfois obtenue au détriment des délais.

Pour la réalisation d'un grand projet, la réduction des délais de procédures de gestion des contrats est un objectif majeur car il peut générer d'importantes économies d'actualisation de prix.

Exemple

Pour un projet de 100 000 000 €, avec une hypothèse d'inflation de 3 % par an, un mois de gain de délai en amont du début des travaux représente une économie mensuelle de 250 000 €...

Deux modes d'organisation permettent, d'atteindre cet objectif :
– la création d'une mission « grand projet », entièrement dédiée au projet considéré et possédant en son sein la quasi-intégralité des compétences nécessaires à la gestion du projet et donc des contrats qui y sont rattachés. Cette structure s'affranchit des pesanteurs de la structure mère. De nombreux grands projets d'État ont été et sont réalisés sur la base d'une telle organisation ou d'organisations voisines ;
– la création d'un poste de veille calendaire. L'agent investi de cette mission se consacre entièrement à la surveillance du respect des délais, y compris en agissant lui-même comme élément moteur (port direct de documents au signataire pour s'affranchir du circuit du courrier, prise de rendez-vous pour signature, attente du document signé, organisation des notifications, relances, etc.). Il est aisé de remarquer que, pour un projet de grande taille, il suffit à cet agent d'être à l'origine de gains de délais modestes pour que la structure qui l'emploie rentabilise son traitement.

Procédures externes

Le gain de délais sur les procédures externes n'est pas aisé car le maître de l'ouvrage n'en est pas le maître.

Il existe toutefois des possibilités de gain indirect :
– bonne connaissance des procédures par le conducteur d'opération pour éviter des oublis d'échéances ou de documents générateurs de sursis à statuer ;
– anticipation des procédures pouvant aller jusqu'à l'organisation de réunions d'information des structures externes concernées ;
– désignation de correspondants bilatéraux chargés de résoudre au plus vite les difficultés éventuelles rencontrées lors de la procédure.

Phase d'études

Il est toujours hasardeux d'essayer d'imposer au maître d'œuvre des délais d'études trop courts, que celui-ci risque d'accepter – notamment dans le contexte d'âpre concurrence d'un concours –, mais qu'il ne sera plus en mesure de tenir ensuite. La gestation d'un projet suppose un enchaînement de séquences et d'itérations entre architecte et ingénierie que la multiplication de moyens ne permet ni d'éviter ni de réduire au-delà d'une certaine limite, et que seule l'équipe de maîtrise d'œuvre sait apprécier en fonction de la complexité et de la taille du projet. Le délai optimal d'études ne peut être que le résultat d'une négociation entre conducteur d'opération et maître d'œuvre. Lorsque le maître de l'ouvrage souhaite fixer un délai, celui-ci ne peut être qu'un objectif cible.

Il convient en revanche de remarquer que les opérateurs privés font assez systématiquement réaliser les études d'avant-projet en une seule phase, sans que cela pose problème à quiconque. Il y a là un vrai potentiel d'économie de délais, mais cette pratique n'est malheureusement légale, en maîtrise d'ouvrage publique, que dans le domaine du logement ou dans le cadre de la procédure de conception-réalisation.

Concertation

L'optimisation des délais de concertation est indissociable de l'optimisation de la procédure de concertation proprement dite (voir fiche 3.08).

Contrôle et réception des prestations intellectuelles

Il existe en la matière deux écoles : celle des conducteurs d'opération qui procèdent à la vérification fine des prestations produites, et celle des conducteurs d'opération qui se limitent à des vérifications par sondages statistiques. Dans le premier cas, le délai de contrôle et de réception est approximativement égal à la moitié du délai des études correspondantes ; dans le second cas, ce délai représente approximativement 10 % à 20 % du délai des études correspondantes. Dans tous les cas, quelles que soient la taille et la complexité de l'opération, il existe un délai minimal incompressible d'environ deux semaines.

Les tenants de la première école affirment, exemples à l'appui, faire régulièrement corriger des oublis et infractions au programme qui porteraient préjudice au maître de l'ouvrage.

Les tenants de la seconde école font remarquer que le maître d'œuvre s'est engagé par contrat à respecter le programme et qu'il sera toujours temps, en cours ou en fin de travaux, de lui demander des comptes s'il n'a pas tenu tous ses engagements.

En matière économique, ce débat n'est pas sans intérêt : pour un grand projet, l'écart de délais entre les deux modes d'organisation peut représenter une année, soit un coût équivalant à environ 3 % du montant de l'opération en période d'inflation modérée, sans compter les gains de productivité éventuels résultant de la mise en service anticipée de l'équipement.

Toutefois, sur le plan des procédures, la réception par sondages ne dispense pas le conducteur d'opération de réaliser un inventaire exhaustif des études produites, seul le contenu des études pouvant être analysé par sondages. À défaut, le maître de l'ouvrage court le risque d'accepter, et donc de payer, des prestations non conformes au contrat de maîtrise d'œuvre et de se trouver en infraction avec les règles de la comptabilité publique.

Remarque

Lorsqu'un maître d'œuvre ne réalise que partiellement les études d'exécution prévues et perçoit néanmoins la totalité de sa rémunération, le représentant légal du maître de l'ouvrage, fautif, est passible de sanction (voir l'arrêt de la Cour de discipline budgétaire et financière, 24 nov. 1986, Revue Marchés publics n° 239, janv.-fév. 1989).

Réalisation des travaux

En matière de travaux, il existe toujours un délai optimal correspondant aux moindres frais de chantier pour l'entrepreneur : un délai plus court impose la mise en œuvre de moyens supplémentaires non rentabilisés, un délai plus long constitue une perte de temps coûteuse. Seul l'entrepreneur est en mesure de déterminer le délai correspondant au moindre coût.

Ce délai dépend de la surface, de la complexité et de la topographie du bâtiment, de la facilité d'organisation du chantier (notamment de stockage des matériaux) et d'un paramètre majeur, le nombre de grues qui peuvent être installées simultanément.

Lorsque le maître de l'ouvrage veut imposer un délai, il est important qu'il permette à l'entrepreneur de proposer un couple délai-coût alternatif sous la forme d'une variante.

Réception des travaux

Le délai de réception des travaux est peu compressible. Il dépend de la taille et de la complexité de l'opération, et du nombre d'acteurs que la maîtrise d'œuvre est susceptible de mobiliser pour cette phase de sa mission. En pratique, il faut compter environ 500 m^2 par jour pour les opérations de petite taille réalisées par des équipes de maîtrise d'œuvre aux effectifs réduits, et environ 1 000 m^2 par jour pour les grands projets.

Identification du problème

Les opérateurs publics de construction sont régulièrement montrés du doigt pour leur prétendue incapacité à respecter les délais de réalisation de leurs opérations.

Commentaire

Il n'existe pas en matière de délais de « bons élèves » privés et de « mauvais élèves » publics. Dans les deux secteurs, des opérations sont réalisées dans le respect des délais initiaux, tandis que d'autres accumulent les retards. Et dans les deux secteurs, certains retards peuvent être imputés à une mauvaise organisation ou à une mauvaise gestion de l'opération, tandis que d'autres sont totalement étrangers à ces facteurs.

Analyse

Même les professionnels de la maîtrise d'ouvrage qui se donnent tous les atouts pour réussir ne sont pas à l'abri d'aléas : la réalisation d'une opération de construction n'est presque jamais un long fleuve tranquille…

Dans ces conditions, les règles de bonne gestion consistent à prévenir les retards et, à défaut d'avoir pu les éviter, à en limiter les conséquences.

Causes relevant du domaine de l'organisation ou de la maîtrise de l'opération

Les principales causes de retard relevant du domaine de l'organisation d'une opération de construction sont les suivantes :
- volatilité du programme d'architecture et d'ingénierie (multiplication des demandes de modifications) ;
- concertation mal maîtrisée ;
- erreurs d'ordonnancement, de pilotage et de coordination en phase d'études ;
- erreurs d'ordonnancement, de pilotage et de coordination en phase de travaux.

Causes étrangères ou partiellement étrangères à l'organisation de l'opération

Les principales sources de retard relevant de causes étrangères ou en partie étrangères à l'organisation d'une opération de construction sont les suivantes :
- retards de procédures externes (octroi de subventions, délivrance de permis de construire, etc.) ;
- délai supplémentaire pour rétablissement de la cohérence programme-projet-budget ;
- appel d'offres infructueux ;
- défaillance d'un acteur ;
- aléas de chantier.

Solutions

Il n'existe malheureusement pas de méthode unique de prévention et de gestion des retards. Chaque type de retard potentiel ou avéré doit faire l'objet d'une analyse et de traitements spécifiques.

Volatilité du programme d'architecture et d'ingénierie

Voir fiches 3.06 et 3.11.

Concertation mal maîtrisée

Voir fiche 3.08.

Ordonnancement, pilotage et coordination en phases d'études et de travaux

• *Importance de la qualité de l'ordonnancement*

La maîtrise d'une opération passe nécessairement par celle de l'ordonnancement de toutes les tâches nécessaires.

En phase de travaux, l'ordonnancement réalisé par un professionnel spécialisé (mission d'OPC) est en général de bonne qualité.

Les lacunes en matière d'ordonnancement sont plus fréquentes en phase d'études préalables de programmation et d'études de conception, avec parfois des conséquences importantes en matière de délais. Il convient de rappeler à ce propos qu'un bon conducteur d'opération est nécessairement un spécialiste de l'ordonnancement des études.

• *Repères pour éviter les incohérences les plus graves en phase d'études*

En phase d'études, le calendrier prévisionnel établi par le conducteur d'opération doit caler avec précision certains actes susceptibles, s'ils sont tardifs, de générer des dysfonctionnements ultérieurs. La liste ci-après, non exhaustive, recense des causes fréquentes d'erreurs graves :
– le financement doit être acquis au plus tard en fin de phase d'études ;
– le contrôleur technique doit être désigné suffisamment tôt pour pouvoir formuler son avis sur l'esquisse remise à l'issue du concours ;
– le coordonnateur SPS doit être désigné à temps pour fournir le plan général de coordination à joindre au dossier de consultation des entrepreneurs ;
– le permis de construire ou de démolir doit être obtenu avant le début des travaux correspondants ;
– le récépissé du dépôt de déclaration ou de demande d'autorisation d'installation classée doit être joint à la demande de permis de construire ;
– pour les opérations subventionnées, les travaux ne peuvent, en général, pas commencer avant la notification de la décision d'octroi de la subvention ;
– compte tenu des pratiques françaises, les phases calées sur le mois d'août doivent faire l'objet d'une analyse particulière. À titre d'exemple, un souci de recherche d'efficacité doit conduire le maître de l'ouvrage à ne pas lancer d'appel d'offres en août.

Retards de procédures externes

Lorsque les retards des procédures externes sont directement imputables aux acteurs de ces procédures, le maître de l'ouvrage ne dispose pas d'autre recours que l'usage d'une communication convaincante… dont l'efficacité n'est pas garantie.

Rétablissement de la cohérence programme-projet-budget

L'une des difficultés récurrentes de gestion des opérations d'investissement réside dans l'antagonisme quasi incontournable entre objectif de respect du délai et objectif financier. Cette délicate question fait l'objet de la fiche 4.07.

Appel d'offres infructueux

Voir fiche 10.04

Défaillance d'un acteur

Voir fiche 9.08.

Aléas techniques de chantier

Le type d'aléas de chantier le plus fréquent résulte de contraintes imprévisibles du sous-sol (sol ponctuellement différent des prévisions, câble enterré, ouvrage souterrain, source, etc.). Ce risque ne peut être totalement supprimé ; il peut toutefois être fortement réduit lorsque les reconnaissances préalables indispensables sont réalisées en amont, si possible dès le stade de programmation.

CAUSES DE DÉPASSEMENT DE BUDGET

Identification du problème

Le dépassement du budget prévisionnel d'une opération est toujours un problème sérieux. Les opérations sans aléas sont quasi inexistantes. Il est donc nécessaire de réduire au minimum les causes de dépassement d'une part, de prévoir dans le budget de toute opération une provision pour couvrir ces aléas d'autre part (voir fiche 4.05).

Analyse

Même les professionnels de la maîtrise d'ouvrage qui se donnent tous les atouts pour réussir ne sont pas à l'abri d'aléas : dans ces conditions, les règles de bonne gestion consistent à prévenir les surcoûts et, à défaut d'avoir pu les éviter, à en limiter l'ampleur.

Causes relevant du domaine de l'organisation ou de la maîtrise de l'opération

Les principales causes de surcoûts relevant du domaine de l'organisation d'une opération de construction sont les suivantes :
- insuffisance ou absence d'études préalables et de faisabilité ;
- volatilité du programme d'architecture et d'ingénierie (multiplication des demandes de modifications) ;
- concertation mal maîtrisée ;
- erreur d'appréciation du budget initial.

Causes étrangères ou partiellement étrangères à l'organisation de l'opération

Les principales sources de surcoûts relevant de causes étrangères ou en partie étrangères à l'organisation d'une opération de construction sont les suivantes :
- appel d'offres infructueux ;
- évolutions réglementaires ;
- évolution des besoins ;
- défaillance d'un acteur ;
- aléas de chantier.

Solutions

Il n'existe malheureusement pas de méthode unique de prévention et de gestion des surcoûts. Chaque type de surcoût potentiel ou avéré doit faire l'objet d'une analyse et de traitements spécifiques.

Insuffisance ou absence d'études préalables et de faisabilité

Voir fiche 1.01.

Volatilité du programme d'architecture et d'ingénierie (multiplication des demandes de modifications)

Voir fiches 3.06 et 3.11.

Concertation mal maîtrisée

Voir fiche 3.08.

Erreur d'appréciation du budget initial

Il est fondamental que le maître de l'ouvrage et ses conseillers (programmiste, conducteur d'opération, mandataire) se donnent les moyens d'effectuer une estimation fiable du montant de l'opération telle qu'elle résultera de la mise en œuvre du programme.

Atteindre cet objectif demande un minimum de temps et des compétences spécifiques au programmiste.

Les causes d'erreurs d'estimation en phase de programmation sont en effet très nombreuses et doivent absolument être minimisées par des méthodes d'analyse et de calcul très rigoureuses. À défaut, l'estimation sera entachée d'une erreur trop importante, qui lui fera perdre toute crédibilité (voir fiche 4.04).

Les erreurs d'estimation du budget initial génèrent parfois des retards, voire des échecs, d'opérations au retentissement national. La situation est fortement aggravée lorsque le maître de l'ouvrage persiste à essayer de « faire rentrer » impérativement l'opération dans un budget irréaliste.

CAUSES DE DÉPASSEMENT DE BUDGET

Choix d'un projet architectural incompatible avec le budget

Voir fiche 8.06.

Appel d'offres infructueux

Voir fiche 10.04.

Évolutions réglementaires

Les évolutions réglementaires sont une cause non négligeable d'augmentation du coût des opérations, en particulier celles de taille importante, dont la gestation est longue. À titre d'exemple, les évolutions réglementaires et normatives intervenues entre 1997 et 2005 ont généré une plus-value supérieure à 10 % des coûts de certaines opérations de construction de bâtiments publics. (Certains commentateurs ont, d'une manière hâtive, fait l'amalgame de ce facteur avec les effets de l'inflation.)

Ces évolutions incontournables ne peuvent être ni prévenues ni évitées. La bonne réponse passe par l'intégration d'une provision pour aléas dans le calcul du budget prévisionnel.

Remarque

Parmi les évolutions réglementaires susmentionnées, nous relevons notamment : la nouvelle réglementation thermique, la nouvelle réglementation acoustique, l'évolution de la réglementation parasismique, l'obligation de tri des déchets de chantier, et, dans le secteur sanitaire, les évolutions successives de la réglementation relative à la sécurité contre l'incendie, les nouvelles normes de gaz médicaux et de traitement d'air dans les blocs opératoires,et dans un domaine non réglementaire mais aux effets identiques le Guide de la sécurité électrique des hôpitaux, *etc.*

Évolution des besoins

Pour les opérations de longue durée relevant de secteurs très dynamiques ou très évolutifs (celui de la santé par exemple), il est quasiment impossible d'achever les études et les travaux sans apporter les modifications destinées à répondre à des évolutions de besoins imprévisibles.

Ces évolutions incontournables ne peuvent être ni prévenues ni évitées. La bonne réponse passe conjointement par l'intégration d'une provision pour aléas dans le calcul du budget et par le choix d'une typologie de bâtiments aisément adaptables (notion de flexibilité).

Défaillance d'un acteur

Voir fiche 9.08

Aléas de chantier

Le risque d'aléas de chantier peut être réduit lorsque les reconnaissances préalables indispensables sont réalisées en amont, si possible dès le stade du programme. Ce risque ne peut toutefois être totalement évité.

La bonne réponse passe par l'intégration d'une provision pour aléas dans le calcul du budget.

Commentaire

Toutes les causes de retard analysées dans la fiche 4.02 sont aussi des causes de surcoûts, du fait du jeu des actualisations de prix. Seules les causes les plus importantes, ayant un impact direct sur les coûts, ont été traitées dans la présente fiche.

Remarque

Les dépenses supplémentaires pour actualisation de prix ne sont pas nécessairement un surcoût. En effet, si le maître de l'ouvrage est en mesure d'abonder annuellement et sans difficulté son budget à hauteur de l'inflation, il peut lui être plus aisé, en matière de trésorerie, de réaliser son opération avec un peu de retard, malgré l'actualisation du prix. Cette affirmation n'est toutefois vraie que si le retard ne fait pas perdre de gains de productivité.

Tout maître de l'ouvrage doit savoir qu'il n'existe aucune méthode permettant d'évaluer le coût d'une opération en phase de programmation de manière absolue. À ce stade, est considérée comme excellente une estimation située entre – 10 % et + 10 % du coût réel de l'opération.

CAUSES D'ERREURS D'ESTIMATION EN PHASE DE PROGRAMMATION

Identification du problème

L'estimation du montant d'une opération en phase de programmation est un exercice difficile qui nécessite une grande rigueur. À défaut, l'incertitude pesant sur le résultat est telle que celui-ci peut perdre toute crédibilité.

Analyse

Au stade du programme, l'estimation repose essentiellement sur l'utilisation de prix au mètre carré.

Les ratios de prix utilisables sont d'un usage délicat, qui nécessite une bonne expérience. De plus, pour éviter toute approximation grossière, il convient de prendre de multiples précautions et de tenir compte de nombreux paramètres.

La détermination du montant de l'opération en phase de programmation est nécessairement entachée d'une incertitude importante, qui peut raisonnablement être estimée à un minimum de 10 %.

Par un raisonnement simpliste, ce constat peut conduire à la conclusion que, en raison de l'impossibilité d'atteindre une estimation précise, la détermination de ce montant peut s'accommoder de méthodes d'évaluation succinctes et approximatives.

En fait, obtenir une estimation avec une incertitude limitée à environ 10 % dès le stade du programme est une véritable performance, qui ne peut être atteinte qu'en usant de calculs multiples, rigoureux et précis.

Chaque calcul individualisé est entaché d'une erreur, et le cumul des erreurs peut vite dépasser 10 % si le programmiste n'y prend pas garde.

Il convient de signaler que l'écart entre le coût réel et une estimation mal maîtrisée peut rendre cette dernière totalement fantaisiste : les erreurs potentielles cumulées de manière arithmétique peuvent atteindre 100 % (voir ci-après).

Solution

Précautions élémentaires

Le développement ci-après, extrait de *Montage et suivi d'une opération de construction* (Éditions du Moniteur, 2002) énumère quelques-unes des précautions à prendre pour éviter les erreurs d'estimation les plus graves.

Concordance entre ratios et natures de surface

La concordance entre les ratios de prix utilisés et les natures de surface (utile, dans œuvre ou hors œuvre) doit être vérifiée.

Remarque

L'application d'un prix de mètre carré utile à une surface hors œuvre peut générer une erreur de 60 %.

Programme de locaux complet

Le programme de locaux pris comme référence doit être complet. Il convient notamment de ne pas oublier les locaux techniques et les locaux sanitaires, qui ne sont pas toujours pris en compte dans certains modes de calcul de la surface utile.

Remarque

L'oubli des sanitaires et des locaux techniques peut générer une erreur de 15 % à 20 %.

Montant des prestations « normales »

Le premier calcul du coût des travaux vise à déterminer le montant des prestations que l'on peut qualifier de « normales », c'est-à-dire celles qui correspondent aux ratios de prix utilisés.

Il convient en effet de ne pas perdre de vue que chaque ratio de prix recouvre un certain type de prestations assorties d'un certain niveau de qualité.

Le programmiste doit donc avoir une bonne connaissance du référentiel de prestations couvert par les ratios de prix qu'il utilise.

CAUSES D'ERREURS D'ESTIMATION EN PHASE DE PROGRAMMATION 4.04

Exemple

Dans le secteur hospitalier, le ratio de prix au mètre carré dans œuvre d'un secteur d'hébergement correspond en général à un sol avec revêtement plastique. Si le maître de l'ouvrage exige un sol avec carrelage sur chape flottante, une plus-value devra être appliquée.

Remarque

Une inadéquation entre ratio utilisé et prestations prévues par le programme peut générer une erreur dont le taux varie en fonction du caractère plus ou moins luxueux des exigences du maître de l'ouvrage. Un taux d'erreur excédant 10 % peut très vite être atteint.

Postes « hors norme »

Les postes hors norme générateurs de surcoûts (fondations spéciales, travaux de raccordement, prestations particulières demandées par le maître de l'ouvrage, etc.) doivent être identifiés et chiffrés. L'objet des études de faisabilité est justement d'identifier certains de ces postes (voir fiches 1.01 à 1.04).

Remarque

Le taux d'erreur possible est de plusieurs dizaines de points en pourcentage.

Majorations pour honoraires et frais divers

Pour obtenir une estimation fiable, il convient de cerner et d'identifier tous les postes : honoraires, frais de concours éventuels, reprographie, aléas, provisions pour actualisation et révision des prix, etc.

Les postes de dépenses sont variables d'une opération à une autre en fonction de sa taille, de sa durée et de sa complexité, de la nature de la mission du maître d'œuvre, des procédures choisies et de la liste prévisionnelle des intervenants.

Remarque

Le calcul utilisant un taux global moyen, trop souvent utilisé en la matière, peut générer une erreur de 2 % à 10 %.

Date de référence des ratios

La date de référence des ratios de prix utilisés doit être vérifiée.

Remarque

Oublier de vérifier la date de référence des prix peut générer une erreur allant d'un mois à plusieurs années, ce qui peut représenter, en période de faible inflation, 2 % à plus de 10 % du coût de l'opération.

Taxes

Il est préférable de vérifier si les ratios utilisés sont hors taxes ou toutes taxes comprises.

Remarque

Cette erreur, heureusement peu fréquente, est égale à la valeur de la TVA.

Erreurs cumulées

Sur le plan pédagogique, il est intéressant de constater que le cumul arithmétique de toutes les erreurs recensées ci-avant est supérieur à 100 %. En pratique, seule une grande rigueur permet de limiter ce taux à environ 10 % ; des taux d'erreur de 20 % à 30 % restent fréquents.

NÉCESSITÉ DE LA PROVISION POUR ALÉAS

Identification du problème

Une opération de construction, même exemplaire, ne peut être totalement à l'abri d'aléas ayant un impact sur le budget.

Analyse

Certains événements ne peuvent, en effet, être totalement maîtrisés par le maître de l'ouvrage, notamment :
- l'impact de contraintes de sol non décelables par les investigations, même rigoureuses, réalisées en amont ;
- les évolutions réglementaires ;
- les évolutions de besoins étrangères à la maîtrise d'ouvrage ;
- les surcoûts résultant de défaillances d'entreprises.

Commentaire

Certains maîtres d'ouvrage interdisent à leur maître d'œuvre le moindre dépassement du budget initial. Cette solution séduisante *a priori* procède, de fait, d'une méconnaissance de la réalité des opérations de construction et peut générer des comportements condamnables de la part du maître d'œuvre :
- négociation de modifications de prestations, à l'insu du maître de l'ouvrage, pour dégager des moins-values compensatrices ;
- majoration artificielle de certaines quantités dans les cadres de décomposition du prix global et forfaitaire (DPGF) – par ce biais, le maître d'œuvre escompte, en infraction avec les règles relatives aux marchés forfaitaires, se constituer des marges de négociation visant à obtenir des entreprises que les travaux supplémentaires soient payés par la facturation de ces prestations non réalisées ;
- constitution de provisions cachées par le doublement de la même prestation, par exemple ratissage d'un support dans le marché du plâtrier et dans celui du peintre, ou chauffe-eau dans le marché du plombier et dans celui du chauffagiste.

Les deux dernières déviances constituent des infractions majeures aux règles de gestion des marchés publics et aux règles de la comptabilité publique ; elles sont d'autant plus graves qu'elles peuvent aussi être utilisées à des fins de malversations, relevant clairement de pratiques délictueuses.

Solution

La bonne gestion d'une opération ne peut se concevoir sans l'intégration au budget d'une provision raisonnable, destinée à absorber les surcoûts dus aux aléas inévitables.

À défaut, le moindre incident peut bloquer l'opération pendant le délai, plus ou moins long, nécessaire à la recherche et à la mise en œuvre d'économies compensatrices ou à la mise en place de crédits complémentaires.

L'expérience montre que, en général, ces types d'arrêts coûtent très vite beaucoup plus cher que les sommes nécessaires pour absorber les aléas.

Les chiffres ci-après donnent des indications pour la définition d'un « budget aléas » raisonnable :
- en construction neuve, 5 % du montant des travaux ;
- en réhabilitation, 7 % du montant des travaux.

MAÎTRISE DES MODIFICATIONS DU PROGRAMME EN PHASE D'ÉTUDES

Identification du problème

Dans la mesure où l'expérience et un souci déontologique conduisent à considérer que la concertation est indispensable à la réussite d'une opération, il est impératif d'éviter que cette concertation ne se retourne contre ses promoteurs en générant des modifications non maîtrisables du programme, notamment pendant la phase d'études de conception.

Analyse

L'objectif de la concertation en phase d'études de conception est de permettre aux futurs utilisateurs ou/et usagers de formuler des observations sur la configuration du projet, qui est ensuite amendé pour améliorer son adéquation aux besoins.

Cette démarche permet par ailleurs aux futurs utilisateurs de s'approprier progressivement le projet.

Ce stade de la concertation est d'autant plus important que la démarche de programmation est souvent perçue par les acteurs non professionnels de la construction comme une démarche relativement abstraite.

À chaque stade de la conception (esquisse, APS, APD), les utilisateurs perçoivent de mieux en mieux ce que sera le bâtiment, ce qui les amène souvent à faire évoluer l'expression de leurs besoins.

Cette évolution n'a rien de choquant : elle est prévue par la loi MOP qui, dans son article 2, stipule que « le programme et l'enveloppe financière prévisionnelle, définis avant tout commencement des avant-projets, pourront toutefois être précisés par le maître de l'ouvrage avant tout commencement des études de projet ». Elle doit cependant rester dans des limites compatibles avec :
- les règles des marchés publics (la modification éventuelle ne doit pas perturber l'économie du marché de maîtrise d'œuvre) ;
- les délais d'études ;
- le budget de l'opération.

Solution

Principes

La maîtrise des évolutions de surfaces en phase d'études de conception suppose le respect simultané d'au moins quatre critères :
- le programme doit répondre d'une manière totalement satisfaisante aux besoins du maître de l'ouvrage et donc être de bonne qualité (voir fiches 3.06 et 3.11) ;
- la concertation doit être organisée et maîtrisée (voir fiche 3.08) ;
- les futurs utilisateurs doivent être très vite sensibilisés au caractère non extensible du budget ;
- le travail collectif d'analyse des dossiers d'études doit être encadré par des règles précises.

Remarque

Les règles donnant un maximum de liberté à l'intérieur d'une enveloppe maximale de surface, figée, sont très efficaces pour éviter les dérives de coûts.

Aide à la classification des modifications de prestations en phase d'études de conception

Doit *a priori* être considérée comme « hors norme » à un stade quelconque de la conception :

- toute modification de l'un des éléments majeurs du programme d'architecture et d'ingénierie ;

- toute évolution susceptible de générer une augmentation :
  - du délai d'études,
  - du coût des études ou du coût de prestations intellectuelles annexes (contrôle technique par exemple),
  - du montant des travaux,
  - du délai de travaux ;

- toute évolution susceptible de concerner des éléments régis par une réglementation majeure (sécurité contre l'incendie, accessibilité aux handicapés, sécurité des personnes, etc.)

Par ailleurs, doit être considérée comme hors norme toute évolution des prestations au-delà des stades indiqués dans le tableau 4.06.1.

4.06 MAÎTRISE DES MODIFICATIONS DU PROGRAMME EN PHASE D'ÉTUDES

Tableau 4.06.1 – Stades auxquels les prestations doivent être figées (1).

	Pour le bâtiment dans son ensemble	Pour chaque secteur fonctionnel	Pour chaque local
Solution architecturale d'ensemble	ESQ	–	–
Localisation	ESQ	APS	APD
Fonctionnalité interne	ESQ	APS	APD
Surface utile	ESQ	APS	APD
Surface dans œuvre	APD	–	–
Position définitive précise des circulations horizontales et verticales et des gaines techniques	PRO	PRO	PRO
Installations techniques			
Principes généraux	APS	–	–
Description des solutions	APD	–	–
Tracé de principe et implantation	PRO	PRO	PRO
Détails de mise en œuvre	EXE	EXE	EXE

(1) Ce tableau correspond à l'hypothèse d'une esquisse conforme au programme d'architecture et d'ingénierie.

Source : d'après un document des Hospices civils de Lyon, élaboré par un groupe de travail comprenant : Sylvie Bonnaffoux, Alain Bénini, Olivier Brun, Philippe Dieudonné, Vincent Gossin, Michel Rabatel.

MAÎTRISE DES MODIFICATIONS DU PROGRAMME EN PHASE DE TRAVAUX

Identification du problème

Statistiquement, le plus gros « fauteur » de travaux modificatifs est le maître de l'ouvrage, en raison :
- soit des insuffisances du programme ;
- soit d'évolutions réglementaires ou de besoins qui lui sont extérieures ;
- soit de sa propre inconstance.

Analyse

Les conséquences des deux premiers facteurs cités au paragraphe précédent sont difficiles à éviter (voir fiches 4.02 et 4.03). La présente analyse ne porte donc que sur le troisième.

L'inconstance du maître de l'ouvrage résulte soit du comportement des acteurs de la maîtrise d'ouvrage eux-mêmes, soit de la répercussion, par ces acteurs, de demandes de modifications provenant des futurs utilisateurs ou usagers.

L'inconstance due aux acteurs de la maîtrise d'ouvrage résulte principalement de deux situations :
- une mauvaise maîtrise du métier de maître de l'ouvrage et donc de l'opération ;
- des actes individuels d'autorité ; dans ce cas, la remise en cause du programme (souvent initié ou cautionné par un prédécesseur) devient un enjeu de pouvoir.

Solutions

Chaque situation analysée ci-avant appelle une réponse spécifique.

Mauvaise maîtrise du métier de maître de l'ouvrage

Être maître de l'ouvrage d'une opération de construction met en œuvre des compétences dans des domaines nombreux et différents (conduite de projet, comptabilité publique, animation de réunions, droit des marchés publics, urbanisme, etc.).

Il est urgent de mettre un terme à deux idées reçues :
- il ne suffit pas d'être un très bon gestionnaire d'établissement public ou de collectivité territoriale pour posséder les compétences nécessaires à la maîtrise d'ouvrage d'un projet de construction ;
- une bonne dose de bon sens et d'opiniâtreté ne suffit pas à faire un maître de l'ouvrage.

La maîtrise d'ouvrage est devenue un métier, qui nécessite une formation spécifique.

Actes individuels d'autorité du représentant de la maîtrise d'ouvrage

En matière de construction, les exemples de projets retardés par des actes d'autorité du représentant de la maîtrise d'ouvrage sont nombreux et variés.

Ils vont de la remise en cause totale d'un projet par un nouvel arrivant qui prend systématiquement le contre-pied des orientations de son prédécesseur, jusqu'au refus soudain d'une disposition constructive clairement identifiable sur plans ou d'une couleur pourtant validée sur échantillons.

Ces situations sont souvent très difficiles à éviter dans la mesure où elles sont le fait de l'autorité qui détient le pouvoir de décision. Seul le conducteur d'opération peut essayer de les infléchir, par exemple en signalant qu'elles sont susceptibles de nourrir un futur rapport de la chambre régionale des comptes.

Modifications provenant des futurs utilisateurs

Il est difficile de s'opposer à la visite du chantier par les futurs utilisateurs. Toutefois, de telles visites ne peuvent être organisées que dans le cadre de règles strictes. Par exemple, sauf erreur ou oubli grave, le stade des travaux est trop tardif pour des demandes de modifications (voir fiche 10.17).

Et si les futurs utilisateurs n'arrivent pas à se discipliner, il appartient au chef de projet de servir de filtre et de refuser presque systématiquement les demandes.

MAINTIEN DE L'ADÉQUATION ENTRE PROJET ET ENVELOPPE FINANCIÈRE

Identification du problème

Le maintien de l'adéquation d'un projet avec l'enveloppe financière ne va pas de soi. Les causes de dérives sont nombreuses depuis le stade du programme jusqu'à celui de l'appel d'offres.

Analyse

Il est tout à fait exceptionnel que la genèse d'une opération de construction, et en particulier d'une grande opération, soit exempte d'aléas, et que les paramètres de l'opération, tels que le coût et les délais, restent naturellement entre les limites fixées par le maître de l'ouvrage.

Si l'on considère que le stade normal de la première définition du couple coût-délais est l'achèvement du programme d'architecture et d'ingénierie, les principales causes, intrinsèques à l'opération, de dérives financières après ce stade sont :
- l'« effet concours » (voir fiche 8.03) ;
- les effets de la concertation en phases d'APS et d'APD ;
- la volatilité du programme (voir fiche 4.02) ;
- l'impact d'un appel d'offres infructueux.

Solution

Face à une augmentation brutale du montant prévisionnel de l'opération, les acteurs de la maîtrise d'ouvrage n'ont que deux solutions :
- l'augmentation du budget ;
- la recherche d'économies.

La recherche d'économies peut être réalisée soit en corrigeant les causes du surcoût, par exemple en reprenant la concertation pour amener les futurs utilisateurs du bâtiment à une meilleure prise en compte des contraintes économiques (mais ce type de retour est toujours difficile à gérer), soit en recherchant des économies compensatrices.

Le chef de projet ne doit pas aborder la recherche d'économies de manière dogmatique en renvoyant brutalement le problème au maître d'œuvre (qui, de plus, n'est pas toujours responsable du surcoût), mais de manière rationnelle et concertée.

Le processus de recherche d'économies peut être schématisé par les questions suivantes :
- quel montant d'économies est possible sans remise en cause du programme ? (La réponse incombe au maître d'œuvre) ;
- si ces économies ne sont pas suffisantes, quelles modifications du programme sont tolérables dans le respect des objectifs fondamentaux du maître de l'ouvrage, et quelles économies généreraient-elles ? (La réponse incombe conjointement au maître d'œuvre et au conducteur d'opération.)

Commentaire

Dans la plupart des projets, atteindre les niveaux d'économies suivants est assez aisé sans remettre en cause le programme :
- au stade de l'APS, entre 3 % et 5 % ;
- au stade de l'APD, entre 1 % et 2 % supplémentaires.

En ce qui concerne les économies attendues d'une nouvelle procédure de mise en concurrence après appel d'offres infructueux, voir la fiche 10.03.

GÉRER L'ANTAGONISME ENTRE RESPECT DE L'OBJECTIF DE COÛT ET RESPECT DES DÉLAIS

Identification du problème

Il est un facteur caractéristique de la gestion de toute opération de construction qui échappe à beaucoup de maîtres d'ouvrage : l'antagonisme coût-délais. Le projet idéal sans augmentations ponctuelles du coût n'existant que de manière exceptionnelle (voir fiche 4.08), à chaque dérive de coût le retour à un projet compatible avec l'enveloppe financière initiale ne peut se faire qu'en consommant du temps.

Or le retard génère lui-même ses propres surcoûts : en investissement du fait de l'inflation, et en exploitation du fait de pertes d'exploitation et du différé de ressources nouvelles ou de gains de productivité.

La gestion de l'antagonisme coût-délais est une tâche difficile des métiers de chef de projet et de maître de l'ouvrage.

Analyse

Les courbes présentées en figure 4.09.1 sont caractéristiques d'une opération conduite avec une maîtrise exemplaire du budget. Cette configuration, optimale mais possible, n'a de sens que si le temps consacré aux recherches d'économies ne génère pas de surcoût supérieur aux économies d'investissement attendues.

Les courbes 1 et 2 représentent respectivement les bornes supérieures et inférieures de la fourchette d'estimation à chaque stade des démarches de programmation puis de conception. Au stade des études préalables, la fourchette est très large (+/- 15 % à 20 %) ; elle se réduit ensuite à chaque étape pour devenir nulle lorsque le vrai prix est connu, à l'issue de l'appel d'offres.

La ligne horizontale 3 représente l'enveloppe que le maître de l'ouvrage entend consacrer aux travaux. Cette enveloppe est généralement fixée à l'issue de la démarche de programmation.

La ligne horizontale 4 représente l'enveloppe que le maître de l'ouvrage entend consacrer aux travaux majorée de la provision pour aléas (ici 5 %).

La courbe 5 représente le « vrai prix » du projet à chaque phase. Pour une opération déterminée, cette courbe ne peut être tracée en temps réel. En revanche, lorsque le conducteur d'opération suit dans le détail toutes les évolutions de prestations à chaque stade, avec les évolutions de coûts corrélatives, comme doit le prévoir sa mission, les points caractéristiques de cette courbe peuvent être connus rétroactivement en partant du prix issu de l'appel d'offres.

Commentaire

Les courbes de la figure 4.09.1, issues d'une opération réelle, résultent du travail très important réalisé par le conducteur d'opération afin de respecter les objectifs financiers du maître de l'ouvrage. Sans ce travail, il y aurait eu manifestement un très fort dérapage.

Dans des opérations de taille plus modeste, la maîtrise des objectifs financiers peut être acquise à l'issue d'une seule phase d'économies.

Les courbes montrent aussi que la limitation de la concertation à une seule phase, que choisissent certains maîtres d'ouvrage ou qui s'impose en procédure de conception-réalisation, réduit les risques de dérives, et donc de perte de temps pour la recherche d'économies.

Dans une opération mal maîtrisée par le conducteur d'opération, ou lorsque le maître d'œuvre n'a pas été en mesure d'estimer son projet au prix du marché, une phase de recherche d'économies peut s'imposer à l'issue de l'appel d'offres. Cette recherche d'économies passe en général par une nouvelle procédure de dévolution de la commande de travaux, ce qui génère des retards très importants et coûteux.

Solution

Le processus conduisant à la solution est schématisé par le tableau 4.09.1.

Lorsqu'il est en possession de tous les éléments de décision issus de la démarche définie par le tableau 4.09.1, le chef de projet doit :
– s'assurer que les économies possibles (E1 + éventuellement E2) sont en mesure de compenser une part significative du surcoût ΔT ;
– calculer l'impact financier du retard (D1 + D2) × M ;

4.09 GÉRER L'ANTAGONISME ENTRE RESPECT DE L'OBJECTIF DE COÛT ET RESPECT DES DÉLAIS

– s'assurer que la perte financière due au retard ne réduit pas de façon significative les économies attendues des modifications du projet et des modifications du programme.

Si le préjudice financier dû au retard causé par la recherche d'économies reste marginal au regard du montant des économies attendues, les objectifs d'économies sont validés et le projet modifié.

Si la perte financière due au retard causé par la recherche d'économies consomme une part significative des économies attendues, la solution cohérente est la mise en place, sans plus attendre, d'un financement supplémentaire, puis la poursuite de l'opération.

Tableau 4.09.1 – Processus permettant de résoudre l'antagonisme entre respect de l'objectif de coût et respect des délais.

	Acteurs		
Action	**Question**	**Réponse**	**Élémént de décision**
1. Identification du surcoût affectant l'enveloppe de travaux (1)	Chef de projet	Conducteur d'opération + Maître d'œuvre	Montant du surcoût (ΔT)
2. Identification du coût d'un mois de retard tant sur le budget d'investissement que sur le budget d'exploitation	Chef de projet	Chef de projet + Représentant du maître de l'ouvrage + Conducteur d'opération	Coût de un mois de retard (M)
3. Identification du montant d'économies possible par modification du projet sans remise en cause du programme	Conducteur d'opération	Maître d'œuvre	Montant des économies possibles par modification du projet sans remise en cause du programme (E1)
4. Identification du délai nécessaire pour dégager les économies possibles sans remise en cause du programme	Conducteur d'opération	Maître d'œuvre + Conducteur d'opération	Délai nécessaire pour dégager les économies possibles par modification du projet sans remise en cause du programme (D1)
Si le montant des économies possibles par modification du projet sans remise en cause du programme est insuffisant pour combler l'excédent, (E1< Δ T) :			
5. Il convient alors de rechercher le montant des économies possibles avec remise en cause du programme mais sans remise en cause des objectifs fondamentaux du maître de l'ouvrage	Conducteur d'opération	Chef de projet + Maître d'œuvre + Conducteur d'opération	Montant d'économies possibles avec remise en cause du programme mais sans remise en cause des objectifs fondamentaux du maître de l'ouvrage (E2)
6. Identification du délai nécessaire pour dégager les économies possibles avec remise en cause du programme mais sans remise en cause des objectifs fondamentaux du maître de l'ouvrage (2)	Conducteur d'opération	Chef de projet + Conducteur d'opération + Programmiste + Maître d'œuvre	Délai nécessaire pour dégager les économies possibles avec remise en cause du programme mais sans remise en cause des objectifs fondamentaux du maître de l'ouvrage (D2)

(1) L'identification du surcoût (action 1) ne doit pas conduire le maître de l'ouvrage à faire un mauvais pari sur un hypothétique résultat miraculeux de l'appel d'offres et à s'affranchir de la suite de la démarche...

(2) Les actions 5 et 6 ne sont nécessaires que si les économies possibles par modification du projet sans remise en cause du programme ne sont pas suffisantes pour compenser l'excédent (E1 < ΔT).

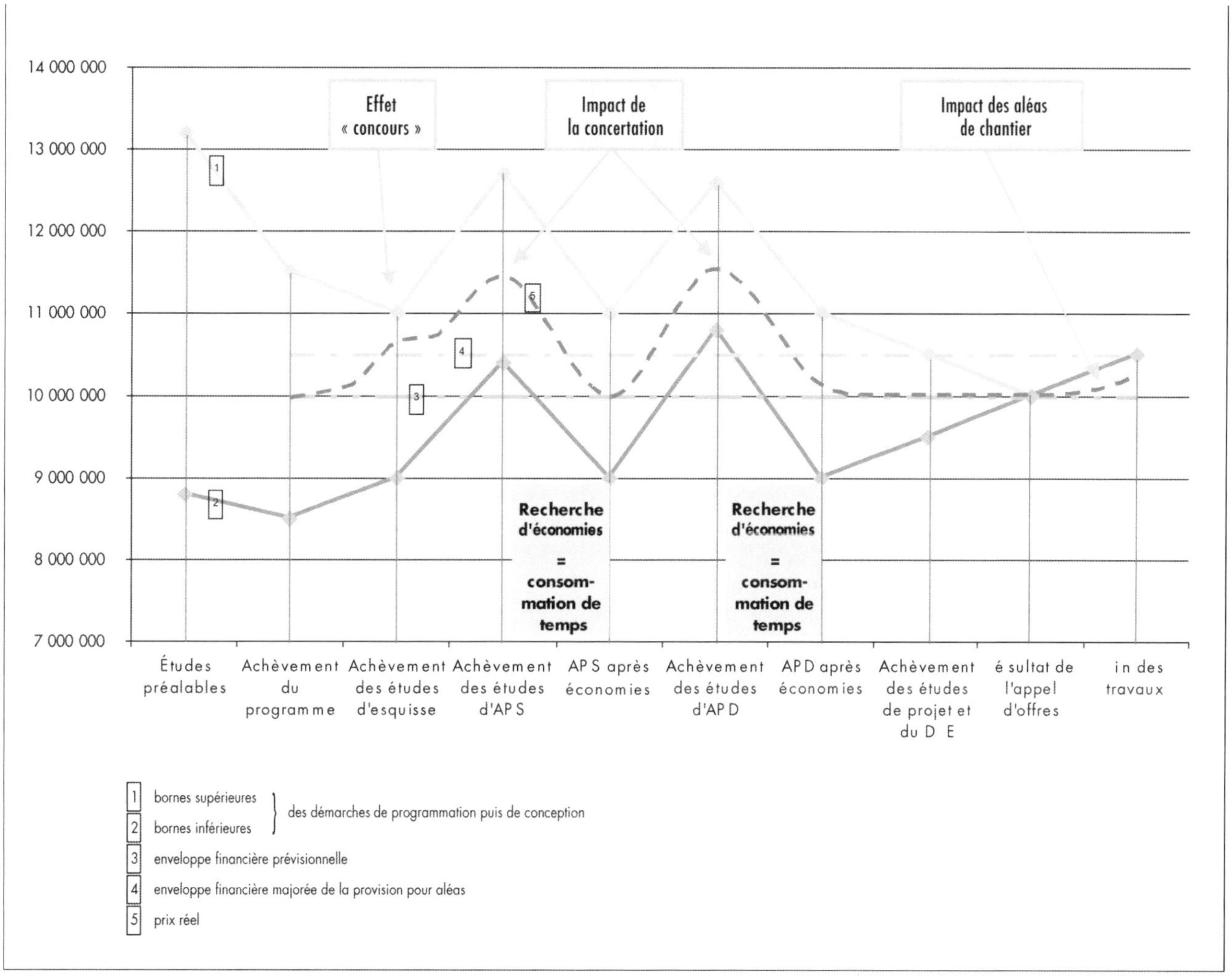

Figure 4.09.1 – Exemple de maîtrise exemplaire du budget d'une opération de construction.

MAÎTRISER LE COÛT DES TRAVAUX DÉVOLUS À L'ENTREPRISE GÉNÉRALE

4.10

Identification du problème

Comme cela est préconisé dans la fiche 10.03, le maître de l'ouvrage gagne à choisir le mode de dévolution des travaux le plus tard possible, c'est-à-dire en phase d'APD, préalablement à l'engagement du maître d'œuvre, souvent positionné contractuellement à ce stade.

Antérieurement, l'hypothèse de travail contractuelle ou implicite du maître d'œuvre est le mode de dévolution par lots séparés.

Remarque

Le mode de dévolution implicitement prévu par le décret n° 93-1268 du 29 novembre 1993 relatif aux missions de maîtrise d'œuvre confiées par des maîtres d'ouvrage publics à des prestataires de droit privé est celui par lots séparés.

Le passage du mode de dévolution par lots séparés au mode « entreprise générale » génère des transferts et des modifications de la structure du coût, que le maître de l'ouvrage doit connaître et intégrer afin de fixer l'enveloppe financière qu'il entend consacrer aux travaux.

Analyse

Les frais d'entreprise générale comprennent deux grands postes :
- la rémunération des prestations transférées ou spécifiques ;
- une marge supplémentaire, plus opaque pour le maître de l'ouvrage et couvrant des frais divers.

• *Poste 1 – Rémunération des prestations transférées ou spécifiques*

Sont concernées :
- les prestations intellectuelles directement rémunérées par le maître de l'ouvrage dans la solution par lots séparés et transférées à l'entreprise générale, telles que la coordination de chantier (OPC) et la mission de synthèse ;
- la prestation spécifique qui correspond à la couverture du risque de défaillance des sous-traitants (tout maître de l'ouvrage confronté à une liquidation d'entreprise en cours de travaux mesure aisément que cette prestation constitue une vrai plus-value qualitative de la formule « entreprise générale »).

• *Poste 2 – Marge supplémentaire dite parfois « d'entreprise générale »*

Cette marge couvre des frais spécifiques (par exemple, frais d'assurance des prestations des sous-traitants, ou de service après-vente) mais peut aussi résulter de la volonté de l'entreprise ou du groupe auquel elle appartient de dégager une marge commerciale, au sens classique du terme, sur les lots sous-traités.

Solution

L'ensemble du poste 1 peut être évalué entre 5 % et 7 % environ du montant des travaux. C'est dans cette proportion que l'enveloppe affectée aux travaux, initialement calculée sur la base de l'hypothèse par lots séparés, doit être majorée.

Suivant la stratégie de passation des marchés utilisée par le maître de l'ouvrage, le contexte économique et le report éventuel de tout ou partie de la charge correspondant à la marge commerciale sur les sous-traitants, le poste 2 fluctue entre 0 % et 10 % du montant des travaux (voire au-delà).

Pour le faire tendre vers zéro, le maître de l'ouvrage doit :
- annoncer clairement qu'il refuse d'augmenter son budget au-delà de l'impact du poste 1 et rejeter énergiquement tout discours contraire de la part de ses partenaires (maître d'œuvre notamment – voir § Commentaire ci-après) ;
- lancer simultanément l'appel d'offres aux entreprises générales et groupements d'entreprises. Cette solution, qui a fait ses preuves, incite souvent les entreprises générales à calculer leurs frais au plus juste. (La « marge d'entreprise générale » n'existe pas en cas de réponse en groupement.)

Commentaire

Certains maîtres d'œuvre n'aiment pas l'option « entreprise générale » (qui, paradoxalement, peut se révéler plus difficile à maîtriser que des marchés en lots séparés, menés en partenariat avec un bon coordonnateur de chantier), et peuvent avoir tendance à surestimer les frais d'entreprise générale dans une stratégie de dissuasion du maître de l'ouvrage.

5

MARCHÉS DE PRESTATIONS INTELLECTUELLES

CHOIX DE L'OFFRE LA PLUS AVANTAGEUSE

Identification du problème

Les règles générales de passation des marchés publics prévoient que l'efficacité de la commande publique et la bonne utilisation des deniers publics sont notamment assurées par le choix de l'offre économiquement la plus avantageuse (CMP, art. 1er).

Dans le cas de l'appel d'offres, le choix de l'offre économiquement la plus avantageuse devient même un objectif incontournable.

En pratique, l'identification de l'offre économiquement la plus avantageuse peut se révéler extrêmement délicate, et potentiellement source de contentieux.

Analyse

Pour les marchés de travaux, le choix de l'offre économiquement la plus avantageuse est souvent difficile parce que, après sélection des candidats sur leurs garanties et capacités techniques et financières, et au regard de cahiers de clauses techniques imposés, il ne peut souvent se faire que sur le seul critère mesurable objectivement, à savoir le prix.

Pour les marchés de prestations intellectuelles, une bonne rigueur méthodologique permet souvent d'identifier l'offre économiquement la plus avantageuse, même si cet objectif passe par un travail d'analyse, de difficulté variable suivant la nature des prestations et les caractéristiques des offres.

Solution

Sélection des candidatures

La sélection des candidatures, en procédure ouverte ou restreinte, repose sur l'examen des garanties et capacités techniques et financières des candidats.

À ce stade il convient, sauf cas très particulier, de se consacrer à l'analyse des capacités du candidat personne morale. Pour ce faire, sont exigées des références permettant de juger des performances du candidat en matière de :
- capacité professionnelle ;
- capacité économique et financière ;
- capacité technique ;
- éventuellement, pour certaines professions, statut juridique.

• *Lien impératif entre références et prestation à réaliser*

Les références demandées doivent être en relation directe avec la prestation à réaliser. Par exemple, pour une prestation intellectuelle de construction hospitalière de 20 millions d'euros, le maître de l'ouvrage peut demander, pour juger de la capacité professionnelle et technique du candidat, au moins trois références de missions analogues réalisées au cours des trois dernières années, dont une au moins concernant une opération hospitalière de plus de 10 millions d'euros.

Remarques

1. Pour la fixation du seuil financier permettant de juger de la capacité technique du candidat, une valeur égale à 50 % du montant du futur marché constitue souvent un bon compromis entre les garanties recherchées par le maître de l'ouvrage, le souci d'ouvrir la concurrence et la possibilité offerte au candidat d'acquérir des références de niveau supérieur.

2. La capacité financière du candidat s'apprécie plutôt au regard de son chiffre d'affaires.

Sélection des offres

La mise en compétition en vue d'une analyse multicritère des offres pour la dévolution des marchés de prestations intellectuelles suppose un règlement de consultation précis, définissant clairement les critères de choix et demandant les éléments d'appréciation correspondants :
- capacités du ou des techniciens chargés de la prestation sur le site ;
- capacités du responsable de la conduite de la mission ;
- pertinence de l'évaluation par le candidat de la prestation à fournir (par le biais d'une note méthodologique succincte, dont le contenu doit être précis et ne doit pas induire de recherche particulière) ;
- éventuellement, pertinence des prestations proposées par le candidat, si le CCTP laisse une part de liberté en la matière ;
- prévision minimale d'activité consacrée à la mission, sur le site et hors site, en hommes-jours ;

– durée globale de la mission, non compris les durées des phases intermédiaires de réception des prestations par le maître de l'ouvrage ;
– prix global et forfaitaire proposé ;
– prix de revient de la mission rapporté au nombre d'hommes-jours.

Remarques

1. Attention : l'homme-jour est une unité de mesure d'activité, à ne pas confondre avec le taux de présence, exprimé en hommes/jour. Quatre techniciens présents pendant quatre jours produisent une activité de 16 hommes-jours.
2. La prévision minimale d'activité en hommes-jours permet d'éliminer des offres aberrantes pour lesquelles l'activité prévue ne permet même pas de couvrir les obligations minimales du contrat.

3. Le prix de revient de la mission rapporté au nombre d'hommes-jours est un critère qui permet souvent d'éliminer les offres incohérentes : lorsque le prix de la prestation ramenée au nombre d'hommes-jours est très inférieur au prix habituellement pratiqué pour la prestation considérée, cela signifie, en général, que le candidat n'a pas prévu de mettre en place les moyens et compétences nécessaires pour exécuter correctement la mission.

4. Attention : pour la durée globale de la mission, il est souhaitable d'exclure les durées des phases intermédiaires de réception des prestations par le maître de l'ouvrage, parce que le prestataire ne peut maîtriser la durée de ces phases.

5. La durée globale de la mission n'est à demander que lorsqu'elle n'est pas imposée par le futur contrat.

APPLICATION DE LA RÈGLE DU CHOIX SUR LA BASE DE CRITÈRES PONDÉRÉS

Identification du problème

Le choix sur la base de critères pondérés est encadré par la directive n° 2004/18/CE du 31 mars 2004 relative à la coordination des procédures de passation des marchés publics de travaux, de fournitures et de services.

Texte officiel

Directive n° 2004/18/CE du 31 mars 2004

Considérant 46 – Il incombe dès lors aux pouvoirs adjudicateurs d'indiquer les critères d'attribution ainsi que la pondération relative donnée à chacun de ces critères, et ce en temps utile afin que les soumissionnaires en aient connaissance pour établir leurs offres. Les pouvoirs adjudicateurs peuvent déroger à l'indication de la pondération des critères d'attribution dans les cas dûment justifiés, qu'ils doivent être en mesure de motiver, lorsque cette pondération ne peut pas être établie au préalable, notamment en raison de la complexité du marché. Dans ces cas, ils doivent indiquer l'ordre d'importance décroissant de ces critères.

Lorsque les pouvoirs adjudicateurs choisissent d'attribuer le marché à l'offre économiquement la plus avantageuse, ils évaluent les offres afin de déterminer celle qui présente le meilleur rapport qualité/prix. Pour ce faire, ils déterminent les critères économiques et qualitatifs qui, dans leur ensemble, doivent permettre de déterminer l'offre économiquement la plus avantageuse pour le pouvoir adjudicateur. La détermination de ces critères est fonction de l'objet du marché dans la mesure où ceux-ci doivent permettre d'évaluer le niveau de performance présenté par chaque offre par rapport à l'objet du marché, tel que défini dans les spécifications techniques, ainsi que de mesurer le rapport qualité/prix de chaque offre.

Ces dispositions sont reprises dans l'article 53 du Code des marchés publics.

Texte officiel

Code des marchés publics

Art. 53 – II. Pour attribuer le marché au candidat qui a présenté l'offre économiquement la plus avantageuse, la personne publique se fonde sur divers critères variables selon l'objet du marché, notamment le coût d'utilisation, la valeur technique de l'offre, son caractère innovant, ses performances en matière de protection de l'environnement, ses performances en matière d'insertion professionnelle des publics en difficulté, le délai d'exécution, les qualités esthétiques et fonctionnelles, le service après-vente et l'assistance technique, la date et le délai de livraison, le prix des prestations.

D'autres critères peuvent être pris en compte, s'ils sont justifiés par l'objet du marché.

Si, compte tenu de l'objet du marché, la personne publique ne retient qu'un seul critère, ce critère doit être le prix.

Les critères sont définis dans l'avis d'appel public à la concurrence ou dans le règlement de la consultation. Ces critères sont pondérés ou à défaut hiérarchisés.

Jusqu'à l'introduction de cette disposition dans le code en 2004, le choix sur la base de critères pondérés n'était pas une pratique habituelle des maîtres d'ouvrage publics français.

Analyse

Le passage de l'objectif d'identification du moins-disant à celui d'identification du mieux-disant s'est traduit par la mise en œuvre de méthodes de hiérarchisation des critères pas toujours très rigoureuses.

Avec la hiérarchisation, les offres devaient être comparées à l'aide du critère prépondérant ; les offres jugées équivalentes devaient ensuite être départagées à l'aide du critère suivant, et ainsi de suite, jusqu'à ce qu'il ne subsiste que l'offre la mieux-disante.

Avec la méthode du choix fondé sur des critères pondérés, toutes les offres sont traitées de manière équivalente, tous les critères sont pris en compte et quantifiés, toutes les offres recevables parviennent jusqu'à la ligne d'arrivée assorties de leurs cotations respectives.

Commentaire

La directive CE et le Code des marchés publics imposent que les critères soient définis dans l'avis d'appel public à la concurrence ou dans le règlement de la consultation ; en revanche, ils n'imposent pas que le mode de cotation soit donné.

La difficulté de définir et d'étalonner le système de cotation résulte de la difficulté de quantifier des critères qualitatifs et des différences de coût.

Rappel

Le maître de l'ouvrage peut ne pas donner suite à une consultation pour des motifs d'intérêt général.

Solutions

Cotation des critères techniques

Il est indispensable de bien expliciter le système de cotation dans le rapport d'analyse des offres. Il doit être établi en cohérence avec les enjeux. Les exemples 1 et 2 ci-après ne sont pas directement reproductibles. Le mode de notation doit être cohérent avec la pratique du maître de l'ouvrage et le contenu du règlement de la consultation.

Exemples

Exemple 1 – Critère « gestion des déchets de chantier »
Une note sur 10 peut être attribuée avec la règle suivante : 0 - thème non traité ; 2 - procédure mentionnée mais non décrite de manière claire ; 5 - procédure décrite de manière claire mais sans proposition de traçabilité ; 8 - procédure décrite de manière claire avec proposition de traçabilité ; 10 - procédure décrite et assortie d'une démarche qualité.
Exemple 2 – Critère « valeur technique de l'offre »
Une note sur 10 peut être attribuée avec la règle suivante : 2 - mémoire technique incomplet et imprécis ; 5 - mémoire complet mais abordant certains thèmes de manière imprécise ; 8 - mémoire technique complet et précis ; 10 - mémoire technique complet et précis proposant des solutions innovantes. La note 0 ne peut exister parce que, pour cet appel d'offres, le mémoire est une pièce obligatoire.
Exemple 3 – Pondération ou hiérarchisation des critères (voir tableau 5.02.1)
Trois critères sont prévus :
1. la valeur technique de l'offre (VT), notée sur 10, coefficient 2 ;
2. la gestion des déchets de chantier (DC), notée sur 10, coefficient 1 ;
3. le coût (C), noté sur 10, coefficient 3.
L'entreprise A est notée : VT 5 ; DC 2 ; C 8.
L'entreprise B est notée : VT 8 ; DC 2 ; C 9.
L'entreprise C est notée : VT 5 ; DC 5 ; C 0.
L'entreprise D est notée : VT 8 ; DC 5 ; C 7.
L'entreprise E est notée : VT 5 ; DC 2 ; C 10.
L'entreprise F est notée : VT 8 ; DC 5 ; C 2.
L'entreprise G est notée : VT 2 ; DC 2 ; C 6.
L'entreprise H est notée : VT 8 ; DC 2 ; C 5.

Cotation du critère « coût »

Il existe plusieurs façons de quantifier le critère « coût », mais dans tous les cas il convient de déterminer le prix de référence correspondant à la note maximale. La notion de prix de référence est assez souvent indissociable de la notion de prix anormalement bas (voir fiche 10.09).

La note peut ensuite être fixée de façon dégressive, suivant un pas de coût ou par une règle de proportionnalité.

Les offres d'un montant inférieur au prix de référence doivent être traitées dans le respect de règles relatives aux offres anormalement basses. L'offre présumée anormalement basse qui franchit la barrière des vérifications imposées en la matière doit se voir attribuer la note maximale (voir fiche 10.09).

Une autre solution consiste à fixer un montant maximal et un montant minimal admissibles, la note étant égale à 0 à l'extérieur de la fourchette, avec la même précaution relative aux offres anormalement basses lorsque la note devient inférieure au minimum.

Tableau 5.02.1 – Exemple de choix avec pondération ou hiérarchisation.

Choix avec pondération	Choix avec hiérarchisation
L'entreprise A est notée : 36 L'entreprise B est notée : 45 L'entreprise C est notée : 15 L'entreprise D est notée : 42 L'entreprise E est notée : 42 L'entreprise F est notée : 27 L'entreprise G est notée : 24 L'entreprise H est notée : 33	• L'utilisation du critère VT conduit à ne conserver que les entreprises B, D, F et H. • L'utilisation du critère DC conduit à ne conserver que les entreprises D et F. • L'utilisation du critère C conduit à ne conserver que l'entreprise D.

Tableau 5.02.2 – Notation avec prix de référence.

Fourchette de prix	Note
$P_r \leq P < 1{,}03\ P_r$	10
$1{,}03\ P_r \leq P < 1{,}06\ P_r$	9
$1{,}06\ P_r \leq P < 1{,}09\ P_r$	8
$1{,}09\ P_r \leq P < 1{,}12\ P_r$	7
$1{,}12\ P_r \leq P < 1{,}15\ P_r$	6
$1{,}15\ P_r \leq P < 1{,}18\ P_r$	5
$1{,}18\ P_r \leq P < 1{,}21\ P_r$	4
$1{,}21\ P_r \leq P < 1{,}24\ P_r$	3
$1{,}24\ P_r \leq P < 1{,}27\ P_r$	2
$1{,}27\ P_r \leq P < 1{,}30\ P_r$	1
$1{,}30 \leq P_r \leq P$	0

Exemples

Exemple 1 – Notation pas à pas avec prix de référence

Le prix de référence est désigné par P_r. Une note sur 10 peut être attribuée selon la règle fournie par le tableau 5.02.2.

Exemple 2 – Notation proportionnelle avec prix minimal et prix maximal

Le prix minimal est désigné par P_m, le prix maximal par P_M. Une note sur 10 peut être attribuée avec la règle suivante :

– si $P_{offre} > P_M$, note de l'offre = 0 ;

– si $P_{offre} < P_m$, note de l'offre = 0 si le caractère anormalement bas de l'offre est confirmé, = note maximale dans le cas contraire ;

– si $P_m \leq P_{offre} \leq P_M$, note de l'offre $= 10 \times \left(\frac{P_M - P_{offre}}{P_M - P_m} \right)$

Le prix minimal peut par exemple être fixé à 90 % de l'estimation du montant de la prestation, et le prix maximal à 130 % de cette estimation. Le prix minimal ne doit pas être fixé trop haut parce qu'il conditionne la mise en œuvre de la procédure de traitement des offres anormalement basses.

Affectation des coefficients de pondération

Tous les critères prévus dans le règlement sont cotés par une même note minimale et une même note maximale.

Remarque

Le choix d'échelles de notes différentes reviendrait à modifier la valeur réelle de la pondération, ce qui serait une infraction aux dispositions du règlement de la consultation.

Après élimination des offres non conformes à l'objet du marché et des offres anormalement basses, les offres reçoivent une note pour chacun des critères prévus par le règlement de la consultation. Ces notes sont ensuite affectées du coefficient de pondération prévu par ce même règlement, avant d'être additionnées. L'offre la mieux-disante est celle obtenant la note globale pondérée maximale.

Identification du problème

La gestion efficace d'une opération de construction suppose des règles reposant sur deux principes majeurs :
– une prise de décision rapide ;
– le renvoi des litiges courants à des procédures parallèles ne faisant pas obstacle à la poursuite de l'opération.

Or le CCAG PI, marqué par son orientation vers les marchés informatiques, se révèle très peu performant en la matière.

Analyse

Contrairement au CCAG Travaux qui reste exceptionnellement efficace malgré une obsolescence partielle résultant d'une insuffisance de mises à jour depuis sa création, le CCAG PI n'a manifestement pas été rédigé en intégrant les contraintes inhérentes à une opération de construction.

Il est possible de résoudre les problèmes posés par l'inadaptation du CCAG PI aux opérations de construction en empruntant au CCAG Travaux quelques dispositions qui font son efficacité.

Solution

Parmi les nombreuses améliorations possibles du CCAG PI, trois sont à retenir comme particulièrement importantes :
– l'adjonction de la procédure des ordres de service pour la gestion des contrats ;
– l'adjonction de la possibilité de réception avec réserves ;
– l'adjonction des notions de masse initiale et de décision de poursuivre.

Adjonction de la procédure des ordres de service

Le système des communications de la personne responsable du marché au titulaire, prévu à l'article 2-4 du CCAG PI est proche du système des ordres de service sans en avoir toutefois l'efficacité : il convient en effet de rappeler qu'un ordre de service est exécutoire.

Il est préférable de lui substituer le système défini par l'article 2-5 du CCAG Travaux.

Adjonction de la possibilité de réception avec réserves

Dans son article 33-1, le CCAG PI prévoit quatre formes de décision au stade de l'acceptation des prestations par le maître de l'ouvrage : la réception, l'ajournement, la réception avec réfaction ou le rejet des prestations.

Lorsque des prestations sont imparfaites mais utilisables par le maître de l'ouvrage, ce dernier n'a d'autre recours que d'ajourner sa décision (ce qui en général entraîne *ipso facto* des pénalités de retard) ou de les accepter avec réfaction.

Ces deux solutions, rarement efficaces pour l'opération et génératrices de conflits inutiles, peuvent avoir un impact négatif non négligeable sur le bon déroulement de l'opération.

Les stipulations du CCAG PI gagnent à être complétées, en la matière, par la procédure de réception avec réserves issue du CCAG Travaux.

Afin d'éviter que cette procédure ne soit utilisée pour couvrir des retards, il convient d'en limiter l'usage aux prestations répondant de manière satisfaisante aux cahiers des charges mais présentant des imperfections mineures, notamment dans la forme des documents remis.

Le système de réception avec réserves permet :

– au maître de l'ouvrage d'utiliser les prestations dès leur production ;

– au prestataire d'éviter une pénalisation disproportionnée, peu favorable au maintien du climat de sérénité nécessaire au bon déroulement de l'opération.

Il est particulièrement bien adapté aux marchés comportant des phases s'enrichissant successivement, dans un processus allant du général vers le particulier (phases de conception d'un marché de maîtrise d'œuvre, par exemple). Dans ce cas, les réserves formulées à l'issue d'une phase peuvent être levées au cours de la phase suivante, ce qui permet de conjuguer rigueur contractuelle et efficacité.

Adjonction des notions de masse initiale et de décision de poursuivre

L'article 17 du CCAGPI stipule que « pendant l'exécution du marché, la personne publique peut prescrire au titulaire des modifications relatives aux prestations ou accepter les modifications qui lui seraient proposées par le titulaire. [...] Toutefois, toute modification entraînant un changement du prix ne peut être réalisée que par avenant. »

Ce système, très lourd, est souvent incompatible avec l'efficacité nécessaire à la gestion d'une opération de construction. Il est directement à l'origine d'avenants de régularisation illégaux, régulièrement dénoncés par les chambres des comptes. Il est nécessaire d'y déroger en empruntant au CCAG Travaux les notions de masse initiale et de décision de poursuivre, et en les adaptant à la nature de la prestation demandée.

Pour les marchés de maîtrise d'œuvre, la procédure d'avenant est imposée par l'article 2 de la loi MOP pour la prise en compte des conséquences de l'évolution du programme et de l'enveloppe financière prévisionnelle. La décision de poursuivre constitue alors une étape pratique intermédiaire, qui permet le regroupement ultérieur des modifications en un avenant unique.

INTÉRÊT D'UNE MARGE DE NEUTRALISATION DANS LES MARCHÉS

Identification du problème

Dans certains marchés de prestations intellectuelles, les modifications de prestations (souvent mineures) peuvent être nombreuses. C'est en particulier le cas des marchés de maîtrise d'œuvre de projets complexes et de surface importante, dont l'optimisation amène souvent la maîtrise d'ouvrage à demander des correctifs sans que s'ensuivent nécessairement des remises en cause importantes du programme. S'il ne veille pas à se protéger, le maître de l'ouvrage peut se voir réclamer une rémunération supplémentaire au moindre changement d'organisation du plan ou à la moindre demande d'étude de solution technique alternative. Ce type de dérive, contraire à l'esprit des marchés forfaitaires, est source de conflits et de retards.

Analyse

Dans un marché à prix global et forfaitaire, le titulaire doit fournir l'ensemble des prestations nécessaires pour atteindre les objectifs fixés dans son contrat.

Cette règle ne souffre en général pas de contestation dans son application aux situations extrêmes :
- toutes les études que le prestataire réalise à sa propre initiative pour répondre aux cahiers des charges sont réputées rémunérées par le forfait ;
- toutes les études supplémentaires correspondant à des évolutions notoires de la commande doivent faire l'objet d'une rémunération complémentaire.

Entre ces deux limites, il existe une vaste zone floue, domaine de litiges et de procédures administratives d'une lourdeur disproportionnée aux enjeux financiers sous-jacents. Cette zone est le lieu de gestation principal des avenants de régularisation.

Solution

La zone floue peut être gommée en introduisant dans les marchés de prestations intellectuelles une marge de neutralisation à l'intérieur de laquelle les modifications de la masse des prestations n'entrainent aucune évolution du montant du marché.

Le principe doit en être encadré.

La marge :
- recouvre l'impact des solutions modificatives ou alternatives demandées par le maître de l'ouvrage en sus de la mission initiale ;
- ne doit concerner que les évolutions de la masse des prestations relevant strictement de l'objet du marché initial ;
- doit être fixée avec discernement ;
- ne recouvre pas les prestations réalisées à l'initiative du prestataire, notamment celles destinées à répondre au contrat.

Dans le cadre d'une opération où la provision pour aléas est fixée à 5 %, la marge de neutralisation peut être fixée à cette valeur pour l'ensemble des marchés de prestations intellectuelles, à l'exception du marché de maîtrise d'œuvre.

Pour le marché de maîtrise d'œuvre, la marge est à mettre en relation avec la complexité et la taille de l'opération. Une marge de 5 %, bien adaptée à un projet simple, peut être étendue à 10 % pour un grand projet complexe (par exemple, plateau technique hospitalier).

Pour ce type de marché, il convient de rappeler que la prestation APS prévoit expressément la production de solutions alternatives.

Texte officiel

Décret n° 93-1268 du 29 novembre 1993

Art. 4 – I. Les études d'avant-projet sommaire ont pour objet : […]

c) De proposer les dispositions techniques pouvant être envisagées […].

Commentaire

Ce dispositif protège à la fois le maître de l'ouvrage et le prestataire, précisément dans le domaine de la maîtrise d'œuvre où les études de solutions alternatives à la demande du maître de l'ouvrage sont fréquentes et vont souvent bien au-delà des seuils proposés dans la présente fiche.

La règle préconisée ne concerne évidemment pas les études de solutions alternatives prévues par le contrat.

Exemple

Pour un marché de maîtrise d'œuvre, une marge de 10 % signifie que le maître d'œuvre est réputé accepter de réaliser jusqu'à 10 % de la masse de ses études initiales en études de solutions modificatives ou alternatives demandées par le maître de l'ouvrage dans le cadre de son forfait de rémunération.

6

MARCHÉS DE CONTRÔLE TECHNIQUE

STADE DE LA PREMIÈRE INTERVENTION DU CONTRÔLEUR TECHNIQUE

Identification du problème

La circulaire du 22 décembre 1982 relative à la loi n° 78-12 du 4 janvier 1978 sur la responsabilité et l'assurance dans le domaine de la construction (intervention des contrôleurs techniques et marchés correspondants) précise qu'il convient de veiller à ce que le marché de contrôle technique soit passé le plus en amont possible du processus de construction, et qu'il n'est pas admissible que la passation tardive du marché de contrôle technique conduise à remettre en cause les partis retenus par les concepteurs.

Or, du fait de la durée des procédures de passation des marchés, disposer du contrôleur technique au stade de l'esquisse nécessite une très bonne gestion de l'ordonnancement de l'opération.

Analyse

Le Code de la construction et de l'habitation stipule que lorsque le contrôle technique est obligatoire, le contrôleur technique intervient au cours de la phase de conception et pendant la période d'exécution des travaux.

En pratique, il est important que le contrôleur technique donne son avis dès le stade de l'esquisse, tout particulièrement dans le cas où les maîtres d'œuvre sont désignés par concours. En effet, il n'est pas rare que des esquisses remises dans le cadre de concours présentent des manquements à la réglementation relative à la sécurité contre les risques d'incendie.

Si la plupart des ces manquements sont aisément corrigibles, il existe des situations où le défaut, majeur, ne peut être corrigé sans remise en cause profonde du parti architectural ou du coût du projet, ce qui conduit à l'élimination du candidat.

Exemple

Un défaut rédhibitoire peut résulter d'un atrium de largeur insuffisante.

Solution

Afin de disposer du contrôleur technique en temps opportun, c'est-à-dire au stade de l'esquisse, il est important que le maître de l'ouvrage se dote, dès le début de l'opération, d'un conducteur d'opération qui veillera au bon ordonnancement de l'intervention des acteurs et prendra toutes les dispositions nécessaires pour que la procédure de passation du marché de contrôle technique soit engagée dès l'achèvement du programme d'architecture et d'ingénierie.

La même réponse est à apporter pour la procédure de conception-réalisation, où l'intervention du contrôleur technique est indispensable dès le stade de la remise des APS, annexés à l'offre de prix.

Commentaire

Il est possible de demander au contrôleur technique son avis sur le programme, ce qui peut lui permettre d'identifier, très en amont, des risques spécifiques à un type d'opération.

Réglementation

Code de la construction et de l'habitation, article R. 111-40.

Circulaire du 22 décembre 1982 relative à la loi n° 78-12 du 4 janvier 1978 sur la responsabilité et l'assurance dans le domaine de la construction (intervention des contrôleurs techniques et marchés correspondants), *JO* 3 février 1983.

ANALYSE DES ESQUISSES PAR LE CONTRÔLEUR TECHNIQUE

Identification du problème

Dans l'exercice de son métier, le contrôleur technique est souvent amené à émettre des avis binaires (conforme/non-conforme), totalement incompatibles avec l'esprit d'un concours de maîtrise d'œuvre. Un avis du type « atrium non conforme à la réglementation en matière de sécurité incendie » exprimé en ces termes devant un jury peut se révéler catastrophique, et conduire à l'élimination d'un très bon projet.

Analyse

L'esquisse constitue le premier stade de maturation d'un projet. Elle comporte nécessairement des imprécisions, des insuffisances et des lacunes.

Le rôle du jury d'un concours n'est pas d'identifier la meilleure esquisse mais l'esquisse qui conduira au meilleur projet.

Remarque

L'esquisse la plus aboutie est parfois représentative du meilleur projet, mais ce n'est pas systématique.

Le jury doit donc juger à la fois de la qualité immédiate de la prestation du candidat et des potentialités de celle-ci.

Au sein de la commission technique d'analyse des esquisses (voir fiche 13.04) puis du jury, si certains acteurs, comme les architectes, sont professionnellement exercés à ce type de projection, ce n'est pas nécessairement le cas d'autres intervenants, notamment le contrôleur technique, pour qui un projet est ou n'est pas « conforme ».

Solution

Il appartient au conducteur d'opération, dès le stade de la définition de la commande puis au stade de l'acceptation de la prestation, d'obtenir du contrôleur technique un avis nuancé, identifiant les défauts réellement rédhibitoires (ils sont rares au stade de l'esquisse) et les défauts susceptibles d'être corrigés plus ou moins aisément lors des étapes de conception ultérieures.

Dans cet échange, il ne peut être exclu que le contrôleur technique fasse remarquer, en cas de non-conformité, qu'il n'entre pas dans sa mission d'établir s'il existe ou non une solution alternative satisfaisante.

Pour répondre à cet argument, juridiquement pertinent, il est important de prévoir que l'avis d'un architecte puisse être sollicité quant à la capacité d'évolution du projet dans le respect des règles du concours.

ACTIVITÉS INCOMPATIBLES AVEC LA MISSION DE CONTRÔLE TECHNIQUE

6.03

Identification du problème

En raison de la nature même de sa mission, le contrôleur technique exerce une fonction qui implique une grande neutralité et une grande liberté d'analyse et de jugement. Cet aspect du métier de contrôleur technique n'a pas échappé au législateur, qui a décidé de rendre la mission de contrôle technique incompatible avec d'autres prestations intellectuelles relatives au même ouvrage.

Analyse

L'exercice, par le contrôleur technique, de missions en contradiction avec les règles d'incompatibilité qui s'imposent à lui peut générer de graves transferts de responsabilité en matière de garanties, préjudiciables au maître de l'ouvrage.

Ces infractions peuvent de plus engager la responsabilité pénale du contrôleur technique.

Solution

Le conducteur d'opération doit veiller à ce que le contrôleur technique respecte bien les règles d'incompatibilité propres à sa fonction.

Incompatibilité avec toute mission de conception, d'exécution ou d'expertise

L'article L. 111-25 du Code de la construction et de l'habitation stipule que « l'activité de contrôle technique est incompatible avec l'exercice de toute activité de conception, d'exécution ou d'expertise d'un ouvrage ».

Incompatibilité avec toute mission de coordination SPS pour la personne physique

L'article R. 238-6 du Code du travail stipule que « la personne physique qui exerce la fonction de coordonnateur, en son propre nom ou au nom de l'organisme qui l'emploie, ne peut pas être chargée, dans le cadre d'une même opération de bâtiment ou de génie civil, de la fonction de contrôleur technique visée à l'article L. 111-23 du Code de la construction et de l'habitation ».

Incompatibilité probable avec toute mission de coordination des SSI

Par ailleurs, en se référant à l'article L. 111-25 du Code de la construction et de l'habitation, il est légitime de considérer que la mission de contrôle technique est incompatible avec la mission de coordination des SSI. Sous réserve de l'appréciation souveraine des tribunaux, cette interprétation semble en effet cohérente dans la mesure où certaines prestations dues au titre de la mission de coordination des SSI sont incontestablement des prestations de conception (voir fiche 2.23).

Réglementation

Code de la construction et de l'habitation, article L. 111-25.
Code du travail, article R. 238-6.

INTÉRÊT DE LA MISSION COMPLÉMENTAIRE P1

Identification du problème

La mission L de contrôle technique (solidité des ouvrages de viabilité, de fondation, d'ossature, de clos et de couvert, et des éléments d'équipement indissociablement liés aux précédents) se superpose exactement au domaine d'application de la garantie décennale.

La définition du domaine d'application de cette mission se heurte donc aux mêmes difficultés que la définition du domaine d'application de la garantie décennale.

Le caractère dissociable ou indissociable de certains équipements donne lieu à une jurisprudence abondante, parce qu'il ne peut être apprécié que cas par cas.

La mise en œuvre de la mission L donne parfois lieu à des débats voire à des conflits entre le conducteur d'opération et le contrôleur technique en raison de la difficulté d'appréciation de cette notion.

Analyse

La mission de contrôle technique est composée de deux missions de base obligatoires :
- la mission L, relative à la solidité des ouvrages de viabilité, de fondation, d'ossature, de clos et de couvert, et des éléments d'équipement indissociablement liés aux précédents ;
- la mission S, relative à la sécurité des personnes dans les constructions.

À côté de ces missions de base, le maître de l'ouvrage peut rajouter, par le biais du contrat, un certain nombre de missions complémentaires (voir tableau 6.04.1).

Tableau 6.04.1 – Missions complémentaires.

Mission PS	Sécurité des personnes dans les constructions en cas de séisme
Mission P1	Solidité des équipements non indissociablement liés
Mission F	Fonctionnement des installations
Mission Ph	Isolation acoustique
Mission Th	Isolation thermique et économies d'énergie
Mission Hand	Accessibilité des constructions pour les personnes handicapées
Mission Brd	Transports de brancards dans les constructions
Mission LE	Solidité des existants
Mission Av	Solidité des ouvrages avoisinants
Mission GTB	Gestion technique des bâtiments
Mission ENV	Environnement
Mission HYS	Application de la réglementation relative à l'hygiène et à la santé dans les constructions
Mission CO	Coordination des missions de contrôle dans le cas où il est fait appel à plusieurs contrôleurs techniques

Solution

Le maître de l'ouvrage peut aisément se mettre à l'abri des incertitudes liées au caractère dissociable ou non dissociable des équipements en optant pour un contrat de contrôle technique étendu aux éléments d'équipement dissociables.

Cette option, au demeurant peu onéreuse, est prévue par la mission P1.

La mission P1 élargit la mission L *aux éléments non indissociablement liés à la structure*. En cours de chantier et surtout en cas de sinistre, cette mission peut éviter des discussions sans fin, voire des procédures contentieuses, pour savoir si tel ou tel élément doit être contrôlé.

Remarque

Le fait de confier une mission P1 au contrôleur technique, et donc d'intégrer dans sa mission le contrôle des éléments non indissociablement liés à la structure, n'a pas pour conséquence d'inclure ces éléments dans les parties de bâtiment couvertes par la garantie décennale.

PRÉSENCE DU CONTRÔLEUR TECHNIQUE AUX RÉUNIONS DE CHANTIER

Identification du problème

En 1989, plusieurs sociétés de contrôle technique ont fait l'objet de sanctions très sévères de la part du Conseil de la concurrence. Entre autres pratiques, pour fixer les prix de leurs marchés, elles avaient utilsé des barèmes élaborés en liaison avec l'une de leurs organisations professionnelles.

À cette période de concurrence insuffisante a succédé une période de concurrence d'autant plus sauvage qu'une majorité de maîtres d'ouvrage publics sélectionnaient leurs contrôleurs techniques sur le seul critère du prix. La course au bas prix qui s'ensuivit naturellement est allée de pair avec une baisse progressive de la qualité des prestations produites. La partie la plus visible de ce phénomène a été la diminution progressive du temps de présence des contrôleurs techniques aux réunions de chantier. Cette évolution a été favorisée par une clause des CCTG successifs applicables aux marchés de contrôle technique, qui stipule que « la mission du contrôleur n'implique pas qu'il doive nécessairement assister aux réunions de chantier ».

Analyse

L'absence du contrôleur technique aux réunions de chantier, notamment pour les opérations complexes ou de taille importante, prive les débats d'un acteur important, retarde des prises de décisions urgentes, impose parfois de délicats retours en arrière.

Solution

Le conducteur d'opération ne doit pas hésiter à imposer contractuellement la présence du contrôleur technique à tout ou partie de chaque réunion de chantier. Cette contrainte doit être définie avec discernement : elle peut aller d'une présence minimale d'une heure en fin de réunion pour les petites opérations à une présence continue pendant toute la réunion pour une opération complexe et de grande taille.

Dans tous les cas, le maître de l'ouvrage ne doit pas oublier que le coût de la mission n'est pas le même selon qu'elle comprend ou non cette obligation.

Remarques

1. Outre une présence minimale, le contrôleur technique doit être incité à augmenter le nombre de ses visites, selon son appréciation et à l'occasion d'opérations dont l'exécution est particulièrement importante pour la qualité de l'ouvrage.

2. Cette présence doit être adaptée à la mission confiée au contrôleur technique et aux phases du chantier.

3. L'exigence inconsidérée d'une présence totale et continue du contrôleur technique aux réunions de chantier pour une petite opération peut conduire au doublement du taux courant de sa rémunération.

7

MARCHÉS DE COORDINATION EN MATIÈRE DE SÉCURITÉ ET DE PROTECTION DE LA SANTÉ

STADE DE LA PREMIÈRE INTERVENTION DU CSPS

Identification du problème

Comme le contrôleur technique, le coordonnateur en matière de sécurité et de protection de la santé (CSPS) peut avoir tendance à analyser les dossiers de conception de manière binaire (voir fiche 6.01) et formuler des avis très négatifs sur des dossiers d'esquisse en raison même de l'imprécision, normale, de ce type d'études.

De tels avis sont susceptibles de pervertir fortement la sérénité d'un jury pour des questions hors sujet et qui auraient trouvé naturellement des réponses appropriées aux stades ultérieurs des études.

Solutions

Les solutions à apporter dépendent du type de montage retenu.

Procédure classique

À l'exclusion des opérations présentant un risque exceptionnel en matière de sécurité des travailleurs, par exemple certaines réhabilitations lourdes en site occupé, ou des chantiers de désamiantage, il n'est pas opportun de faire intervenir le CSPS au stade de l'esquisse. Une première intervention au stade de l'APS (au demeurant obligatoire du fait de l'article R. 238-17 du Code du travail) est suffisante pour lui permettre d'accomplir correctement sa mission.

Procédure de conception-réalisation

En appel d'offres de conception-réalisation comme en appel d'offres de travaux, le DCE doit impérativement contenir le plan général de coordination (PGC). En procédure classique, cela ne pose aucun problème, le CSPS disposant du temps nécessaire à l'élaboration du PGC pendant les études de projet.

En revanche, en procédure de conception-réalisation, l'appel d'offres étant lancé dès l'achèvement du programme fonctionnel (voir remarque ci-après et fiche 9.05), il est impératif que le CSPS soit désigné à ce stade. Cette spécificité de la procédure de conception-réalisation conduit à organiser la passation du marché de ce coordonnateur au plus tôt, sur la base d'un préprogramme. Par ailleurs, la prestation produite au stade de l'appel d'offres étant au minimum du niveau d'un APS, le CSPS doit obligatoirement intervenir à ce stade.

Remarque

Le vocable fonctionnel est destiné à distinguer le programme ainsi désigné du programme d'architecture et d'ingénierie utilisé en procédure classique.

Identification du problème

Confronté à une présomption de danger grave et imminent, tout acteur d'une opération de construction est tenu de prendre les mesures de sauvegarde qui s'imposent. Toutefois, chacun ne peut le faire que dans son domaine de compétence, alors qu'en matière de sécurité une vision globale des problèmes est parfois nécessaire à l'émergence de la bonne solution.

Exemple

S'il semble évident que le conducteur d'opération a compétence pour imposer à un ouvrier de sortir d'une excavation profonde non blindée, il n'entre pas dans sa mission de définir les caractéristiques d'un étaiement indispensable pour éviter l'effondrement d'une façade.

Analyse

Les mesures de sauvegarde seront d'autant plus efficaces qu'elles seront prises par un acteur compétent : cet acteur est le coordonnateur en matière de sécurité et de santé.

La notion juridique de « danger grave et imminent », telle qu'elle ressort des dispositions des articles R. 231-12 et suivants du Code du travail, est, fort justement, laissée à l'entière appréciation de ce spécialiste.

Solution

Transfert de décision au coordonnateur SPS

S'il dispose du temps nécessaire, tout acteur, d'une opération de construction confronté à une présomption de danger grave et imminent a intérêt à en référer au coordonnateur SPS. Cet acteur est en effet formé pour procéder à une analyse globale du risque et aller chercher les expertises complémentaires qui lui feraient défaut pour prendre une décision difficile. Il est en effet des situations où la correction trop hâtive d'une situation dangereuse peut générer un danger bien plus grand.

Autorité pour faire arrêter les travaux

En cas de danger grave et imminent, le coordonnateur SPS a autorité pour faire arrêter sur-le-champ les travaux de l'entreprise ou des entreprises concernées dans la ou les zones jugées dangereuses, ou pour simplement faire arrêter la tâche dangereuse, ou enfin pour faire délimiter ou condamner une zone jugée dangereuse pour tous.

Le coordonnateur SPS prévient immédiatement le maître d'œuvre et le maître de l'ouvrage de manière à faire appliquer le plus rapidement possible l'ensemble des procédures administratives et réglementaires et à convoquer dans les vingt-quatre heures, sur place, les intervenants concernés, qui sont prévenus immédiatement des mesures prises en extrême urgence par le coordonnateur SPS.

La notification de cet arrêt est consignée au registre journal, qui doit alors être signé par le représentant de l'entreprise le plus élevé dans l'ordre hiérarchique, présent sur le chantier.

Reprise du travail

La reprise du travail des postes concernés ne peut avoir lieu qu'après la mise en place des mesures de sécurité indispensables. La notification de reprise, qui incombe au coordonnateur SPS, est également inscrite au registre journal.

Refus d'obtempérer

En cas de refus d'obtempérer à la notification d'arrêt des postes de travail concernés, le coordonnateur SPS en réfère immédiatement au maître de l'ouvrage afin que celui-ci prenne toutes les mesures appropriées.

Identification du problème

La coexistence de deux réglementations relevant de logiques complètement différentes et qui s'ignorent, à savoir la réglementation relative à la sécurité et à la santé des travailleurs et la réglementation relative aux marchés publics, est mise à profit par certains entrepreneurs habiles pour obtenir des prolongations de délais, légitimes en matière de sécurité mais totalement abusives au regard des termes du contrat.

La méthode utilisée est simple : l'entrepreneur en retard à la suite de défaillances dont il est le seul responsable ne peut combler ce retard sans générer un excès de coactivité. À ce moment, une visite « impromptue » de l'inspection du travail sur le chantier se traduit par une mise en demeure du maître de l'ouvrage de faire cesser la coactivité. La seule solution est une prolongation du délai qui, de fait, permet à l'entrepreneur d'échapper à ses obligations contractuelles.

Remarque

Ce type de situation a déjà donné lieu à contentieux dans le secteur privé : le maître de l'ouvrage a été contraint de s'exécuter.

Analyse

Notion de coactivité et d'excès de coactivité

La coactivité est l'activité générée par au moins deux entreprises qui réalisent des travaux dans le cadre d'un même chantier (notions de lieu et de temps).

La coactivité est dite excessive lorsque cette intervention simultanée, non imposée par des impératifs techniques, est susceptible de générer des risques pour la sécurité ou la santé des travailleurs concernés.

Remarque

Lorsque la coactivité, imposée par des impératifs techniques, est susceptible de générer des risques pour la sécurité ou la santé des travailleurs, il appartient au coordonnateur SPS d'inviter les acteurs concernés à mettre en place toutes les mesures de protection nécessaires pour faire cesser ces risques, et de s'assurer de l'efficacité de ces mesures.

Vulnérabilité du maître de l'ouvrage

La réglementation actuelle fait du maître de l'ouvrage l'un des acteurs majeurs de la sécurité sur les chantiers.

Le tableau 7.03.1 est très explicite en la matière.

En cas d'excès de coactivité, si après épuisement de toutes les solutions techniques et d'ordonnancement le risque n'a pu être gommé, le maître de l'ouvrage n'a d'autre alternative que de prolonger le délai des travaux.

Risque de conflit entre coordonnateur de sécurité et coordonnateur de chantier

Lorsque le maître de l'ouvrage a confié la mission d'OPC à un coordonnateur de chantier indépendant, ce dernier a l'obligation contractuelle de faire respecter les délais de travaux ou, à défaut, d'apporter la preuve qu'il a épuisé tous les moyens contractuels et techniques pour faire respecter ces délais.

Le coordonnateur de chantier doit mener à bien sa mission en s'assurant que son ordonnancement des travaux est compatible avec les règles de sécurité. Il y a souvent débat entre cet acteur et le coordonnateur SPS sur l'application de ces règles.

Solutions

Excès de coactivité dû à des enchaînements normaux de tâches

Au vu du projet de calendrier détaillé d'exécution des travaux, des plans d'exécution éventuels, du plan d'installation de chantier, des plans particuliers de sécurité et de protection de la santé (PPSPS), le coordonnateur SPS identifie géographiquement (sur les plans) et temporellement (sur le calendrier d'exécution) les lieux d'intervention simultanée de plusieurs acteurs. Il établit, en liaison avec les intervenants concernés, notamment les entrepreneurs, la synthèse des niveaux de coactivité propres à l'opération et identifie les phases critiques caractérisées par des regroupements de tâches susceptibles de conduire à un excès de coactivité.

Excès de coactivité dû au retard d'un entrepreneur

Pour se prémunir contre l'utilisation abusive, par un entrepreneur habile, de l'antagonisme potentiel entre les réglementations relatives aux marchés publics et celles relatives à la sécurité des travailleurs, il n'existe pas d'autre solution que de prévoir dans le CCAP du marché de travaux une clause de prolongation de délai de plein droit pour l'entrepreneur, spécifiant que si l'excès de coactivité résulte d'un retard dont l'entrepreneur est responsable, la prolongation sera assortie d'une réfaction de rémunération. Cette réfaction peut être efficacement fixée au même taux que la pénalité pour retard. La gestion de cette clause peut être confiée au coordonnateur de chantier, lorsqu'il y en a un.

Conflit entre coordonnateur de sécurité et coordonnateur de chantier

Les arbitrages doivent être clairs et écrits ; ils incombent au conducteur d'opération, qui doit posséder toutes les compétences techniques et relationnelles nécessaires pour les mener à bien dans l'intérêt du maître de l'ouvrage et dans le respect des règles de sécurité.

Documentation

Philippe Estingoy et Michel Rabatel, Montage et suivi d'une opération de construction, *Éditions du Moniteur, 1994, 2e éd., 2002.*

Phases de l'opération	Maître de l'ouvrage	Coordonnateur de sécurité	Maître d'œuvre	Entreprise
Montage de l'opération	• Choisit le montage de l'opération et son organisation contractuelle. • Détermine la catégorie de l'opération et la déclare. • Choisit le coordonnateur de sécurité.	N'intervient pas.	N'intervient pas.	N'intervient pas.
Études de conception				
Pour toutes les opérations	• Prépare et signe le contrat du coordonnateur. • Donne l'autorité et les moyens au coordonnateur. • Informe le maître d'œuvre des règles et obligations applicables à l'opération. • Fait ouvrir le RJC* et constituer le DIUO*. • Réalise les VRD préalables obligatoires.	• Veille à la mise en œuvre des principes généraux de prévention. • Participe aux réunions. • Constitue le DIUO et le complète. • Ouvre le registre journal. • Définit les règles d'organisation du chantier. • Arrête les mesures générales en concertation avec le maître d'œuvre.	• Informe le coordonnateur de l'avancement des études, lui donne libre accès aux documents, l'invite à participer aux réunions de maîtrise d'œuvre. • Arrête les mesures générales en concertation avec le coordonnateur. • Propose les clauses de sécurité à prendre en compte dans les contrats d'entreprise.	N'intervient pas.

EXCÈS DE COACTIVITÉ ET DÉLAI CONTRACTUEL

Phases de l'opération	Maître de l'ouvrage	Coordonnateur de sécurité	Maître d'œuvre	Entreprise
Seulement pour les opérations de première et deuxième catégorie	• Transmet la déclaration préalable et fait établir le PGC*.	• Prépare la déclaration préalable. • Élabore le PGC et l'adapte.	• Fournit les documents demandés par le coordonnateur pour l'établissement de la déclaration préalable et du PGC.	
Seulement pour les opérations de première catégorie	• Constitue le CISSCT*.	• Élabore le projet de règlement du CISSCT.		
Travaux				
Pour toutes les opérations	• Informe les entreprises des règles et obligations applicables au chantier.	• Organise la coordination des activités des entreprises. • Ouvre et complète le registre journal de coordination. • Précise aux entreprises les consignes de sécurité et de protection de la santé. • Procède avec chacune des entreprises à une visite préalable. • Complète le DIUO. • Prend les dispositions qui s'imposent pour contrôler l'accès des personnes.	• Associe le coordonnateur aux réunions. • Vise les observations du coordonnateur sur le registre journal et donne suite si nécessaire.	• Participe à la visite préalable. • Déclare les sous-traitants éventuels. • Respecte les obligations générales de prévention. • Vise les observations du coordonnateur sur le RJC et donne suite si nécessaire.
Seulement pour les opérations de première et deuxième catégorie		• Tient à jour et adapte le PGC, collationne les PPSPS des entreprises et s'assure de leur harmonie.		• Respecte les obligations du PGC. • Produit le PPSPS* de l'entreprise, le tient à jour et le transmet aux organismes officiels.
Seulement pour les opérations de première catégorie		• Préside le CISSCT.	• Participe au CISSCT.	• Participe au CISSCT.
Réception	Pas d'action en matière de sécurité.	Pas d'action en matière de sécurité.	Pas d'action en matière de sécurité.	Pas d'action en matière de sécurité.
Exploitation	• Conserve le DIUO. • Archive les PGC et les PPSPS et les conserve pendant cinq ans.	• Conserve les RJC pendant cinq ans.	N'intervient pas.	• Conserve le PPSPS.

* CISSCT : collège interentreprises de sécurité, de santé et des conditions de travail – DIUO : dossier d'interventions ultérieures sur l'ouvrage – PPSPS : plan particulier de sécurité et de protection de la santé – PGC : plan général de coordination – RJC : registre journal de coordination.

8

CONCOURS DE MAÎTRISE D'ŒUVRE

CALCUL DU MONTANT DES PRIMES

Identification du problème

Le Code des marchés publics prévoit que les candidats ayant remis des prestations bénéficient d'une prime. Le montant de la prime attribuée à chaque candidat est égal au prix estimé des études à effectuer par les candidats, telles que définies dans l'avis d'appel public à la concurrence et précisées dans le règlement du concours, affecté d'un abattement au plus égal à 20 %.

Analyse

Les modalités de calcul de la prime laissent une certaine marge de manœuvre au maître de l'ouvrage : le prix estimé des études est obtenu avec une marge d'appréciation d'environ 10 % ; de plus, on peut légitimement considérer qu'il s'agit du prix de revient et non du prix de vente.

Cette latitude ne doit pas conduire le maître de l'ouvrage à essayer de minimiser le montant de la prime. En effet, l'économie potentiellement réalisable sur le montant des primes est toujours, en valeur relative rapportée au montant total de l'opération, marginal, et une prime réellement attractive est toujours un facteur de production de projets architecturaux de qualité.

Le coût d'un concours (primes et délais) correspond au prix à payer par le maître de l'ouvrage en contrepartie du privilège de pouvoir faire un choix parmi plusieurs solutions.

Commentaire

Certains maîtres d'ouvrage refusent l'idée même d'indemnisation des candidats non retenus à l'issue d'un concours ; les convaincre de leur erreur d'appréciation n'est en général pas aisé, et rappeler qu'il s'agit d'une obligation réglementaire n'est pas le meilleur moyen de persuasion sur le fond.

L'esquisse est pour un architecte ce que les murs d'une construction sont pour un maçon, c'est-à-dire la traduction visible d'un ensemble de prestations de même nature que celles dont il vit au quotidien. Sur le plan économique, cela signifie que le travail effectué en réponse à un seul concours peut prendre un poids considérable dans le chiffre d'affaires d'un cabinet d'architecte.

Imaginons la situation fictive suivante : préalablement à la construction d'un lycée, le maître de l'ouvrage décide d'organiser la dévolution des travaux en demandant à chaque entreprise de montrer son savoir-faire en construisant gratuitement un logement de fonction. On conçoit aisément l'aberration économique d'une telle procédure, qui augmenterait considérablement les charges des entreprises au point d'en faire disparaître certaines, les autres ne supportant cette charge importante qu'en la répercutant dans leur prix et donc sur les factures adressées aux maîtres d'ouvrage…

Remarque

Ne pas indemniser ou mal indemniser un concours de maîtrise d'œuvre procède d'un manque de conscience des réalités économiques strictement équivalent.

Solution

Un calcul équitable des primes est aisément réalisable par tout acteur habitué à prévoir les montants d'honoraires du maître d'œuvre (conducteur d'opération par exemple).

COHÉRENCE ENTRE LES PRESTATIONS GRAPHIQUES ET LE NOMBRE DE PANNEAUX

Identification du problème

« Monsieur le maire, vous avez limité le rendu de votre concours de maîtrise d'œuvre à trois panneaux de format A0 ; or le rendu de tous les plans demandés dans le règlement nécessite quatre panneaux. » Lorsque trois équipes sur les quatre candidates font ce type de remarque, la crédibilité de l'organisateur du concours n'en ressort pas grandie.

Analyse

La compatibilité entre les prestations demandées à l'issue d'un concours d'une part, le nombre et la taille des panneaux (souvent de format A0) d'autre part, ne se décrète pas sur la base d'une approximation rapide ; elle n'est acquise qu'au prix d'une simulation précise.

Solution

Pour déterminer le nombre de panneaux, il est nécessaire :

1° de bien définir les prestations graphiques demandées aux candidats (voir § Commentaire ci-après) ;

2° d'évaluer les dimensions du futur bâtiment (ces dimensions permettent de définir les dimensions prévisionnelles des rectangles enveloppes de chacun des plans demandés) ;

3° de fixer les dimensions des panneaux à utiliser par les candidats.

Chaque rectangle enveloppe est reporté sur un panneau en vraie grandeur ou, plus souvent, sur un dessin à l'échelle 1/10.

Commentaire

Exemple de prestations graphiques demandées aux candidats

• Plans de la solution d'ensemble préconisée, comprenant :
– un plan de masse à l'échelle 1/500 ;
– les plans de chaque niveau à l'échelle 1/500 agrandis au 1/200 ;
– les plans de toutes les façades à l'échelle 1/200 ;
– une coupe explicative à l'échelle 1/200.

• Expression de la volumétrie d'ensemble sous la forme d'une vue axonométrique isométrique depuis le point suivant : centre du rond-point d'accès au site, et permettant de visualiser le futur bâtiment. Échelle : 1/200.

• Plan au format A0 (au maximum), dont le contenu est laissé à l'appréciation des concurrents pour l'expression libre de leur projet (idée forte, schéma, perspective, détails…).

Dimensions du futur bâtiment

La démarche permettant d'évaluer les dimensions du futur bâtiment est la suivante :
– sur la base des schémas fonctionnels issus du programme d'architecture et d'ingénierie et des caractéristiques du terrain, définir une hypothèse sur le nombre de niveaux du futur bâtiment (le résultat est souvent une fourchette) ;
– évaluer la surface du niveau le plus grand (en général le rez-de-chaussée) à partir de la surface utile correspondante du programme, majorée successivement par multiplication à l'aide du coefficient SDO/SU caractéristique du type de programme, puis à l'aide du coefficient SHOB/SDO, caractéristique de l'architecture attendue (voir fiche 1.12).

Dimensions des panneaux

Il est rappelé que le format A0 est de 841 mm × 1 189 mm, soit une surface de 1 m^2.

ORGANISATION PRATIQUE DE L'ANONYMAT

Identification du problème

L'anonymat est imposé pour certains concours dans les conditions définies par le Code des marchés publics.

Les dispositions requises pour assurer l'anonymat doivent à la fois présenter une totale fiabilité et un maximum de simplicité.

Analyse

Lorsque l'anonymat est imposé, l'infraction à cette règle génère un risque très élevé d'annulation de la procédure, soit au stade du contrôle de légalité, soit à l'issue d'un recours émanant d'un des candidats évincés.

Commentaire

« Pour les concours relatifs à des opérations de petite taille dont les candidats sont souvent des architectes locaux, connus des services du maître de l'ouvrage, ou pour les concours relatifs à de très grosses opérations dont les candidats sont des architectes de renommée internationale, l'anonymat est illusoire. En effet, avec un peu d'expérience, les architectes ou ingénieurs de la commission technique et du jury arrivent à reconnaître la plupart des candidats à leur style (cela d'autant plus aisément qu'il suffit d'en reconnaître trois sur un total de quatre, voire deux sur un total de trois...). De plus, les références graphiques fournies au stade des candidatures contribuent à remettre en mémoire des acteurs rattachés à la maîtrise d'ouvrage la production et les styles des candidats. [...]

L'anonymat est la façon la plus efficace de donner à un concours truqué une illusion d'honnêteté et de rigueur. L'anonymat ne peut en effet empêcher un candidat de donner à un ou plusieurs membres du jury une clé d'identification de son esquisse (même le projet le plus banal peut être incrémenté de points de repère faciles à mémoriser : voiture de marque connue devant le bâtiment, arbre atypique planté dans un patio, enfant avec un cerf-volant sur une perspective...). »

Cette position, déjà exprimée dans l'ouvrage *Montage et suivi d'une opération de construction* (Éditions du Moniteur, 2002), est partagée par une large majorité des professionnels de la maîtrise d'ouvrage publique française.

Paradoxalement, dans ce contexte, il est très important de respecter un formalisme strict qui garantisse la mise en œuvre d'une procédure anonyme irréprochable. Il est indispensable que les inévitables spéculations ayant trait à l'identification des esquisses ne puissent reposer sur aucune faille de procédure.

Solution

Principes

La mise en œuvre pratique de l'anonymat est réalisée par l'édiction de règles spécifiques imposant une forme adaptée pour la remise des prestations.

Les principes en sont simples : toutes les pièces graphiques et écrites traduisant la prestation exécutée sont anonymes. Chaque pièce dispose d'un emplacement réservé pour l'inscription d'un numéro.

Les candidats remettent avec leurs prestations une enveloppe cachetée portant la mention « Concours en vue de <...> – Levée de l'anonymat – Ne pas ouvrir ». Cette enveloppe contient la liste des membres de l'équipe candidate et éventuellement, par sécurité, une copie d'une pièce du dossier anonyme (par exemple, la notice financière).

Numérotation des pièces

Il existe principalement deux méthodes de numérotation des pièces :

• *Méthode n° 1*

– Lors de l'enregistrement des prestations, le maître de l'ouvrage attribue à chaque dossier un numéro tiré au sort (par exemple entre 1 et 4 s'il y a quatre équipes, ou tout autre numéro ; l'enregistrement à l'aide du numéro d'ordre de remise du dossier est à proscrire).

– Ce numéro est porté sur l'enveloppe destinée à lever l'anonymat et sur chaque emballage des dossiers de prestations.

– Après l'ouverture de ces dossiers, le numéro est reporté dans les emplacements prévus à cet effet sur chacune des pièces. Cette disposition implique que le dépôt du dossier soit effectué par une personne qui ne puisse être identifiée comme représentant une équipe déterminée, tout en étant accréditée par l'équipe candidate pour recevoir le récépissé délivré par les services de la maîtrise d'ouvrage ou le conducteur d'opération (huissier par exemple), ou que le secrétariat chargé de la réception des dossiers soit tenu à un strict devoir de confidentialité.

– Les enveloppes destinées à lever l'anonymat sont placées en lieu sûr (dans un coffre-fort par exemple).

• *Méthode n° 2*

– Chaque candidat identifie lui-même ses propres pièces par un numéro à dix chiffres tiré au sort par lui-même et reporté, dans les emplacements prévus à cet effet, sur chacune des pièces des dossiers de prestations et sur chacune des pièces contenues dans l'enveloppe destinée à lever l'anonymat.

– Lors de l'ouverture des dossiers de prestations, le conducteur d'opération s'assure que toutes les pièces ont bien été numérotées et comble les lacunes éventuelles.

– Les enveloppes destinées à lever l'anonymat sont placées en lieu sûr (coffre-fort par exemple).

Documentation

Philippe Estingoy et Michel Rabatel, *Montage et suivi d'une opération de construction,* Éditions du Moniteur, 1994, 2e éd., 2002.

LE RISQUE DE L'« EFFET CONCOURS »

Identification du problème

Il est généralement admis, tant par les professionnels de la maîtrise d'œuvre que par ceux de la maîtrise d'ouvrage, que les prestations d'esquisse traditionnellement remises à l'issue d'un concours de maîtrise d'œuvre ne sont pas d'un niveau de précision suffisant pour permettre au candidat de s'engager sur un coût prévisionnel des travaux.

La définition réglementaire de l'esquisse, issue du décret n° 93-1268 du 29 novembre 1993 relatif aux missions de maîtrise d'œuvre confiées par des maîtres d'ouvrage publics à des prestataires de droit privé, ne fait que traduire cette position.

Texte officiel

Décret n° 93-1268 du 29 novembre 1993

Art. 3 – Les études d'esquisse ont pour objet :

a) De proposer une ou plusieurs solutions d'ensemble, traduisant les éléments majeurs du programme, d'en indiquer les délais de réalisation et d'examiner leur compatibilité avec la partie de l'enveloppe financière prévisionnelle retenue par le maître de l'ouvrage et affectée aux travaux.

L'engagement du maître d'œuvre sur la part de l'enveloppe prévisionnelle affectée aux travaux est formalisé à l'issue des études d'APS, voire des études d'APD. Il est fréquent qu'à ce stade le maître de l'ouvrage découvre que le maître d'œuvre considère qu'il n'est plus en mesure de respecter l'enveloppe financière initiale.

Analyse

L'effet concours, que nous distinguons des « projets séduction » (voir fiche 8.08), est un phénomène récurrent, conséquence directe de l'émulation créée par le contexte d'âpre concurrence de cette procédure : pour essayer de gagner, chaque candidat a tendance a produire un projet offrant un maximum de performances, jusqu'à prendre le risque de « gonfler » les prestations jusqu'à la limite supérieure de la tolérance d'estimation permise par les méthodes de calcul du montant prévisionnel des travaux, voire au-delà. Ce comportement peut être involontaire ou délibéré. La distorsion est possible puisqu'au stade d'une esquisse il n'existe pas d'outil de mesure permettant d'évaluer le montant prévisionnel des travaux avec certitude. Une précision de l'ordre de 10 % est exceptionnelle.

Exemple

Pour répondre à une enveloppe prévisionnelle de travaux arrêtée par le maître de l'ouvrage à 10 000 000 €, le candidat peut présenter, sans risque démesuré, une esquisse qu'il aura évaluée à 11 000 000 € (± 10 %).

En pratique, le coût du projet issu d'un concours dépasse assez systématiquement l'enveloppe financière du maître de l'ouvrage. Si le travail d'analyse des offres a été correctement réalisé et si le jury a pris en compte de manière non marginale le paramètre « coût », ce dépassement est en général faible pour le projet lauréat. Il peut toutefois être non négligeable, sans pour autant être décelable au stade de l'esquisse en raison de l'inévitable marge d'erreur rappelée ci-avant.

Remarques

1. Le coût du projet archétype issu d'un concours peut être comparé au verre qu'avec soin on arrive à remplir au-delà du bord : visuellement, le verre ne déborde pas ; toutefois son contenu est supérieur à son volume.
2. Dans un processus de conception, le maître de l'ouvrage ne dispose pas d'un outil suffisamment précis pour valoriser l'excédent avant le stade de l'APS.

Commentaire

Lorsque, entre la remise de l'esquisse et l'engagement financier du maître d'œuvre, le programme de l'opération a évolué sans que le maître de l'ouvrage se soit doté des moyens de conduite d'opération lui garantissant un suivi strict de l'impact financier de ces évolutions (voir fiche 9.04), le maître d'œuvre peut sans trop de risque essayer de s'engager sur une enveloppe supérieure à l'enveloppe cible fixée dans le règlement du concours : au stade de l'engagement, nul ne sait plus quels sont les poids respectifs des différentes causes d'évolution du coût…

Le problème analysé dans la présente fiche suppose, en conséquence, que le programme n'ait pas évolué ou que le maître de l'ouvrage connaisse avec précision l'impact financier des évolutions du programme afin de corriger corrélativement et d'une manière objective l'enveloppe financière qu'il entend consacrer aux travaux.

Ce problème ne doit pas occulter l'intérêt majeur des concours de maîtrise d'œuvre : le concours offre au maître de l'ouvrage la possibilité de choisir le meilleur projet parmi trois ou quatre. Les probabilités qu'il obtienne ce projet en traitant par entente directe avec une seule des équipes de maîtrise d'œuvre sans concours (sous réserve de la possibilité légale d'une telle solution) sont donc respectivement de 33 % ou 25 %, et cela sans compter l'impact qualitatif dû à l'émulation résultant de la mise en concurrence.

Le développement des concours depuis 1973 a indiscutablement contribué à améliorer la qualité de l'architecture publique en France.

Les concours stimulent la créativité. L'un des objectifs de la réforme de 1973 était de « rendre possible la mise en compétition des concepteurs privés et ainsi assurer une compétitivité accrue des ingénieurs et architectes français ». Cet objectif a été atteint.

Remarque

Ces propos peuvent être illustrés par le cas, sans doute non isolé, d'un architecte qui a eu le quasi-monopole de l'architecture publique dans un département jusque dans les années quatre-vingts. À cette époque, il construisait encore, par habitude, des bâtiments avec une trame de poteaux de 3,20 m (précisons, pour les non-professionnels, le caractère totalement archaïque et non fonctionnel de cette trame pour des constructions publiques depuis déjà plusieurs décennies). Ce même architecte placé dans un contexte de concurrence était capable de gagner des concours avec d'excellents projets.

Solutions

Solution préventive

Pour se prémunir de « l'effet concours », le maître de l'ouvrage doit prévoir dans le marché de maîtrise d'œuvre une clause d'obligation de reprise gracieuse des études jusqu'au retour de la compatibilité du projet avec l'enveloppe du maître de l'ouvrage et avant tout engagement sur le coût prévisionnel des travaux (cette enveloppe étant, si nécessaire, corrigée pour tenir compte des évolutions de programme – voir § Commentaire ci-avant).

Solution corrective

Si le maître de l'ouvrage n'a pas su se prémunir contre le dépassement de son enveloppe financière ou si ce dépassement ne lui est révélé qu'à un stade tardif (DCE ou ouverture des offres), il doit alors choisir entre un travail de recherche d'économies souvent douloureux et consommateur de temps et une augmentation de son budget. La fiche 4.09 peut l'aider à optimiser ses choix en la matière.

VALIDITÉ D'UNE CONTRE-ESTIMATION DU COÛT DES PROJETS EN PHASE DE CONCOURS

Identification du problème

À l'issue d'un concours, il est indispensable de faire réévaluer le coût de chaque projet architectural par un économiste de la construction indépendant des équipes candidates.

Les informations issues de ce type d'expertise sont riches d'enseignements pour l'analyse et le classement des projets ; toutefois, il est important d'en connaître les limites pour éviter d'aboutir à des conclusions gravement erronées.

Analyse

Aucun économiste sérieux ne sait évaluer le coût d'un projet architectural au stade de l'esquisse avec une précision meilleure que ± 5 %. Pour les concours anonymes, interdisant toute demande de précision aux candidats, ou les concours fondés sur des programmes trop imprécis, l'incertitude est même de l'ordre de 10 %.

Dans ces conditions, le positionnement de l'estimation de l'économiste par rapport à l'enveloppe du maître de l'ouvrage n'a qu'une valeur indicative, sauf si l'écart est important.

En revanche, l'évaluation permet, avec la même incertitude et *sous réserve que l'économiste utilise une méthode de mesure directe des écarts*, de positionner les projets les uns par rapport aux autres avec un très bon niveau de performance.

Remarque

La mesure des écarts par soustraction des estimations relatives à deux projets n'a en général aucun sens compte tenu de l'ordre de grandeur des incertitudes. Par exemple, si le projet 1 est estimé à 12 000 000 € (± 10 %) et le projet 2 à 11 000 000 € (± 10 %), on aboutit à un écart de 1 000 000 €, assorti d'une incertitude de ± 2 300 000 € !!!

Solution

La solution est immédiate lorsque l'utilisateur des résultats a bien assimilé les limites et les performances de la méthode :
- l'estimation en valeur absolue n'est qu'indicative, sauf pour les gros écarts ;
- l'estimation en valeur relative est assez précise.

Exemple 1

Enveloppe que le maître de l'ouvrage entend consacrer aux travaux : 12 000 000 € TTC.
Le travail d'analyse réalisé par l'économiste (voir tableau 8.05.1) permet d'affirmer :
– que le projet le plus cher est celui de l'équipe 4 ;
– que le projet de l'équipe 4 dépasse l'enveloppe du maître de l'ouvrage ;
– que les projets des équipes 1, 2 et 3 sont compatibles avec l'enveloppe du maître de l'ouvrage ;
– que les montants des projets des équipes 2 et 3 sont trop proches pour pouvoir être distingués ;
– que le projet de l'équipe 1 est le moins cher.

Tableau 8.05.1 – Comparatif des estimations des candidats et de celles de l'économiste (exemple 1).

	Équipe 1	Équipe 2	Équipe 3	Équipe 4
Estimation du candidat	11 125 000 €	11 990 000 €	12 500 000 €	10 500 000 €
Estimation de l'économiste	11 500 000 € (± 10 %)	12 350 000 € (± 10 %)	12 500 000 € (± 10 %)	14 000 000 € (± 10 %)
Écart par rapport au projet le moins cher (mesure directe par l'économiste)	0 €	820 000 € (± 10 %)	1 250 000 € (± 10 %)	2 350 000 € (± 10 %)

Tableau 8.05.2 – Comparatif des estimations des candidats et de celles de l'économiste (exemple 2).

	Équipe 1	Équipe 2	Équipe 3	Équipe 4
Estimation du candidat	12 000 000 €	11 990 000 €	14 500 000 €	12 500 000 €
Estimation de l'économiste	14 500 000 € (± 10 %)	14 000 000 € (± 10 %)	15 500 000 € (± 10 %)	13 500 000 € (± 10 %)
Écart par rapport au projet le moins cher (mesure directe par l'économiste)	1 100 000 € (± 10 %)	350 000 € (± 10 %)	2 100 000 € (± 10 %)	0 €

8.05 VALIDITÉ D'UNE CONTRE-ESTIMATION DU COÛT DES PROJETS EN PHASE DE CONCOURS

Exemple 2

Enveloppe que le maître de l'ouvrage entend consacrer aux travaux : 12 000 000 € TTC.
Le travail d'analyse réalisé par l'économiste (voir tableau 8.05.2) permet d'affirmer :
– que le projet le plus cher est celui de l'équipe 3 ;
– que l'équipe 3 a fait l'estimation la plus sincère ;
– que l'enveloppe du maître de l'ouvrage est manifestement sous-évaluée ;
– que les équipes 1 et 2 n'ont pas voulu prendre le risque d'annoncer un prix supérieur à l'enveloppe du maître de l'ouvrage.
Dans une telle configuration, il est indispensable de faire réévaluer l'enveloppe du maître de l'ouvrage par l'économiste chargé de l'analyse des offres.

Remarque

Lorsqu'un candidat annonce un prix nettement supérieur à l'enveloppe du maître de l'ouvrage, il s'agit souvent de l'acte courageux d'une équipe qui ose annoncer ce qu'elle considère comme le vrai prix. Lorsqu'une équipe annonce un prix légèrement supérieur à l'enveloppe (équipe 4 ci-dessus), il peut s'agir d'une équipe qui fait passer le message « attention, le vrai prix dépasse l'enveloppe », sans pour autant oser annoncer ce qu'elle considère comme le vrai prix, de peur d'être éliminée.

COMMENT ÉVITER LES SURENCHÈRES GRAPHIQUES EN PHASE DE CONCOURS

Identification du problème

L'âpreté de la concurrence dans les procédures de concours avec remise de prestations conduit les candidats à fournir le maximum de prestations dans le respect des limites fixées par le règlement, voire en enfreignant ces limites.

Les atteintes au principe d'égalité des candidats face à la commande publique qui peuvent en résulter font courir au maître de l'ouvrage le risque d'un recours, voire celui de l'annulation de la procédure.

Analyse

Le risque encouru par le maître de l'ouvrage est d'autant plus grand que les règles définissant la prestation à rendre à l'issue du concours sont floues. Par exemple, la seule mention « esquisse » est tout à fait insuffisante.

Lorsque les règles sont strictes, le risque se déplace sur un terrain plus aisément maîtrisable : le maître de l'ouvrage doit s'assurer que les règles qu'il a lui-même édictées sont respectées.

Solution

La solution passe par l'édiction de règles strictes, incluses dans le règlement de la consultation.

En pratique, les limites ci-après sont couramment utilisées :
- nombre maximal de panneaux de rendu au format A0 (pour des raisons pratiques, il peut être souhaitable d'imposer le sens du panneau) ;
- interdiction de protéger les panneaux par une plaque de matériau transparent ;
- rendu noir et blanc, sauf pour le panneau dit « de libre expression » ;
- nature des plans et échelles imposées, sauf pour le panneau de libre expression (par exemple, plans de niveaux à l'échelle 1/200 + deux coupes positionnées au choix du candidat + deux façades significatives) ;
- en cas de demande de perspectives, préférer l'axonométrie avec imposition des angles et du point de vue ;
- en cas de fourniture d'une maquette, imposer l'échelle et un rendu entièrement blanc ;
- pour la fourniture d'images infographiques, imposer le cheminement et des angles de vue obligatoires ;
- interdire formellement la production de toute prestation excédentaire.

Remarques

1. Pour éviter les surenchères, il est d'usage d'interdire la couleur qui, sauf cas très particuliers, ne facilite pas la lecture. (Attention au libellé de la clause restrictive devant conduire à obtenir des panneaux noir et blanc : ne pas utiliser le vocable monochrome, qui fait courir le risque d'obtenir des panneaux d'une seule couleur mais pas nécessairement noir et blanc !)
2. En dérogation à la règle générale, la couleur peut être utilisée pour le repérage des secteurs fonctionnels, à partir d'une palette imposée. Dans un hôpital on distinguera ainsi le secteur médico-technique, le secteur d'hébergement, les consultations, etc.
3. Un panneau (ou une partie de panneau) dit « de libre expression » peut être réservé pour permettre aux candidats de montrer un détail particulier, une autre perspective, etc.
4. Il est vivement conseillé de faire réaliser les maquettes et les images infographiques par un prestataire unique, rémunéré par le maître de l'ouvrage. Dans ce cas, la question des éventuelles distorsions entre les prestations produites par les candidats ne se pose plus.
Une procédure formelle de réception de la prestation par le candidat doit être prévue. Pour les concours avec anonymat, la commande doit imposer au prestataire chargé des maquettes ou des images de synthèse un protocole de respect de l'anonymat.
5. Il ne faut pas hésiter à prévoir, dans le règlement du concours, que les prestations en excès ou non conformes seront occultées par les services du maître de l'ouvrage, donc non présentées au jury. Cette règle incite au respect du formalisme de la présentation, notamment lorsque le maître de l'ouvrage est connu pour sa rigueur.

Commentaire

Il existe plusieurs sortes de perspectives, plus ou moins déformantes. La plus courante est l'axonométrie. Son défaut principal est, en général, la mise en exergue de la toiture, mais elle donne une bonne idée de la volumétrie générale. L'axonométrie présente l'avantage de conserver les dimensions ; elle est avant tout un outil destiné aux spécialistes de la commission technique. Elle est peu parlante pour un jury qui ne comporte pas que des professionnels du bâtiment. Dans tous les cas, les règles de composition de l'axonométrie doivent être imposées.

8.06 COMMENT ÉVITER LES SURENCHÈRES GRAPHIQUES EN PHASE DE CONCOURS

Pour le jury, il peut être intéressant d'imposer une perspective conique, qui simule la vision humaine depuis un point imposé d'où le futur bâtiment sera effectivement visible par les piétons. Toutefois, cette demande perd progressivement de sa pertinence avec le développement des images infographiques, beaucoup plus performantes.

Contrairement aux maquettes, la production d'une perspective (deux au maximum) ne génère pas un surcoût notoire pour les concurrents et peut faire partie du « rendu » demandé. Une réflexion préalable en association avec un architecte est indispensable pour bien la définir.

Remarque

L'isométrie est un cas particulier d'axonométrie dont les trois axes sont séparés par des angles égaux (3 × 120°).

Source

Certains éléments contenus dans cette fiche sont extraits de l'ouvrage de Philippe Estingoy et Michel Rabatel *Montage et suivi d'une opération de construction* (Éditions du Moniteur, 1994, 2e éd., 2002).

COMMENT ÉVITER LE PIÈGE DES « PROJETS SÉDUCTION »

Identification du problème

Les concours d'architecture et d'ingénierie génèrent régulièrement des projets qui défraient ensuite la chronique par leur coût exorbitant, très supérieur à l'enveloppe annoncée par le maître de l'ouvrage dans le règlement du concours.

Analyse

Lorsqu'une telle situation ne résulte pas d'une erreur d'estimation de l'enveloppe financière ou d'un bouleversement du programme, l'analyse montre que ces projets ont en commun tout ou partie des caractéristiques suivantes :
- grande qualité architecturale ;
- excédent sensible de surface par rapport au programme ;
- infractions plus ou moins marquées au programme ;
- formules sibyllines d'engagement au respect de l'enveloppe financière.

Un examen peu attentif de ces projets ne fait ressortir que des qualités.

Ces projets qualifiés de « projets séduction », dès 1994, par les auteurs de *Montage et suivi d'une opération de construction*, sont élaborés par des équipes candidates qui misent sur la... séduction du jury pour gagner le concours en en distordant plus ou moins les règles.

Solution

Contexte

La vérification des coûts des projets par un économiste indépendant, préconisée par la fiche 8.05, permet l'identification des « projets séduction » sans aucune difficulté, parce que le dépassement de prix va nettement au-delà de la marge d'incertitude.

La difficulté est ailleurs : ces projets exercent parfois une telle séduction sur le jury que celui-ci refuse d'entendre les arguments concernant les infractions au programme et la totale incohérence économique du projet en question avec le budget envisagé pour l'opération.

Solution préventive

Dans une telle situation, trois acteurs ont un rôle déterminant : le conducteur d'opération, le chef de projet et le représentant du maître de l'ouvrage.

Les deux premiers doivent impérativement alerter le jury et le maître de l'ouvrage sur le danger du choix d'un tel projet.

Face à un « projet séduction », le représentant légal du maître de l'ouvrage a intérêt à essayer d'obtenir du jury un vote non anonyme, de façon que la responsabilité des membres du jury faisant partie de l'assemblée délibérante soit clairement engagée par un choix qui risque de les conduire à accepter une augmentation des crédits affectés à l'opération.

Au-delà du stade du jury, le représentant légal du maître de l'ouvrage a le pouvoir de désigner plusieurs lauréats et, après négociation :
- de refuser un projet manifestement incompatible avec son budget ;
- de refuser un projet ne respectant pas le programme du concours ;

et cela même si le jury a classé ce projet en première position.

Solution corrective

Lorsque le représentant légal du maître de l'ouvrage hérite malgré tout d'un « projet séduction » soit en raison de graves insuffisances de l'analyse initiale, soit pour des raisons politiques, il lui reste l'alternative suivante :
- imposer à l'équipe retenue le respect de son budget. Dans ce cas, pour rester dans l'enveloppe, le lauréat devra faire des modifications importantes, qui risquent de remettre en cause le parti architectural retenu à l'issue du concours et de générer un risque juridique en raison du bouleversement de l'économie du projet (contrôle de légalité, recours d'autres candidats, etc.) ;
- accepter l'augmentation de son budget. (Les dérives de ce type peuvent conduire au doublement du budget prévisionnel de l'opération.) Si le vote du jury n'a pas été anonyme, le représentant légal du maître de l'ouvrage peut légitimement espérer le

soutien des membres de l'assemblée délibérante qui, au sein du jury, ont défendu le projet. Dans ce cas, il existe aussi un risque de contentieux avec les candidats éliminés, qui peuvent essayer de démontrer qu'avec un budget sensiblement accru ils auraient, eux aussi, pu présenter un projet plus performant.

Dans les deux cas, le risque juridique est réel et peut avoir des conséquences importantes sur les finances du maître de l'ouvrage (au-delà du seul coût direct de l'opération).

ORGANISER LA RÉUSSITE DES TRAVAUX DU JURY

Identification du problème

L'analyse comparative de projets architecturaux par un jury est un travail délicat et complexe. La performance du résultat dépend de nombreux paramètres.

Analyse

Dans l'intérêt de la collectivité et/ou de l'établissement public concerné, le représentant légal du maître de l'ouvrage doit se donner les moyens d'identifier le ou les meilleurs projets architecturaux avec un jury organisé de manière à offrir le minimum de prise à la contestation, voire au recours contentieux.

Ce résultat passe par l'organisation rigoureuse des travaux du jury.

Solution

L'organisation rigoureuse des travaux d'un jury se décline en trois phases :
- préparation ;
- travaux proprement dits ;
- procès-verbal.

Préparation des travaux du jury

• *Durée du jury*

Il est exceptionnel que la disponibilité des membres du jury permettent que les travaux durent plus d'une demi-journée. Avec une bonne organisation des travaux et une bonne expertise de la commission technique, un jury peut en général se prononcer en toute connaissance de cause à la fin d'une demi-journée de travail, notamment en l'absence d'audition des candidats.

Pour les projets complexes et de grande taille, la durée ne doit pas excéder une journée.

• *Commission technique*

L'analyse préalable des projets architecturaux par une commission technique chargée d'éclairer le jury est indispensable.

Le pilote de la commission technique doit veiller à ce que l'analyse des projets architecturaux respecte les principes suivants :
- absence d'*a priori* ;
- examen des projets dans le strict respect des critères du règlement de la consultation, sans adjonction ni omission ;
- aucun empiètement sur les prérogatives du jury, notamment en interdisant toute synthèse avec préclassement.

Travaux du jury

• *Importance de l'organisation matérielle*

Le jury doit être réuni dans une salle permettant l'exposition de tous les projets face à ses membres et, si besoin est, l'audition de chacun des candidats.

Chaque membre du jury reçoit un dossier comprenant :
- un sous-dossier avec le règlement du concours et des extraits du programme, nécessaires au jugement ;
- un sous-dossier avec le rapport de synthèse de la commission technique (le rapport détaillé n'est pas distribué mais laissé à la disposition du jury) ;
- un sous-dossier par candidat, comprenant des planches graphiques en réduction et une copie de la notice architecturale.

Remarque

Il convient de penser aussi à l'organisation du repas, qui sera une pause salutaire dans les travaux des jurys se déroulant sur plus d'une demi-journée.

• *Schéma d'organisation*

L'organisation des travaux du jury doit faire l'objet d'un programme précis ne laissant pas de place aux improvisations, consommatrices de temps et susceptibles de générer un traitement inéquitable des projets présentés.

Le schéma suivant peut être considéré comme satisfaisant dans le cas d'un jury sans audition.

1. Moment de libre découverte des projets architecturaux par les membres du jury.

2. Présentation rapide des projets architecturaux (volumétrie, organisation générale) par le chef de projet ou le conducteur d'opération.

3. Analyse et traitement de problèmes particuliers (documents en excès, documents mal présentés).

4. Rappel des points principaux du programme et du règlement par le conducteur d'opération.

5. Présentation du rapport de la commission technique par le conducteur d'opération.

6. Échange sur les projets entre les membres du jury, observations des professionnels.

7. Procédure de classement des projets architecturaux.

• *Procédure de classement des projets architecturaux*

Afin de garantir une bonne cohérence entre la proposition du jury et la position ultérieure du maître de l'ouvrage, il est fortement souhaitable que le classement des projets résulte d'un consensus obtenu sans vote formel.

Toutefois, la mise en œuvre de cette solution idéale, préconisée par l'ex-Commission centrale des marchés, se heurte souvent à la réalité des jurys de concours. Le classement doit alors se faire à l'issue d'une ou plusieurs séances de vote.

• *Modalités du vote éventuel*

Le représentant du maître de l'ouvrage doit se préoccuper des modalités d'organisation du vote éventuel avant la réunion du jury.

En effet, il existe différentes formes de vote possibles, conduisant à des résultats différents ; par exemple, le vote par distribution d'un certain nombre de points aux projets favorise les projets moyens au détriment de projets exceptionnels, susceptibles d'être controversés.

Une solution satisfaisante peut être obtenue selon le schéma suivant.

1. Chaque membre du jury est invité à identifier le projet qu'il considère comme le meilleur ; ce premier vote permet en général de classer le ou les premiers projets.

2. Chaque membre du jury est invité à identifier le projet qu'il considère comme le moins bon ; ce deuxième vote permet en général de classer le ou les derniers projets.

3. Un vote par attribution de points (ou de nombres de voix) permet de classer les projets restants.

Procès-verbal des travaux du jury

Le jury doit se doter d'un secrétaire chargé de rédiger le procès-verbal. Ce secrétaire est souvent un agent de la maîtrise d'ouvrage ou de la conduite d'opération, de manière à éviter que l'un des membres du jury, perturbé par cette tâche de secrétariat, ne puisse se consacrer entièrement à sa mission.

Entretien éventuel avec les concurrents

Lorsque l'entretien est légal et prévu, l'ordre de passage des concurrents est préalablement tiré au sort. Le tirage au sort peut être effectué soit lors de la première réunion du jury, soit, en présence des candidats, lors de la visite du terrain ou de la séance de questions-réponses, lorsque de telles modalités sont prévues. Après chaque entretien, un point est fait avec le jury. Les « techniciens » peuvent apporter des précisions sur certaines affirmations du candidat.

La durée optimale de l'entretien est de trente minutes réparties en deux plages, l'une de libre présentation, l'autre de réponse aux questions.

Il est nécessaire de prévoir un minimum de quinze minutes entre chaque candidat.

Remarque

Lorsque l'entretien dure plus de trente minutes, les membres du jury ont de grandes difficultés à rester attentifs jusqu'à la fin de la procédure, ce qui crée une distorsion, favorable ou défavorable, au dernier candidat.

SOLUTION AU DÉSÉQUILIBRE NUMÉRIQUE ENTRE ARCHITECTES ET BET

Identification du problème

Une équipe de maîtrise d'œuvre est en général constituée, au minimum, d'un architecte (souvent mandataire, sans que ce soit une obligation) et d'une ou plusieurs structures d'ingénierie (bureaux d'études ou ingénieurs-conseils cotraitants).

Sur un secteur géographique donné et pour une typologie de projets déterminée, le nombre d'architectes potentiellement candidats à un concours est très supérieur au nombre de structures d'ingénierie.

Ce déséquilibre pose un problème pour la recherche des modes de dévolution du marché les plus efficaces.

Analyse

Dans un contexte de concours de maîtrise d'œuvre, le maître de l'ouvrage public a intérêt à ce que la concurrence puisse jouer dans les meilleures conditions possibles entre des équipes possédant des compétences en adéquation avec le projet à réaliser.

Le déséquilibre constaté dans le paragraphe précédent peut être à l'origine de mauvaises conditions de concurrence.

Solutions

Il n'existe pas de réponse unique au problème. Il appartient au chef de projet de replacer les différentes solutions dont il dispose dans le contexte propre de l'opération et de définir la stratégie qui lui paraît la plus pertinente.

Les différentes solutions possibles sont les suivantes.

Le maître de l'ouvrage n'impose aucune contrainte

Dans ce cas, certaines structures d'ingénierie se retrouvent dans plusieurs équipes, situation qui perturbe les travaux du jury et le choix par le maître de l'ouvrage. Au stade de la concurrence sur remise de prestations, il semble en effet difficile d'admettre qu'un même partenaire travaille dans plusieurs équipes.

Cette solution présente l'avantage de la simplicité au stade de la rédaction du règlement de la consultation.

Le maître de l'ouvrage interdit qu'un même partenaire soit candidat dans plusieurs équipes

Cette solution est la plus rigoureuse. Elle a toutefois pour conséquence de limiter le nombre de candidatures en excluant les architectes qui n'ont pu trouver de partenaires. En ce sens, elle est peu prisée par les professionnels de l'architecture. Elle est bien adaptée aux grands projets complexes.

L'appel de candidatures est destiné à des architectes proposant plusieurs coéquipiers

Chaque candidat architecte est invité à donner deux ou trois propositions classées par ordre de préférence, pour chaque membre de sa future équipe.

Si à l'issue de la procédure de sélection par le jury une même structure d'ingénierie est classée en première position dans plusieurs équipes, il est procédé à un tirage au sort pour connaître l'équipe qui conservera ce partenaire. La candidature des autres équipes est alors réexaminée avec le deuxième bureau d'études. Cette solution est bien adaptée aux opérations de taille moyenne (entre 2 et 10 millions d'euros) ; elle favorise la concurrence et reçoit un accueil très favorable de la part des professionnels de l'ingénierie et de l'architecture ; elle présente aussi un intérêt pour la réalisation de projets très spécialisés (par exemple une grosse structure de stérilisation centrale hospitalière), pour lesquels le déséquilibre numérique mentionné en introduction se trouve accentué du fait de la spécialisation.

Remarque

L'article 51 (IV) du Code des marchés publics interdit qu'un même mandataire puisse représenter plus d'un groupement pour un même marché. Certains commentateurs en concluent à l'illégalité de la solution ainsi préconisée. Il convient de remarquer que, dans cette solution, deux groupements ayant un même mandataire ne peuvent coexister. En effet, le mandataire étant, dans ce cas, systématiquement l'architecte, celui-ci ne propose qu'un dossier de candidature, et le périmètre de l'équipe n'est définitif qu'après les travaux du jury. Dans ces conditions, en l'absence de disposition réglementaire ou jurisprudentielle contraire, la solution a le mérite de constituer une réponse efficace à un problème difficile. Le maître de l'ouvrage gagnera toutefois à prendre l'avis de son contrôle de légalité avant de l'utiliser.

L'appel de candidatures est destiné à des architectes seuls

L'architecte retenu à l'issue du concours propose à l'agrément du maître de l'ouvrage la liste des partenaires avec lesquels il souhaite travailler. Le maître de l'ouvrage a la possibilité de refuser tel ou tel partenaire dont les compétences ne lui paraissent pas satisfaisantes au regard des caractéristiques de l'opération.

Cette solution présente au moins trois inconvénients.

1. En période de récession économique, l'architecte lauréat du concours se trouve en situation de sélectionner ses partenaires par le biais de surenchères brutales, préjudiciables à la cohésion de l'équipe et à la qualité de la prestation à produire. Le maître de l'ouvrage qui a recours à cette formule doit s'assurer que la part sous-traitée par l'architecte fait l'objet d'une rémunération en juste relation avec les prestations correspondantes (ce qui est très difficile pour un non-professionnel – voir fiche 9.01). Il doit veiller en outre au respect des règles de déclaration et de paiement direct des sous-traitants.

2. Pour réaliser la prestation demandée pour le concours, l'architecte doit, en général, faire appel à des partenaires qui ne sont pas nécessairement ceux qui seront retenus par le maître de l'ouvrage.

3. Les partenaires des architectes deviennent des sous-traitants, solution en général peu prisée par les différents acteurs concernés.

Cette solution peut s'envisager pour un projet simple et de petite taille (quelques centaines de mètres carrés).

Les architectes et les bureaux d'études font l'objet d'appels de candidatures séparés

Cette solution préconisée naguère par la MIQCP est en infraction avec les dispositions de l'article 51-V du Code des marchés publics.

Source

Les différentes solutions recensées et commentées dans la présente fiche sont extraites de l'ouvrage de Philippe Estingoy et Michel Rabatel *Montage et suivi d'une opération de construction* (Éditions du Moniteur, 1re édition, 1994).

9

ÉTUDES DE CONCEPTION

RÉPARTITION DE LA RÉMUNÉRATION AU SEIN DE L'ÉQUIPE DE MAÎTRISE D'ŒUVRE

Identification du problème

La composition traditionnelle d'une équipe de maîtrise d'œuvre est la suivante :
– un architecte (en général mandataire du groupement ; cette disposition n'est toutefois pas obligatoire) ;
– un bureau d'études techniques pluridisciplinaire ou un groupement d'ingénieurs-conseils possédant des références en génie climatique, électricité et béton armé ;
– un prestataire compétent dans le domaine de l'économie de la construction (économiste, BET, etc.).

Fort heureusement rares, les conflits internes à l'équipe de maîtrise d'œuvre ne sont toutefois pas exceptionnels ; ils ont souvent un impact très préjudiciable au bon déroulement de l'opération.

Remarque

La composition de l'équipe de maîtrise d'œuvre donnée ci-avant constitue une référence qui doit être adaptée aux spécificités de l'opération.

Analyse

Dans l'hypothèse traitée par la présente fiche, l'analyse montre que les origines du conflit se situent dans un déséquilibre manifeste de la répartition de la rémunération entre le mandataire et l'un ou plusieurs de ses cotraitants.

Commentaire

Aussi surprenant que cela puisse paraître, il est fréquent que l'urgence du concours et le poids de leur plan de charge amènent les futurs cotraitants à renvoyer la négociation sur la répartition de leur rémunération à une date postérieure à leur éventuelle désignation comme lauréats.

À ce stade, l'architecte se trouve parfois en position dominante :
– il a produit l'essentiel de la conception qui a permis à l'équipe de gagner ;
– il est le mandataire du futur groupement ;
– le maître de l'ouvrage est impatient de signer le marché.

Il peut alors user de cette position pour infléchir la répartition des honoraires à son avantage. Si cette inflexion est excessive, tous les ingrédients d'un conflit ultérieur sont présents dans le futur contrat.

Remarque

Il est rappelé que la notion juridique de groupement ne prend sa signification qu'au stade de la mise au point du marché.

Solution

Un problème délicat

Le maître de l'ouvrage public devrait rester étranger au problème de la répartition de la rémunération entre cotraitants de l'équipe de maîtrise d'œuvre. Toutefois, une répartition trop inéquitable est très souvent à l'origine de difficultés préjudiciables au bon déroulement de l'opération.

Le maître de l'ouvrage doit se prémunir contre ce type de situation dès la phase de mise en concurrence.

Précautions à prendre par le maître de l'ouvrage

Afin d'éviter les répartitions de rémunération privilégiant anormalement le mandataire au détriment de ses cotraitants, le maître de l'ouvrage a intérêt à adopter les mesures suivantes :
– en cas de concours, demander la répartition des honoraires entre cotraitants dès le stade de l'avis public de candidatures ;
– en cas de mise en compétition sur examen des compétences et des moyens, demander la répartition des rémunérations dès le stade de l'avis de candidature (sous réserve de fournir le programme d'architecture et d'ingénierie aux candidats) ;
– dès le stade de la mise en compétition, demander justification des honoraires et leur répartition par une analyse des prévisions d'activité en hommes-jours, comme pour les autres types de marchés de prestations intellectuelles (voir fiche 5.01) ;
– en cas de répartition d'honoraires apparemment déséquilibrée, demander la justification de cette répartition au stade de la mise au point du marché.

9.01 RÉPARTITION DE LA RÉMUNÉRATION AU SEIN DE L'ÉQUIPE DE MAÎTRISE D'ŒUVRE

Remarques

1. Pour une mission de base sans études d'exécution, il peut y avoir présomption de déséquilibre lorsque dans une équipe pluridisciplinaire un seul cotraitant se voit attribuer plus de 55 % de la rémunération. Toutefois, le déséquilibre n'est réel que dans la mesure où n'y a pas adéquation entre le partage des prestations entre les cotraitants et la répartition des rémunérations.

2. En 2004, un groupe de travail réunissant des représentants d'organisations professionnelles de maîtres d'œuvre (CICF, Syntec Ingénierie, Unapoc, Untec) a élaboré des tableaux permettant d'établir un sous-détail précis des rémunérations des éléments de mission de maîtrise d'œuvre (« Charte de la conception dans l'acte de bâtir », juin 2004). Ces tableaux facilitent l'analyse de la répartition des rémunérations entre cotraitants.

LA SIGNALÉTIQUE : UNE SOURCE D'INCOMPRÉHENSION RÉCURRENTE ENTRE MAÎTRES DE L'OUVRAGE ET MAÎTRES D'ŒUVRE

Identification du problème

L'arrêté du 21 décembre 1993 précisant les modalités techniques d'exécution des éléments de mission de maîtrise d'œuvre confiés par des maîtres d'ouvrage publics à des prestataires de droit privé stipule dans les paragraphes 9 des annexes I et II : « Ne sont pas compris, dans les éléments de mission mentionnés ci-dessus, des éléments de mission complémentaires d'assistance et notamment : [...] – le traitement de la signalétique ; [...]. »

Toutefois, de nombreux maîtres d'ouvrage rajoutent cette prestation dans le contrat de maîtrise d'œuvre contre une rémunération supplémentaire, comme le permet le même arrêté.

Cette adjonction se fait, en général, sous la forme d'une simple mention du type « dans le cadre de sa mission, le maître d'œuvre a la charge de la maîtrise d'œuvre de l'ensemble des prestations de signalétique nécessaires au bon fonctionnement du bâtiment ».

Au stade de la conception, une telle commande génère fréquemment des incompréhensions, voire des conflits.

Analyse

La commande d'une mission de maîtrise d'œuvre passe impérativement par la définition d'un programme, tant pour des motifs d'ordre juridique que pour des motifs pratiques.

La prestation de signalétique n'échappe pas à cette règle. En l'absence de programme, le maître d'œuvre est en général dans l'incapacité d'accomplir sa mission correctement.

Exemple

Dans un établissement public de santé, seul le maître de l'ouvrage peut décider de la nature et de la forme des informations devant figurer à l'entrée d'un service. Le niveau d'information peut en effet être très variable :

– nom de la discipline seulement (« service d'ophtalmologie » par exemple) ;

– nom de la discipline + titre et nom du chef de service ;

– nom de la discipline + titre, prénom et nom du chef de service.

Faut-il rajouter le nom de certains collaborateurs ? Quel niveau d'information est nécessaire aux paliers d'étage, dans le hall d'accueil, etc. ?

Le programme de signalétique peut de plus contenir des prescriptions techniques sur l'adaptabilité des supports à l'évolutivité d'usage du bâtiment et à la mobilité des personnes.

Dans un même établissement, un service peut nécessiter une signalisation discrète (le funérarium par exemple) ou un signal majeur dès l'entrée générale (les urgences par exemple).

Solution

L'élaboration d'un programme spécifique est indispensable à l'expression de toute commande de maîtrise d'œuvre de signalétique.

Pour un projet simple, ce programme peut être le résultat des réflexions d'un groupe de travail *ad hoc* créé par le maître de l'ouvrage.

Pour un projet complexe, le programme de signalétique doit être élaboré par un spécialiste.

Dans tous les cas, comme pour tout programme, le maître de l'ouvrage doit exprimer ses objectifs, ses besoins et ses exigences.

QUI DOIT ÉTABLIR LE CADRE DE DÉCOMPOSITION DU PRIX GLOBAL ET FORFAITAIRE DU FUTUR MARCHÉ DE TRAVAUX ?

9.03

Identification du problème

Dans son article 7, la loi MOP stipule que le contenu de la mission de base doit permettre au maître de l'ouvrage de « procéder à la consultation des entrepreneurs, notamment par lots séparés ».

L'expérience prouve qu'une consultation par lots séparés ne peut être efficace sans la production par le maître d'œuvre, pour chaque lot, d'un cadre de décomposition du prix global et forfaitaire (DPGF), renseigné à l'aide d'avant-métrés. Or cette prestation, à inclure dans le dossier de consultation des entreprises, n'apparaît pas de manière explicite dans la définition des études de projet.

Un commentaire est apporté par le *Guide à l'intention des maîtres d'ouvrage publics pour la négociation des rémunérations de maîtrise d'œuvre*, qui précise que la forme de l'avant-métré dû par le maître d'œuvre « doit permettre d'établir un cadre de bordereau quantitatif nécessaire à la consultation des entreprises ». Malgré cela, l'imprécision des textes subsiste (ne serait-ce qu'en raison de la confusion entre le cadre de bordereau quantitatif destiné aux marchés à prix unitaires et la DPGF destinée aux marchés à prix forfaitaires).

Remarque

Dans l'élément de mission « études de projet », l'arrêté du 21 décembre 1993, précisant les modalités techniques d'exécution des éléments de mission de maîtrise d'œuvre confiés par des maîtres d'ouvrage publics à des prestataires de droit privé, prévoit que le maître d'œuvre doit « établir un coût prévisionnel des travaux décomposés par corps d'état, sur la base d'un avant-métré ».

Cette prescription n'est pas suffisante pour exiger du maître d'œuvre l'élaboration d'un cadre de DPGF renseigné.

Analyse

Lancer un appel d'offres en lots séparés, c'est-à-dire *a priori* ouvert aux artisans et aux PME, sans cadre de décomposition du prix global et forfaitaire renseigné au moyen d'avant-métrés, favorise inévitablement les plus grosses entreprises, c'est-à-dire celles qui sont capables, dans le court délai d'établissement des offres, de réaliser tous les avant-métrés nécessaires pour présenter une offre calculée au plus juste prix, sans prise de risque inconsidérée.

Il est donc important que ce cadre soit fourni par le maître d'œuvre au titre de son marché.

La fourniture de ce cadre est implicitement due par le maître d'œuvre au titre de « l'assistance apportée au maître de l'ouvrage pour la passation du ou des contrats de travaux », qui comprend la prestation suivante :
« – préparer la consultation des entreprises de manière telle que celles-ci puissent présenter leurs offres en toute connaissance de cause » (arrêté du 21 décembre 1993 précité).

En pratique, aucune formulation des textes réglementaires n'est suffisamment précise, et l'exigence, par le conducteur d'opération, d'un « cadre de décomposition du prix global et forfaitaire (DPGF) renseigné à l'aide d'avant-métrés » est assez systématiquement source de conflits avec le maître d'œuvre.

Commentaire

Le cadre de décomposition du prix global et forfaitaire correspond à chaque lot et s'appuie simultanément sur le cahier des clauses techniques particulières et sur les avant-métrés, les métrés éventuels et les prédimensionnements. Ce cadre est renseigné à l'aide des quantités calculées par le maître d'œuvre. Une cohérence totale est indispensable entre le cadre de décomposition du prix global et forfaitaire et le CCTP. À cet effet, les repérages des articles de ces deux documents doivent utiliser une logique commune.

Solution

La définition de la bonne solution suppose un constat préliminaire : la notion d'avant-métré n'a aucune signification normative précise. Elle porte donc en elle-même les ambiguïtés sources de conflits.

La réponse se décline à deux niveaux.

1. Dans le CCTP du marché de maîtrise d'œuvre, à la rubrique « études de projet », il convient d'exiger la production d'un cadre de décomposition du prix global et forfaitaire par corps d'état, renseigné avec les quantités d'œuvre : « Le cadre de décomposition du prix global et forfaitaire correspond à chaque lot

QUI DOIT ÉTABLIR LE CADRE DE DÉCOMPOSITION DU PRIX GLOBAL ET FORFAITAIRE 9.03

et s'appuie simultanément sur le cahier des clauses techniques particulières et sur les avant-métrés, les métrés éventuels et les prédimensionnements. Ce cadre est renseigné à l'aide des quantités calculées par le maître d'œuvre.

Une cohérence totale est exigée entre le cadre de décomposition du prix global et forfaitaire et le CCTP. À cet effet, les repérages des articles de ces deux documents utilisent une logique commune. »

2. Dans le même CCTP, il faut stipuler qu'à chaque stade de la conception le maître d'œuvre doit calculer les quantités d'œuvre aisément accessibles compte tenu du niveau d'études requis :

« À chaque phase de sa mission comportant des prestations d'études, le maître d'œuvre exécute tous les calculs d'avant-métrés, de métrés et de prédimensionnement qui peuvent être effectués compte tenu des informations normalement et aisément accessibles dans le dossier d'études de la phase correspondante.

« À titre d'exemple, sont considérés comme relevant de la mission du maître d'œuvre au stade des études de projet, tous les avant-métrés, métrés et prédimensionnements accessibles à ce stade (volume de béton, surfaces des revêtements, nature et nombre de menuiseries, nature et nombre d'équipements sanitaires, linéaires de réseaux d'assainissement, poids indicatif d'acier dans le béton, etc.).

« Ne sont pas dus les métrés et prédimensionnements supposant des calculs autres que des calculs de surfaces ou de volumes effectués sur plans ou par utilisation de ratios (linéaires précis de câbles électriques empruntant des cheminements complexes, linéaires d'acier à béton de section déterminée, linéaires de gaines de ventilation pour chaque section, etc.). »

Documentation

MIQCP, « Guide à l'intention des maîtres d'ouvrage publics pour la négociation des rémunérations de maîtrise d'œuvre », *MTP* 15 juillet 1994, cahier spécial n° 4729 *bis*.

NÉCESSAIRE CLASSEMENT DES MODIFICATIONS DE PROGRAMME

Identification du problème

Lors des phases en amont de la conception, notamment en cas de concours, certains maîtres d'œuvre n'hésitent pas à annoncer des enveloppes financières sous-évaluées, par stratégie ou pour répondre à l'attente du maître de l'ouvrage. La volatilité des programmes et l'incapacité de beaucoup de maîtres d'ouvrage à se doter des moyens nécessaires pour suivre dans le détail les évolutions du programme de l'opération favorisent ces comportements irresponsables.

Analyse

Les engagements successifs du maître d'œuvre sur un coût prévisionnel de travaux n'ont de sens que dans la mesure où un système rigoureux de gestion permet de corriger les montants de ces engagements en fonction des modifications du programme ou de prestations dont le maître d'œuvre n'est pas responsable.

La gestion rigoureuse du marché de maîtrise d'œuvre impose un classement des modifications en fonction de leur nature, de leur origine, et des personnes qui en sont responsables. Cette difficulté a été mise en évidence dès 1976.

Ce classement incombe au conducteur d'opération. Il permet, à l'issue de la phase de conception puis au stade de l'établissement des décomptes finaux de travaux, de faire la part entre les modifications qui ouvrent droit à une correction des engagements du maître d'œuvre et celles qui entrent dans l'écart de tolérance. À défaut, la comparaison entre le coût prévisionnel et le coût qui résulte des contrats de travaux puis celle entre le coût final et le coût qui résulte des contrats de travaux n'ont aucune signification objective et peuvent légitimement être contestées par le maître d'œuvre.

Exemples

Engagement du maître d'œuvre sur un coût prévisionnel des travaux à l'issue de l'APD : 1 000 000 € HT.

Écart de tolérance : 3 %.

Coût constaté à l'issue de la consultation des entreprises de travaux : 1 043 125 € HT.

L'écart de tolérance est dépassé. Le maître d'œuvre propose de remplacer le carrelage du sol par du PVC, soit une économie estimée à 15 000 €.

Cas n° 1

Le programme n'impose pas de carrelage mais un classement du sol $U_3E_2P_2C_0$, avec lequel le revêtement PVC alternatif est compatible.

La proposition du maître d'œuvre est recevable ; le maître de l'ouvrage l'accepte ; une nouvelle consultation d'entreprises permet d'obtenir un coût constaté de 1 028 222 €. Le maître d'œuvre respecte son écart de tolérance : le problème est résolu.

Cas n° 2

Le programme n'impose pas de carrelage mais un classement du sol $U_3E_2P_2C_0$, avec lequel le revêtement PVC alternatif est compatible.

La proposition du maître d'œuvre est recevable mais le maître de l'ouvrage la refuse. Cette décision équivaut à une modification du programme (exigence de carrelage).

L'engagement du maître d'œuvre sur le coût prévisionnel des travaux doit être modifié en conséquence ; il devient : 1 000 000 + 15 000 = 1 015 000 €.

L'écart avec l'engagement est de : 1 043 125 – 1 015 000 = 28 125 €, soit 2,77 %. Le maître d'œuvre respecte son écart de tolérance : le problème est résolu.

Cas n° 3

Le programme impose le carrelage. Le maître d'œuvre ne peut recourir au PVC pour résoudre le problème et ne trouve pas d'autre solution. Le maître de l'ouvrage demande le remplacement du carrelage par du PVC (modification du programme) pour réduire son déficit de financement.

L'engagement du maître d'œuvre sur le coût prévisionnel des travaux doit être réduit en conséquence ; il devient : 1 000 000 – 15 000 = 985 000 €.

La nouvelle consultation d'entreprises permet d'obtenir un coût constaté de 1 028 222 €. L'écart avec l'engagement corrigé est de 4,39 %. Le maître d'œuvre est pénalisé.

Solution

Les modalités de classement ci-après s'inspirent des dispositions de la circulaire du 22 avril 1976 relative à la préparation, la passation et l'exécution des commandes publiques d'ingénierie et d'architecture (aujourd'hui abrogée). Cette circulaire prévoyait en effet un classement judicieux des travaux modificatifs en plusieurs catégories.

1. Modifications de la consistance du projet apportées par le maître d'œuvre en cours de conception ou de travaux par suite d'imprévisions ou d'imprécisions dans ses études, ou modifications de la consistance du projet apportées par le maître d'œuvre en cours de conception dans le but d'améliorer le

rapport qualité-prix des prestations dans le respect du programme.

2. Modifications de la consistance du projet résultant de modifications du programme. Ces modifications peuvent être demandées par le maître de l'ouvrage, ou acceptées par lui, sur proposition du maître d'œuvre.

3. Modifications de la consistance du projet qui s'imposent au maître de l'ouvrage et au maître d'œuvre (par suite d'aléas imprévisibles, d'un changement de réglementation, etc.).

4. Modifications du coût prévisionnel sans modification de la consistance du projet (variation du coût après la variation brutale du prix d'un matériau ou d'un équipement, nouvel appel d'offres après défaillance d'une entreprise, etc.).

Commentaire

Certains maîtres d'ouvrage souhaitent qu'en superposition au classement mentionné dans les paragraphes précédents, les travaux modificatifs réalisés à la demande du contrôleur technique et du coordonnateur SPS fassent l'objet de mentions particulières. Cette exigence peut être prise en compte sans difficulté par le conducteur d'opération.

L'expérience montre que les opérations réalisées sans modifications du programme sont pratiquement inexistantes. De plus, le premier responsable de travaux modificatifs, en montant financier relatif, est, en général, le maître de l'ouvrage. Dans ces conditions, un marché de maîtrise d'œuvre sans adaptation des conditions initiales d'engagement ne peut pratiquement jamais exister si le conducteur d'opération accomplit correctement sa mission...

COORDINATION DES PRESTATAIRES INTELLECTUELS

9.05

Identification du problème

Les études préalables, les études de faisabilité et de programmation puis les études de conception d'une construction publique résultent des interventions conjuguées ou successives de plusieurs prestataires.

Peuvent être cités à titre d'exemple, dans l'ordre le plus fréquent de leur première intervention :
- le programmiste ;
- le géomètre ;
- le géotechnicien ;
- les représentants des utilisateurs ;
- le contrôleur technique ;
- les experts de la commission technique chargée de préparer les travaux du jury du concours ;
- le maître d'œuvre ;
- le coordonnateur en matière de sécurité et de santé des travailleurs ;
- le coordonnateur SSI ;
- les services instructeurs du permis de construire ;
- les services instructeurs du dossier de demande d'autorisation d'installations classées.

Le moment d'intervention de tous ces acteurs ne peut être laissé à l'initiative de chacun d'entre eux sans risque de retours ou décalages préjudiciables au bon déroulement de l'opération.

Analyse

Le mode d'organisation français des opérations de construction est caractérisé par la multiplication du nombre des acteurs spécialisés. Chaque nouveau problème génère un nouveau spécialiste. À côté des acteurs traditionnels de l'acte de construire (maître de l'ouvrage, maître d'œuvre, entrepreneur) sont ainsi apparus :
- le conducteur d'opération (1974) ;
- le programmiste (1974) ;
- le contrôleur technique (1978) ;
- le coordonnateur SSI (1993).
- le coordonnateur de sécurité et de santé (1994).

Aujourd'hui le nombre de prestataires intellectuels est tel qu'une opération ne peut être réalisée dans de bonnes conditions de délais et de coût sans l'intervention d'un spécialiste pour les coordonner.

Remarque

La présence d'un contrôleur technique, d'un coordonnateur des SSI et d'un coordonnateur de sécurité et de santé est en général obligatoire.

Commentaire

L'actuelle multiplication des acteurs d'une opération d'investissement peut se traduire par une tendance à la déresponsabilisation de certains d'entre eux. Le conducteur d'opération doit veiller à ce que chaque intervenant remplisse complètement sa mission, sans immixtion dans les domaines de compétence des autres partenaires et sans transfert de charges entre intervenants.

Solution

En phase d'études

Planifier, piloter et coordonner les interventions de tous ces acteurs, en définissant les durées optimales et les dates de début et de fin de leurs prestations et en gérant les enchaînements, font partie intégrante de la mission du conducteur d'opération.

Le conducteur d'opération doit notamment être vigilant sur le délai d'émission des avis des différents intervenants, et vérifier que ces avis sont tout à fait explicites. Il doit être en mesure d'anticiper et de gérer les « conflits d'intérêts » en faisant régulièrement référence aux enjeux de l'opération.

• *Calendrier des études de conception*

Le conducteur d'opération doit, dès la phase de programmation, établir le calendrier prévisionnel des études. Ce document permet :
- au maître de l'ouvrage de prendre conscience de la durée des études (durée très souvent sous-estimée) ;
- au conducteur d'opération de calculer la provision pour actualisation et révision de prix à prendre en compte dans le budget de l'opération ;
- au conducteur d'opération et au maître de l'ouvrage d'intégrer les contraintes d'une opération déterminée dans leur plan de charge général ;

– au conducteur d'opération et au maître de l'ouvrage d'effectuer une première simulation des répercussions budgétaires de l'opération (gestion de trésorerie) ;
– au conducteur d'opération de déterminer les dates optimales d'intervention des différents acteurs.

En phase de travaux

Si, en phase d'études, la mission de coordination des tâches et interventions des prestataires intellectuels incombe, sans contestation possible, au conducteur d'opération, il est souhaitable qu'en phase de travaux cette mission soit confiée, par contrat, au coordonnateur de chantier (OPC), qui dispose ainsi de l'ensemble des leviers indispensables à l'accomplissement de sa mission.

QUAND DÉPOSER LE DOSSIER DE DEMANDE DE PERMIS DE CONSTRUIRE ?

Identification du problème

La date de dépôt du dossier de demande de permis de construire ne doit pas résulter d'une simple opportunité liée à l'achèvement de ce dossier par l'architecte mais d'un choix stratégique concerté entre maître de l'ouvrage, conducteur d'opération et maître d'œuvre.

Analyse

Dépôt « au plus tôt »

Un dossier de demande de permis de construire déposé très en amont de la phase de conception de l'ouvrage, c'est-à-dire en général au stade de l'APS, présente l'avantage de conduire très vite à la délivrance du permis et donc de donner au plus tôt au maître de l'ouvrage les garanties associées à cet acte administratif majeur.

Cette solution présente l'inconvénient, assez systématique, de conduire à un permis modificatif intégrant les adaptations du projet décidées au stade de l'APD. Pour les grosses opérations, avec des durées d'études longues, le permis peut être caduc à la date de commencement des travaux.

• *Prorogation du délai de validité du permis de construire*

En application des dispositions de l'article R. 421-32 du Code de l'urbanisme, le délai de validité du permis de construire (deux ans) peut être prorogé pour une nouvelle année sur demande du bénéficiaire si les prescriptions d'urbanisme et les servitudes administratives de tous ordres auxquelles est soumis le projet n'ont pas évolué de façon défavorable au projet.

Cet alinéa est porteur de risques majeurs pour un maître de l'ouvrage, qui doit donc définir sa stratégie sans compter sur une prorogation. La prorogation sera la solution ultime en cas de retard dû à une cause étrangère imprévisible.

Dépôt « au plus tard »

Un dossier de demande de permis de construire déposé « au plus tard » dans la phase de conception de l'ouvrage, c'est-à-dire en général au stade de l'APD, permet d'asseoir le permis sur un projet plus abouti. En cas de lacune dans le dossier ou de mauvaise évaluation du délai d'instruction, cela peut conduire à un permis trop tardif, cause de retard dans le début des travaux.

Ce retard peut être accru si le maître de l'ouvrage souhaite épuiser le délai de recours des tiers avant d'autoriser le maître d'œuvre à donner l'ordre de commencement des travaux.

Conclusion

Il n'existe pas de règle absolue en la matière. La bonne stratégie résulte nécessairement d'une analyse intégrant tous les paramètres.

Solution

Connaissance du délai d'instruction

Le maître de l'ouvrage doit, tout d'abord, être correctement informé du délai d'instruction (d_i) de la demande de permis dans la zone de construction (voir § Commentaire ci-après).

Marge pour pièces complémentaires

Dès le dépôt du dossier, l'architecte doit s'assurer, auprès des services instructeurs, que celui-ci est complet. Il est prudent de prévoir une marge d_c (un mois) pour régler un éventuel problème de fourniture de pièces complémentaires.

Stratégie au regard du recours des tiers

Le maître de l'ouvrage doit ensuite définir sa stratégie au regard de la question du recours des tiers : le risque en la matière est-il important ou quasi inexistant ? La réponse dépend de la nature de la construction (controversée ou non), du site de construction (sensible ou non), de la préexistence d'associations ou de riverains déjà connus pour leur propension à la contestation des permis, etc.

Il est parfois prudent de laisser s'épuiser le délai de recours d_r (deux mois) avant de commencer les travaux.

Date limite de dépôt

Cette première phase de l'analyse permet de fixer la date la plus tardive de dépôt du dossier de demande, située à $D = d_i + d_c$ (+ éventuellement d_r) de la date prévisionnelle de début des travaux (d_c = 1 mois, d_r = 2 mois).

Date de péremption

Pour éviter tout risque de péremption du permis avant le début des travaux, il est prudent de ne pas déposer la demande plus de vingt mois avant la date prévue pour le commencement des travaux (20 mois + 4 mois de marge pour couvrir un retard éventuel = délai de validité du PC).

Positionnement définitif

L'analyse ainsi effectuée donne une fenêtre à l'intérieur de laquelle le dossier peut être déposé. Si le maître de l'ouvrage souhaite obtenir, au plus tôt, des garanties, la demande est positionnée à proximité de la borne inférieure de la fenêtre ; s'il veut éviter d'avoir à déposer un permis modificatif, la demande est positionnée à proximité de la borne supérieure de la fenêtre (voir figure 9.06.1).

Commentaire

Délai d'instruction du dossier de demande de permis de construire

• *Délai de principe de deux mois*

Le délai d'instruction de droit commun est de deux mois à compter du jour où le dossier déposé est complet.

• *Cas particuliers des délais supérieurs à deux mois*

Le délai d'instruction est porté à :
– trois mois si la demande concerne la construction soit de plus de deux cents logements, soit de locaux à usage industriel ou commercial ou à usage de bureaux dont la superficie de plancher hors œuvre est égale ou supérieure à 2 000 m² au total ;
– cinq mois si le projet est soumis à enquête publique, lorsqu'il y a lieu de consulter une commission nationale ou lorsque le projet est soumis à autorisation de la commission départementale d'équipement commercial (CDEC) ;
– neuf mois si l'autorisation de la CDEC fait l'objet d'un recours ;

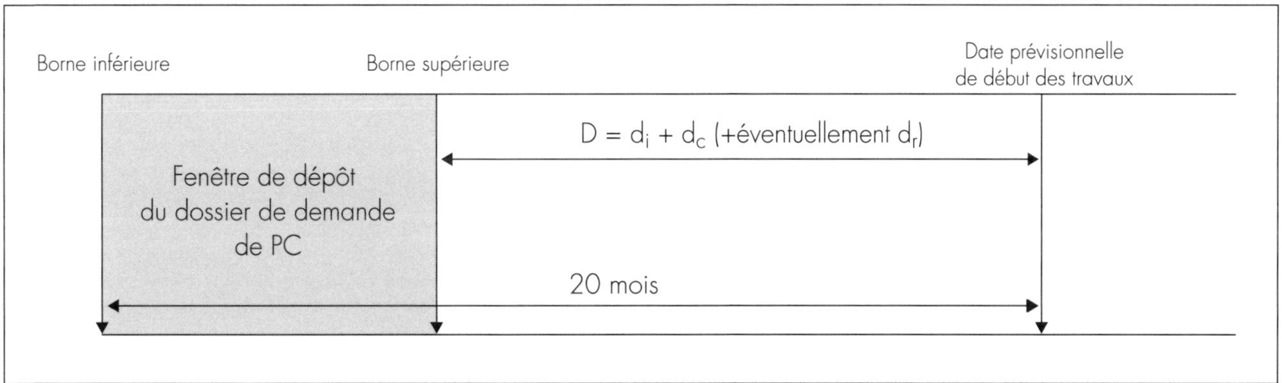

Figure 9.06.1 – Positionnement de la date de dépôt de la demande de permis de construire.

– trois mois si le projet concerne un immeuble adossé à un immeuble classé, un site inscrit, un site classé ou en instance de classement, un territoire en instance de classement ou classé en réserve naturelle ;

– de trois à cinq mois si le projet est situé dans le champ de visibilité d'un édifice classé ou inscrit ou dans une zone de protection du patrimoine architectural, urbain et paysager (le délai d'instruction dépend du délai que réclame l'architecte des Bâtiments de France pour formuler son avis ou de l'éventuelle évocation du dossier par le ministre compétent).

• *Majoration du délai en cas de consultation*

Le délai est majoré d'un mois :

– en cas de consultation de services dépendant de personnes publiques autres que celles chargées de l'instruction ou de la décision ;

– en cas de consultation d'une commission départementale ou régionale ;

– lorsqu'il y a lieu d'instruire une dérogation ou une adaptation mineure.

Remarques

1. Lorsque le projet concerne une installation classée pour la protection de l'environnement soumise à autorisation, le délai d'instruction de la demande court jusqu'à l'expiration du délai d'un mois suivant la date de clôture de l'enquête publique concernant l'installation classée. En outre, le permis de construire ne peut pas être délivré avant un délai d'un mois suivant la clôture de l'enquête publique (loi n° 92-654 du 13 juillet 1992).

2. Des textes réglementaires en gestation à la date d'édition du présent ouvrage vont faire évoluer les majorations de délais d'instruction. Les évolutions attendues sont notamment une majoration de sept mois si le projet est soumis à autorisation de la CDEC et de quatre mois en cas d'enquête publique ; l'utilisateur de l'ouvrage devra donc être vigilant sur cette question.

Source

Le commentaire ci-dessus est extrait de l'ouvrage collectif *Guide Bonhomme de la maîtrise des projets de bâtiments*, Éditions du Moniteur (ouvrage à mises à jour), dossier d'Yves Goujon, juriste à la direction des affaires juridiques de la ville de Lyon.

CONSÉQUENCES DES ERREURS DE CONCEPTION

Identification du problème

Contrairement à une idée reçue, bien ancrée dans la culture collective française, les erreurs de conception sont en général peu importantes et ne touchent que rarement le bilan financier des opérations de construction de plus de 2 % ou 3 %.

Cette valeur relative peut toutefois, pour les grosses opérations, représenter des sommes importantes en valeur absolue, génératrices de conflits entre la maîtrise d'ouvrage et la maîtrise d'œuvre.

Remarque

Dans l'absolu, l'expression erreurs de conception peut être utilisée pour désigner de nombreux types d'erreurs.

Pour la présente fiche, ces erreurs répondent simultanément aux critères suivants :

– elles relèvent de la responsabilité de l'équipe de maîtrise d'œuvre ;

– elles sont identifiées avant la réception des travaux ;

– leur réparation est précédée, au plus, de démolitions mineures ;

– leur réparation génère un surcoût marginal rapporté au coût de l'ouvrage.

Il existe, fort heureusement de manière très exceptionnelle, des erreurs de conception qui peuvent générer des coûts de réparation, transformation, adaptation, reprise très élevés, parfois supérieurs au coût initialement attendu de l'ouvrage. Le traitement de ces erreurs implique des procédures à définir cas par cas, aboutissant souvent à des recours contentieux, parfois à des règlements amiables avec ou sans contentieux préalable.

De même, les erreurs de conception identifiées postérieurement à la réception des travaux sont difficilement solubles sans le recours à des procédures judiciaires ou de médiation non gérables par les règles contractuelles applicables aux marchés publics de maîtrise d'œuvre.

Analyse

Le décret n° 93-1268 du 29 novembre 1993 relatif aux missions de maîtrise d'œuvre confiées par des maîtres d'ouvrage publics à des prestataires de droit privé, pris en application de la loi sur la maîtrise d'ouvrage publique, prévoit que le maître d'œuvre établit une estimation du coût prévisionnel des travaux (art. 4) et que cette estimation est assortie d'un seuil de tolérance (art. 30).

Ces dispositions portent en elles la reconnaissance d'un droit à l'erreur pour le maître d'œuvre.

L'erreur ne devient « anormale » que lorsqu'elle excède le seuil de tolérance. Compte tenu des dispositions de l'arrêté précité et des stades de comparaison entre engagements et résultats, c'est en fait le cumul des erreurs du maître d'œuvre (erreurs d'estimation et plus-values résultant d'éventuelles erreurs de conception) qui sont à comparer au seuil.

Lorsque le seuil est dépassé, le maître d'œuvre subit une réfaction de sa rémunération, dans les conditions prévues au contrat et encadrées par le décret.

Solution

Le conflit est aisément évitable sous la réserve du respect des principes suivants :
– le représentant du maître de l'ouvrage doit être clairement informé de l'existence d'un droit à l'erreur inséparable de la mission de maîtrise d'œuvre ;
– le conducteur d'opération doit suivre avec rigueur les évolutions du programme en les classant par catégories de manière à recaler l'estimation prévisionnelle du coût des travaux avant toute comparaison avec les résultats (voir fiche 9.04), comme le prévoit l'article 30 (III) du décret de 1993 précité : « En cas de modification de programme ou de prestations décidée par le maître de l'ouvrage, le contrat de maîtrise d'œuvre fait l'objet d'un avenant qui arrête le programme modifié et le coût prévisionnel des travaux concernés par cette modification, et adapte en conséquence la rémunération du maître d'œuvre et les modalités de son engagement sur le coût prévisionnel » ;
– l'éventuelle sanction du maître d'œuvre doit se faire dans le strict respect des règles du contrat.

Commentaire

Deux déviances augmentent parfois le risque de conflit :
– le maître de l'ouvrage oublie le contrat et exige du maître d'œuvre une indemnité égale au préjudice qu'il subit ;
– le maître d'œuvre vit la menace d'une pénalisation comme une offense à sa dignité.

La première situation résulte d'une logique héritée de principes de droit civil ignorant les spécificités d'un marché de maîtrise d'œuvre. Malgré une indispensable rigueur souvent assise sur des calculs, l'acte de conception d'un bâtiment n'est pas du domaine des sciences exactes. De plus, il existe un coefficient 10 dans l'échelle comparative du coût des travaux et du montant des honoraires de maîtrise d'œuvre associés. Si le maître d'œuvre devait indemniser le maître de l'ouvrage à concurrence du montant réel du préjudice subi, une erreur de 2 % le priverait d'au moins 20 % de ses revenus…

Un tel système impliquerait la mise en œuvre d'une assurance qui augmenterait le coût des honoraires de maîtrise d'œuvre d'au moins 40 %.

La seconde situation est le fait de maîtres d'œuvre qui font pression sur la maîtrise d'ouvrage pour essayer d'échapper à l'application d'une clause de leur contrat qui leur est défavorable. Ces maîtres d'œuvre ignorent ou feignent d'ignorer que la rigueur des marchés publics laisse peu de latitude au représentant du maître de l'ouvrage en matière de sanctions : une pénalité ou une réfaction est applicable ou ne l'est pas. En cas de désaccord de la part du titulaire du contrat, celui-ci ne dispose que de deux moyens : le mémoire en réclamation ou la procédure judiciaire.

LES SIX MONTANTS CLEFS D'UN MARCHÉ PUBLIC DE MAÎTRISE D'ŒUVRE

Identification du problème

Tout marché public de maîtrise d'œuvre comporte six montants clefs :
- la partie de l'enveloppe financière prévisionnelle retenue par le maître de l'ouvrage et affectée aux travaux ;
- l'estimation du coût prévisionnel des travaux arrêtée par le maître d'œuvre à chaque stade des études de conception puis lors de son engagement ;
- le montant de la rémunération forfaitaire du maître d'œuvre ;
- le coût constaté à l'issue de la consultation des entreprises de travaux ;
- le coût qui résulte des contrats de travaux passés par le maître de l'ouvrage ;
- le coût total définitif des travaux résultant des décomptes finaux et factures des entreprises.

Chacun de ces montants évolue suivant une logique et des règles qui lui sont propres. Toutefois ils interagissent entre eux. Ces règles, toujours complexes, parfois méconnues, sont sources de litiges entre maître de l'ouvrage et maître d'œuvre.

Analyse

Partie de l'enveloppe financière prévisionnelle retenue par le maître de l'ouvrage et affectée aux travaux

Elle est fixée par le maître de l'ouvrage dès le stade de la démarche de programmation. Elle figure dans le dossier de concours de maîtrise d'œuvre. Elle évolue avec les modifications du programme de façon quasi mathématique.

Le suivi de l'évolution de l'enveloppe incombe au conducteur d'opération. Il doit à cet effet classer les modifications de prestations en fonction de leurs origines, de manière à bien identifier celles qui résultent de modifications du programme et portent atteinte à l'enveloppe et celles réalisées sous la seule responsabilité du maître d'œuvre à programme constant, qui n'inffluent pas sur l'enveloppe mais peuvent conduire le maître d'œuvre (s'il le décide) à modifier l'estimation du coût prévisionnel des travaux.

Estimation du coût prévisionnel des travaux arrêtée par le maître d'œuvre à chaque stade des études de conception et lors de son engagement

Cette estimation est librement fixée par le maître d'œuvre, sous sa responsabilité, jusqu'au stade de son engagement. Sauf en cas d'estimation manifestement incohérente (brutale augmentation par rapport à la phase d'études précédente sans modification du programme, par exemple), le maître de l'ouvrage n'a pas à demander d'autres sous-détails de cette estimation que ceux imposés par le contrat ou la réglementation en vigueur.

En la matière, le décret n° 93-1268 du 29 novembre 1993 relatif aux missions de maîtrise d'œuvre confiées par des maîtres d'ouvrage publics à des prestataires de droit privé impose :
- au stade de l'APD, que l'estimation soit décomposée en lots séparés ;
- au stade des études de projet, que l'estimation soit décomposée en lots séparés et établie sur la base d'un avant-métré.

L'engagement du maître d'œuvre de respecter le coût prévisionnel des travaux est arrêté au plus tard avant le lancement de la procédure de passation du ou des contrats de travaux.

Postérieurement à son engagement, le maître d'œuvre n'a plus le libre choix de la modification du coût prévisionnel des travaux ; celui-ci évolue arithmétiquement en fonction des modifications du programme.

Le suivi de l'évolution du coût prévisionnel des travaux incombe au conducteur d'opération, qui doit à cet effet classer les modifications de prestations en fonction de leurs origines de manière à bien identifier celles qui résultent de modifications du programme et touchent le coût prévisionnel des travaux et celles réalisées sous la seule responsabilité du maître d'œuvre à programme constant, qui ne portent pas atteinte à ce coût.

Montant de la rémunération forfaitaire du maître d'œuvre

La loi MOP et ses décrets d'application imposent une structure particulière à ce forfait, qui doit tenir compte :
- de l'étendue de la mission ;
- de l'ampleur des moyens à mettre en œuvre ;
- du mode de dévolution des travaux ;

– le cas échéant, de l'engagement (ou des engagements) du maître d'œuvre à respecter le coût prévisionnel des travaux ;
– du degré de complexité de la mission ;
– du coût prévisionnel des travaux.

Il peut passer par un stade provisoire.

La rémunération forfaitaire du maître d'œuvre évolue en fonction des modifications du programme.

Le suivi de l'évolution de cette rémunération incombe au conducteur d'opération qui doit à cet effet classer les modifications de prestations en fonction de leurs origines de manière à bien identifier celles qui résultent de modifications du programme et inffluent sur le forfait de rémunération et celles réalisées sous la seule responsabilité du maître d'œuvre à programme constant, sans conséquences sur ce forfait.

Coût constaté à l'issue de la consultation des entreprises de travaux

Cette notion est ambiguë. En la distinguant volontairement du « coût qui résulte des contrats de travaux passés par le maître de l'ouvrage », le législateur montre que ces deux valeurs peuvent être différentes. La différence porte sur l'impact des éventuelles mises au point des marchés.

La comparaison du « coût constaté à l'issue de la consultation des entreprises » avec le coût prévisionnel, sur lequel s'engage le maître d'œuvre, peut permettre au maître de l'ouvrage de demander au maître d'œuvre d'adapter ses études, sans rémunération supplémentaire, si l'écart de tolérance contractuel correspondant est dépassé.

Pour que cette comparaison soit techniquement réalisable, il est nécessaire que le marché de maîtrise d'œuvre prévoie les modalités de prise en compte des variations des conditions économiques, et que les évolutions de programme soient équitablement répercutées dans le coût prévisionnel, comme mentionné ci-avant.

Coût qui résulte des contrats de travaux passés par le maître de l'ouvrage

Ce coût est l'addition du montant des contrats de travaux. Le calcul est d'autant plus aisé que les dates de référence des prix sont identiques. À défaut, il est nécessaire que le marché de maîtrise d'œuvre prévoit les modalités de prise en compte des variations des conditions économiques.

Remarque

Attention : pour les marchés à lots séparés et en cas d'appel d'offres infructueux pour un ou plusieurs lots, la règle assez fréquente selon laquelle « mois de référence des prix = mois qui précède la remise des offres », peut facilement conduire à des dates de référence de prix différentes.

Coût total définitif des travaux résultant des décomptes finaux et factures des entreprises

Ce coût est l'addition du montant des décomptes finaux et de toutes les factures relatifs à l'ouvrage, objet du marché de maîtrise d'œuvre. Le calcul est d'autant plus aisé que les dates de référence des prix sont identiques. À défaut, il est nécessaire que le contrat de maîtrise d'œuvre prévoie les modalités de prise en compte des variations des conditions économiques.

La comparaison du « coût total définitif des travaux résultant des décomptes finaux et factures des entreprises» avec le « coût qui résulte des contrats de travaux passés par le maître de l'ouvrage » peut permettre à celui-ci de réduire la rémunération du maître d'œuvre, si l'écart de tolérance contractuel correspondant est dépassé.

Pour que cette comparaison soit techniquement réalisable, il est nécessaire que le marché de maîtrise d'œuvre prévoie les modalités de prise en compte des variations des conditions économiques et que l'impact des travaux modificatifs soit équitablement répercuté sur le coût qui résulte des contrats de travaux passés par le maître de l'ouvrage. Seul le classement des travaux modificatifs en quatre catégories par le conducteur d'opération permet d'effectuer cette correction (voir fiches 9.04 et 10.14).

Solution

Pour éviter les conflits susceptibles de résulter de ce système complexe, le maître de l'ouvrage doit bien en connaître les règles ou se faire assister par un conducteur d'opération, la maîtrise de ces différents coûts faisant nécessairement partie du champ de compétence de ce dernier.

LES SIX MONTANTS CLEFS D'UN MARCHÉ PUBLIC DE MAÎTRISE D'ŒUVRE 9.08

Tableau 9.08.1 – Exemple de maîtrise des coûts d'un marché public de maîtrise d'œuvre.

	Montant HT	Conséquence
Partie de l'enveloppe financière prévisionnelle retenue par le maître de l'ouvrage et affectée aux travaux	**10 000 000 €**	En général calculée par le programmiste ou le conducteur d'opération au regard des spécifications du programme.
Estimation du coût prévisionnel des travaux arrêtée par le maître d'œuvre à l'issue de l'APS	**10 500 000 €**	Reprise gracieuse des études jusqu'au respect de la partie de l'enveloppe financière prévisionnelle retenue par le maître de l'ouvrage et affectée aux travaux, **si le marché de maîtrise d'œuvre prévoit une telle sanction.**
Montant de la rémunération forfaitaire du maître d'œuvre	**1 200 000 €**	
Modification du programme postérieurement à la remise de l'APS. Cette modification entraîne une augmentation de l'enveloppe financière prévisionnelle. **– Estimation de l'augmentation par le conducteur d'opération :** **– Estimation de l'augmentation par le maître d'œuvre :**	 **100 000 €** **150 000 €**	En général, la recherche d'un consensus sur le montant de l'estimation est la règle, mais ce n'est pas une obligation. En cas de désaccord, c'est le conducteur d'opération qui fixe le montant. Le maître d'œuvre dispose de la possibilité de déposer une réclamation.
Partie de l'enveloppe financière prévisionnelle retenue par le maître de l'ouvrage et affectée aux travaux (corrigée)	10 000 000 € + 100 000 € = 10 100 000 €	
Montant de la rémunération forfaitaire du maître d'œuvre	1 206 000 €	L'augmentation est négociée, sauf si le contrat prévoit des modalités de calcul.
Estimation du coût prévisionnel des travaux arrêtée par le maître d'œuvre (corrigée)	10 500 000 € + 150 000 € = 10 650 000 €	
Engagement du maître d'œuvre sur un coût prévisionnel des travaux à l'issue de l'APD	**11 000 000 €**	Rejet de l'engagement par le maître de l'ouvrage et reprise gracieuse des études jusqu'au respect de la partie de l'enveloppe financière prévisionnelle retenue par le maître de l'ouvrage et affectée aux travaux, **si le marché de maîtrise d'œuvre prévoit une telle sanction.**
Nouvel engagement du maître d'œuvre sur un coût prévisionnel des travaux	**10 200 000 €**	Le maître de l'ouvrage décide d'accepter cet engagement bien qu'il dépasse légèrement la partie de l'enveloppe financière prévisionnelle affectée aux travaux (corrigée).
Modification du programme postérieurement à l'engagement Cette modification entraîne une augmentation de l'engagement du maître d'œuvre. **– Estimation du conducteur d'opération :** **– Estimation du maître d'œuvre :**	 **150 000 €** **150 000 €**	**L'obtention d'un consensus sur le montant de l'estimation est impératif.** Le maître d'œuvre ne peut en effet profiter de l'effet d'aubaine de la modification pour corriger une éventuelle erreur du montant de son engagement.

9.08 LES SIX MONTANTS CLEFS D'UN MARCHÉ PUBLIC DE MAÎTRISE D'ŒUVRE

	Montant HT	**Conséquence**
Correction de la partie de l'enveloppe financière prévisionnelle retenue par le maître de l'ouvrage et affectée aux travaux	Inutile	En effet, la cible contractuelle du maître de l'ouvrage est à présent l'engagement du maître d'œuvre.
Correction de l'engagement du maître d'œuvre sur un coût prévisionnel des travaux	10 200 000 € + 150 000 € = 10 350 000 €	
Première estimation du coût des travaux par le maître d'œuvre en phase d'études de projet	10 800 000 €	
Économie de prestations réalisée par le maître d'œuvre sous sa responsabilité, dans le respect du programme et de l'intégrité de son projet architectural remis au stade du concours	300 000 €	
Deuxième estimation du coût des travaux par le maître d'œuvre en phase d'études de projet	10 800 000 € – 300 000 € = 10 500 000 €	Attention : cette économie n'influence ni l'engagement du maître d'œuvre ni l'enveloppe du maître de l'ouvrage, elle appartient au maître d'œuvre.
Coût constaté à l'issue de la consultation des entreprises de travaux	**10 900 000 €**	L'écart de tolérance contractuel de 3 % est dépassé. Le maître d'œuvre est invité à reprendre ses études.
Coût constaté à l'issue de la deuxième consultation des entreprises de travaux (après modification du projet par le maître d'œuvre, dans le respect du programme)	**10 512 120 €**	L'écart de tolérance est respecté. Les marchés de travaux peuvent être conclus.
Coût qui résulte des contrats de travaux passés par le maître de l'ouvrage	10 653 400 €	L'écart de 141 280 € provient des mises au point des marchés.
Montant cumulé des travaux modificatifs de deuxième et troisième catégories (voir fiches 9.04 et 10.14)	**412 314 €**	Calcul relevant de la responsabilité du conducteur d'opération.
Coût qui résulte des contrats de travaux passés par le maître de l'ouvrage (corrigé)	10 653 400 € + 412 314 € = 11 065 714 €	
Montant de la rémunération forfaitaire du maître d'œuvre majorée pour intégrer l'impact des modifications du programme	1 235 000 €	L'augmentation est négociée, sauf si le contrat prévoit des modalités de calcul.
Coût total définitif des travaux résultant des décomptes finaux et factures des entreprises	**11 231 684 €**	L'écart de tolérance contractuel de 2 % est respecté. Le maître d'œuvre n'est pas pénalisé.

Remarques

1. Tous les montants mentionnés dans le tableau 9.08.1 sont exprimés à la même date de valeur.

2. Les montants en gras sont des montants de référence déterminés suivant des règles qui leur sont spécifiques ; les autres montants résultent de calculs ou de négociations.

3. Pour simplifier le tableau, la rémunération initiale du maître d'œuvre est supposée définitive.

4. L'extrême complexité de gestion d'un marché public de maîtrise d'œuvre n'est maîtrisable que par des maîtres d'ouvrage ou conducteurs d'opération expérimentés.

10

TRAVAUX

FAUT-IL CONFIER LES ÉTUDES D'EXÉCUTION AU MAÎTRE D'ŒUVRE ?

Identification du problème

Le décret n° 93-1268 du 29 novembre 1993 relatif aux missions de maîtrise d'œuvre confiées par des maîtres d'ouvrage publics à des prestataires de droit privé prévoit principalement deux catégories de missions de maîtrise d'œuvre : la mission de base et la mission de base avec études d'exécution.

Le CCAG applicable aux marchés publics de travaux stipule dans son article 29.11 que « sauf stipulation différente du CCAP, l'entrepreneur établit, d'après les pièces contractuelles, les documents nécessaires à la réalisation des ouvrages, tels que les plans d'exécution, notes de calculs, études de détail ».

Le choix d'une mission de base avec études d'exécution résulte donc d'un acte délibéré du maître de l'ouvrage, assorti d'une dérogation à inclure dans le CCAP du marché de travaux.

Le recours à cette option génère souvent des conflits sur les chantiers en raison de la difficulté que rencontrent certaines équipes de maîtrise d'œuvre à fournir des études d'exécution exploitables par les entreprises, et dans des délais compatibles avec le calendrier des travaux.

Analyse

Complexité et étendue de la mission de base avec études d'exécution

De nombreux maîtres d'œuvre semblent ignorer à quel point la mission de base avec études d'exécution exige la fourniture de prestations complètes et précises, exécutables sans que les entrepreneurs n'aient à fournir d'autres prestations d'études que les plans d'atelier et de chantier (PAC).

Le *Mémento à l'usage des constructeurs*, élaboré et publié conjointement par les représentants des maîtres d'ouvrage publics et de nombreux organismes professionnels avec le concours de la Commission centrale des marchés en 1980, constituait en la matière une bonne référence des prestations à produire. Ce mémento a toutefois dû être adapté à la nouvelle répartition des prestations de maîtrise d'œuvre issue des textes de 1993. Ce travail d'adaptation a été réalisé avec un vrai souci de rigueur et d'objectivité, dans un cadre moins officiel, par des structures syndicales professionnelles de l'ingénierie (Syntec Ingénierie, CICF, Untec et Unapoc) sous la forme du document *Décomposition des tâches de maîtrise d'œuvre*, publié en juin 2004.

Projets de technicité courante

En pratique, on constate que, pour les projets de technicité courante et de coût peu élevé (1 à 5 millions d'euros), les prestations réellement exécutées par les maîtres d'œuvre au titre des études d'exécution varient suivant la nature des corps d'état.

Pour les lots gros œuvre, maçonnerie, chauffage, conditionnement, ventilation, électricité et VRD, les études d'exécution sont en général fournies par l'équipe de maîtrise d'œuvre. Ce qui n'exclut pas, dans certains cas, des réactions très critiques de la part des entreprises au sujet du contenu et de la qualité générale des prestations correspondantes.

Pour le lot charpente-couverture, il est rare que les maîtres d'œuvre établissent les études d'exécution, qui sont souvent confiées de façon occulte à l'entreprise.

Pour les autres lots, seuls sont fournis, en général, les plans de positionnement et de prédimensionnement, souvent utilisés directement par les entreprises pour procéder à la mise en œuvre.

Projets de taille importante ou de haute technicité

Pour les projets de taille importante ou de haute technicité, le même type de dérive existe : pour les lots gros œuvre et maçonnerie, les études d'exécution sont en général fournies par l'équipe de maîtrise d'œuvre. Pour les lots techniques traditionnels (chauffage, conditionnement, ventilation, électricité), la situation est variable. Sans être de règle, la sous-traitance occulte et informelle des études d'exécution à l'entrepreneur fait partie des pratiques. Pour les lots à technicité spécifique (par exemple, fluides médicaux ou stérilisation dans un hôpital), la compétence en matière d'études d'exécution n'existe bien souvent qu'au sein des entreprises.

Remarque

Des indices laissent parfois supposer que pour ces lots très techniques la sous-traitance occulte des études d'exécution aux entreprises se produit dès le stade des études de projet, c'est-à-dire avant l'appel d'offres, donc dans la plus totale illégalité !

Source

Philippe Estingoy et Michel Rabatel, *Montage et suivi d'une opération de construction,* Éditions du Moniteur, 1994, 2e éd., 2002.

Commentaire

Coût de la mission de base avec EXE

Les pratiques relevées dans les paragraphes précédents, démontrent qu'une majorité d'entreprises ne tiennent pas compte de la différence qui peut exister entre les types de mission de conception pour établir leurs offres de prix. Ce phénomène semble particulièrement marqué pour les PME d'une part, pour les lots autres que le gros œuvre d'autre part.

En conséquence, le maître de l'ouvrage qui opte pour la mission de base avec études d'exécution voit le montant de sa dépense globale majoré par rapport à la mission de base. Les honoraires complémentaires versés au maître d'œuvre (1 % à 4 % environ, suivant la taille et la complexité de l'opération) ne sont pas compensés par une baisse corrélative du montant de la rémunération des entreprises.

Paiement d'études d'exécution non réalisées

Lorsqu'un maître d'œuvre ne réalise que partiellement les études d'exécution dues au titre de son marché et perçoit néanmoins la totalité de sa rémunération contractuelle, le représentant légal du maître de l'ouvrage public fautif, est passible de sanctions de la part de la Cour de discipline budgétaire (CDBF 24 novembre 1986, *Revue Marchés publics* n° 239, janvier-février 1989).

Solution

Que constate-t-on ?

1. Un pourcentage important de maîtres d'œuvre se trouve dans l'incapacité de produire une mission avec des études d'exécution satisfaisantes.

2. Certaines PME sont dans l'incapacité de fournir leurs propres plans d'exécution.

3. En cas de non-production des études d'exécution, il est plus aisé de combler la carence d'un entrepreneur que celle d'un maître d'œuvre.

4. La non-production des études d'exécution par le prestataire qui les doit génère inévitablement un conflit majeur ; toutefois, un conflit entre maître d'ouvrage et entrepreneur est presque toujours beaucoup moins grave qu'un conflit entre maître d'ouvrage et maître d'œuvre.

Compte tenu de ces constats, le maître de l'ouvrage peut adopter la ligne de conduite suivante.

Opérations simples et/ou de faible importance

La mission de base avec études d'exécution répond bien aux objectifs recherchés, notamment lorsque le maître de l'ouvrage manifeste une volonté politique, non ambiguë, de faciliter l'accès de la commande aux PME.

Opérations de taille importante ou complexes

La mission de base sans études d'exécution doit être préférée *a priori.* Le règlement du concours de maîtrise d'œuvre peut toutefois ouvrir la possibilité d'une extension de la mission de base aux études d'exécution à l'issue de la négociation qui précède la conclusion du marché de maîtrise d'œuvre.

Lors de cette négociation, il est impératif de rappeler au maître d'œuvre que :
- les plans d'exécution doivent comporter, outre les caractéristiques géométriques et dimensionnelles principales, toutes les indications nécessaires à l'établissement, par l'entrepreneur, des plans d'atelier et de chantier relatifs aux méthodes de réalisation des ouvrages ;
- la nature et le niveau de précision des prestations à fournir au titre des études d'exécution seront au moins équivalents à ceux des prestations définies dans la rubrique PEO du fascicule *Décomposition des tâches de maîtrise d'œuvre* précité ;
- ce fascicule sera intégré au marché de maîtrise d'œuvre, donc contractuel, si la mission de base avec études d'exécution est retenue ;
- les études d'exécution non réalisées ne seront, évidemment, pas payées.

FAUT-IL CONFIER LA MISSION D'OPC AU MAÎTRE D'ŒUVRE ?

Identification du problème

Le décret n° 93-1268 du 29 novembre 1993 relatif aux missions de maîtrise d'œuvre confiées par des maîtres d'ouvrage publics à des prestataires de droit privé positionne très clairement la prestation d'ordonnancement, pilotage, coordination de chantier (OPC) dans la liste des éléments de mission de la maîtrise d'œuvre.

Cette disposition constitue une incitation à inclure la prestation correspondante dans le marché de maîtrise d'œuvre. Ce choix est-il judicieux ?

Analyse

Mission spécifique

En pratique, l'OPC est plus une mission complémentaire à la mission de maîtrise d'œuvre qu'un élément constitutif de cette mission. En effet, les éléments de mission de maîtrise d'œuvre ont en commun la caractéristique de ne former un tout cohérent qu'après leur regroupement au sein d'une même mission (la mission de base).

Tel n'est pas le cas de l'OPC, qui recouvre une prestation globale, de longue durée et individualisable.

Dans ces conditions, le maître de l'ouvrage a intérêt à traiter la mission d'OPC comme une mission faisant l'objet de règles spécifiques, que cette mission soit ou non incluse dans la mission du maître d'œuvre.

En particulier, la réponse contractuelle satisfaisante à la prestation d'OPC passe par la rédaction d'un cahier des charges approprié, allant bien au-delà des dispositions réglementaires, trop succinctes.

Compétences spécifiques

La maîtrise de la mission de coordination de chantier dite d'OPC nécessite des compétences particulières que ne possèdent pas nécessairement toutes les équipes de maîtrise d'œuvre.

Remarque

À titre d'exemple, un coordonnateur de chantier est en mesure de juger des moyens à mettre en œuvre sur le chantier pour réaliser les travaux dans le délai contractuel (effectif en personnel pour chaque corps d'état, nombre de grues à installer simultanément, rythme de production des plans d'exécution, etc.). Réciproquement, en comptant le nombre de grues qu'il serait possible d'installer sur le futur chantier, le coordonnateur de chantier est capable de juger si le délai de réalisation des travaux souhaité par le maître de l'ouvrage est réaliste ou non.

Importance des références de la personne physique

Comme pour beaucoup de marchés de prestations intellectuelles, la qualité de la prestation produite dépend non seulement de la capacité de la personne morale titulaire du contrat mais aussi et souvent d'une manière prépondérante, de la compétence de la personne en charge de la mission sur le site de construction.

Le professionnel en charge de la mission d'OPC doit posséder une autorité et une compétence technique reconnues par l'ensemble des intervenants de l'opération. Il doit être rigoureux, dominer l'ensemble du vocabulaire technique et être un bon négociateur afin de pouvoir faire évoluer les dispositions prises par tel ou tel intervenant lorsqu'elles risquent de remettre en cause certains objectifs de l'opération dont il a la charge.

Il doit être capable d'anticiper les évolutions d'activité et les réactions des acteurs sur la base d'une analyse des situations, et de rendre compte au conducteur d'opération et au maître d'œuvre suffisamment tôt pour leur laisser une latitude de choix.

Il doit être capable d'anticiper les problèmes de coactivité qui pourraient amener le coordonnateur SPS à remettre en cause l'ordonnancement de travaux ou les effectifs consacrés à l'exécution de certaines tâches.

Mode de dévolution du marché

La question de la prestation d'OPC se pose quel que soit le mode de dévolution des marchés de travaux (lots séparés, groupement ou entreprise unique). Toutefois, dans le cas d'un groupement ou d'un marché unique, il est d'usage de confier la mission d'OPC au mandataire ou au titulaire du contrat.

Commentaire

Dans un appel d'offres en groupement ou destiné à des entreprises dites générales, le conducteur d'opération a intérêt à exiger des références en matière d'OPC en sus des références habituelles concernant la capacité à réaliser les travaux.

Solution

Choix de l'OPC pour de petites opérations

Pour les petites opérations (< 0,5 million d'euros TTC – voir remarque), le recours à un spécialiste de l'OPC ne se justifie généralement pas.

Une relecture de la définition de l'élément réglementaire de maîtrise d'œuvre « Direction de l'exécution du ou des contrats de travaux » montre qu'au titre de cet élément, le maître d'œuvre doit « informer systématiquement le maître de l'ouvrage sur l'état d'avancement et de prévision des travaux et dépenses, avec indication des évolutions notables ».

S'il fallait concevoir une mission simplifiée d'OPC adaptée aux opérations peu complexes et de petite taille, le contenu de cette mission pourrait être assez bien défini par le libellé rappelé ci-dessus, avec toutefois une différence importante : l'aspect dynamique d'organisation de la mission d'OPC est absent de l'élément « Direction de l'exécution des contrats de travaux » (DET).

Il est cohérent, pour les petites opérations, de régler le problème de la dévolution de la mission d'OPC en confiant au maître d'œuvre une mission simplifiée qui complète les dispositions contenues dans l'élément DET. Dans ce type de mission « allégée », les prestations d'ordonnancement et de planification sont réduites et beaucoup plus « passives » que les prestations similaires d'une mission réglementaire d'OPC. Le supplément éventuel de rémunération que le maître d'œuvre pourrait souhaiter obtenir pour répondre à ce complément de mission doit être pris en compte dans l'estimation du montant forfaitaire du marché.

Remarques

1. Pour les petites opérations, certains architectes considèrent, perpétuant ainsi une tradition antérieure à 1973, que les prestations simplifiées d'OPC font partie intégrante de la mission traditionnelle du maître d'œuvre.

2. Il est important de préciser, dès la négociation d'origine du marché de maîtrise d'œuvre, le niveau d'intervention du titulaire de cette mission, et d'intégrer à ce stade le coût de la prestation dans le coût global du marché de maîtrise d'œuvre.

Choix de l'OPC pour les opérations complexes ou de taille importante

Le maître de l'ouvrage a intérêt à ne jamais prévoir, *a priori*, de confier la mission d'OPC au maître d'œuvre de l'opération mais à organiser une mise en compétition spécifique pour le choix du coordonnateur de chantier.

Le maître d'œuvre de l'opération pourra répondre à cet appel d'offres mais ne se verra attribuer la mission d'OPC que si son offre est économiquement la plus avantageuse, et notamment si le maître d'œuvre est en mesure de démontrer, par des références précises, sa capacité en la matière.

Remarque

L'aptitude d'un maître d'œuvre à réaliser les prestations techniques d'une mission avec études d'exécution n'atteste pas de sa capacité à mener à bien une mission d'OPC.

Quelques principes pour choisir l'attributaire de la mission d'OPC

Ces principes sont synthétisés par le tableau 10.02.1.

Source

Philippe Estingoy et Michel Rabatel, *Montage et suivi d'une opération de construction*, Éditions du Moniteur, 1994, 2e éd., 2002.

FAUT-IL CONFIER LA MISSION D'OPC AU MAÎTRE D'ŒUVRE ? 10.02

Tableau 10.02.1 – Aide au choix de l'OPC.

			Taille de l'opération	
			< 0,5 millions d'euros TTC (1)	**> 0,5 millions d'euros TTC**
Forme des marchés de travaux	Entreprise unique ou groupement	Marché classique	Pilote de l'entreprise générale ou représentant du groupement	Pilote de l'entreprise générale ou représentant du groupement
		Variante (2)	Organisme spécialisé	Organisme spécialisé
	Lots séparés		Maître d'œuvre	Organisme spécialisé ou maître d'œuvre après mise en compétition spécifique

(1) Seuil indicatif susceptible d'évoluer en fonction de la complexité de l'opération et du nombre de lots.
(2) Variante possible imposée par voie contractuelle sur décision du maître de l'ouvrage.

MODE DE DÉVOLUTION DES TRAVAUX : UN CHOIX STRATÉGIQUE NÉCESSAIREMENT TARDIF

Identification du problème

De nombreux commentateurs considèrent que le mode de dévolution des travaux retenu par le maître de l'ouvrage doit être spécifié dans le marché de maîtrise d'œuvre. Cette position, qui se retrouve dans certains CCAP types, ne résiste pas à l'épreuve de la pratique de la maîtrise d'ouvrage : le choix prématuré du mode de dévolution doit parfois être remis en cause par le maître de l'ouvrage lui-même, dans un contexte de conflit avec la maîtrise d'œuvre.

Analyse

Il semble *a priori* légitime de spécifier le mode de dévolution des travaux dans le marché de maîtrise d'œuvre, parce que ce paramètre a un impact sur le coût prévisionnel des travaux sur lequel s'engage le maître d'œuvre et devrait avoir un impact sur la prestation à fournir par le contractant.

En ce qui concerne la prestation, il convient de remarquer que le décret n° 93-1268 du 29 novembre 1993, relatif aux missions de maîtrise d'œuvre confiées par des maîtres d'ouvrage publics à des prestataires de droit privé, impose de fait au maître d'œuvre la production de dossiers d'études correspondant à l'hypothèse par lots séparés. Cette hypothèse étant la plus contraignante, la prestation à fournir par le maître d'œuvre est donc quasi identique quel que soit le mode de dévolution des travaux ; seuls varient le contenu du CCAP des marchés de travaux et celui des références à exiger des entreprises au stade de l'appel d'offres.

L'impact du mode de dévolution sur le coût prévisionnel des travaux sur lequel s'engage le maître d'œuvre est réel (voir fiche 4.10) ; le mode de dévolution doit donc être défini par le maître de l'ouvrage avant tout engagement du maître d'œuvre. L'exigence réglementaire existant en la matière dans l'article 28 du décret du 29 novembre 1993 est peu pertinente ; elle peut en effet laisser croire que le choix du mode de dévolution peut être postérieur à l'engagement du maître d'œuvre : « Le contrat indique les modalités selon lesquelles la rémunération du maître d'œuvre est fixée. Il précise, au plus tard avant le commencement des études de projet, le mode de dévolution des travaux retenus : entrepreneurs séparés, entreprises groupées, entreprise générale, ainsi que son incidence sur le contrat. »

Ce n'est qu'après observation du contexte économique pendant les mois qui précèdent l'appel d'offres que le maître de l'ouvrage peut faire un choix efficace du mode de dévolution des travaux.

Texte officiel

Décret n° 93-1268 du 29 novembre 1993

Art. 4 – II. - Les études d'avant-projet définitif ont pour objet : [...]

d) D'établir l'estimation définitive du coût prévisionnel des travaux, décomposés en lots séparés ; [...].

Art. 5 – Les études de projet ont pour objet : [...]

d) D'établir un coût prévisionnel des travaux décomposés par corps d'état, sur la base d'un avant-métré ; [...].

Commentaire

Lorsque le maître de l'ouvrage opte pour la solution d'un marché d'entreprise générale dès le stade du marché de maîtrise d'œuvre, le titulaire du marché peut avoir tendance à oublier les spécifications du décret précité et à fournir un dossier d'études techniques plus global, précisant moins les prestations situées aux interfaces entre lots.

Solutions

Marché de maîtrise d'œuvre

Pour disposer du maximum de latitude, le maître de l'ouvrage a intérêt à s'en tenir au strict respect de la contrainte du décret 29 novembre 1993, en spécifiant dans le marché de maîtrise d'œuvre que le mode de dévolution des travaux retenu fera l'objet d'une décision de sa part, intervenant au plus tard avant le commencement des études de projet.

Toutefois, dans ce cas, le marché de maîtrise d'œuvre et, avant lui, le règlement du concours devront spécifier deux valeurs pour la partie de l'enveloppe financière prévisionnelle retenue par le maître de l'ouvrage et affectée aux travaux : l'une dans l'hypothèse par « corps d'état séparés », l'autre dans l'hypothèse d'un « marché unique » (entreprise générale) [voir fiche 4.10]. D'une manière symétrique, si le choix du mode de dévolution n'est pas arrêté au stade de l'engagement du maître d'œuvre sur le coût prévisionnel des travaux, cet engagement doit se décliner en deux valeurs, correspondant chacune à une hypothèse de dévolution.

Choix du mode de dévolution

Ce choix suppose une bonne vision globale de l'activité du secteur du BTP dans la région de construction, que seuls peuvent posséder les maîtres d'ouvrage exerçant dans de grandes structures, réalisant au moins un appel d'offres par mois. À défaut, le maître de l'ouvrage s'appuiera sur la connaissance du milieu socio-économique de ses conseillers : le conducteur d'opération, le maître d'œuvre et le coordonnateur de chantier.

Remarques

1. Si l'étude du contexte économique fait apparaître une présomption d'entente dans un domaine d'activité majeur pour le projet futur, le maître de l'ouvrage peut avoir intérêt à lancer son appel d'offres en marché unique (entreprise générale).

2. Si l'étude du contexte économique fait apparaître un risque d'absence de réponse ou de concurrence insuffisante pour un corps d'état déterminé, le maître de l'ouvrage peut regrouper les prestations correspondantes avec celles d'un autre corps d'état (par exemple, courants forts + courants faibles) ou inclure le lot considéré dans un « macro-lot », et laisser au mandataire de ce « macro-lot » le soin de résoudre le problème.

Choix par défaut

Lorsque le maître d'œuvre n'a pas été en mesure de fournir un dossier d'études de projet suffisamment précis, en particulier sur les interfaces entre lots, et si le maître de l'ouvrage ne dispose pas du délai nécessaire pour exiger la reprise des études, il peut accepter la prestation du maître d'œuvre en l'assortissant d'une réfaction d'honoraires et opter pour un appel d'offres à l'entreprise générale.

L'entrepreneur général se chargera, au stade des études d'exécution, de combler les lacunes de conception. Il convient de rappeler que les prestations relatives aux interfaces entre lots, indispensables pour permettre à l'ouvrage de répondre à sa destination, seront dues au titre du marché global et forfaitaire si elles résultent de l'application des règles de l'art.

STRATÉGIES POSSIBLES FACE À UN APPEL D'OFFRES INFRUCTUEUX

Identification du problème

Un appel d'offres infructueux a toujours des conséquences économiques importantes pour une opération d'investissement.

Ces conséquences peuvent être minimisées si le maître de l'ouvrage se dote d'une véritable stratégie offensive pour faire face à ce type de situation, assez fréquent.

Analyse

Un appel d'offres infructueux a toujours une ou plusieurs causes. Si certaines de ces causes sont totalement inaccessibles à la maîtrise d'ouvrage, d'autres peuvent être minimisées ou contournées.

Le maître de l'ouvrage doit, en la matière, se fixer deux objectifs :
– par une stratégie en amont, réduire dans la mesure du possible les risques d'« infructuosité » ;
– par une stratégie en aval, faire le nécessaire pour que les solutions palliatives (nouvelle mise en concurrence, marchés négociés) soient efficaces.

Solutions

Réduction des risques en amont

La réduction des risques en amont repose sur un principe de base simple : éliminer toutes les causes injustifiées de limitation de la concurrence. Les paramètres suivants sont notamment à considérer.

• *Connaissance du contexte économique local*

En la matière, les résultats d'appels d'offres récents concernant des opérations de taille et de nature voisines sont souvent riches d'enseignements. Ils montrent par exemple un manque de concurrence dans un secteur particulier ou l'impact de l'ouverture simultanée de plusieurs gros chantiers dans la région.

• *Pertinence du découpage en lots de l'opération*

En fonction du contexte économique local, le maître de l'ouvrage peut avoir intérêt à regrouper des prestations pour rendre plus attractive la masse financière d'un lot et inciter des entreprises plus éloignées géographiquement à répondre à l'appel d'offres.

À l'inverse, si la concurrence locale est suffisante, il peut être financièrement intéressant de séparer des prestations spécialisées (par exemple, dissociation du lot appel-malades du lot courants faibles dans un hôpital) pour éviter une sous-traitance souvent coûteuse pour le maître de l'ouvrage.

En la matière, le conducteur d'opération, externe à la maîtrise d'ouvrage, et les services de la DDGCRF peuvent être de bon conseil en raison de leur participation à de nombreux appels d'offres.

• *Pertinence des qualifications exigées*

Le niveau de qualification et de références exigé lors d'un appel d'offres doit être défini d'une manière pertinente : il doit être suffisant pour garantir un travail de qualité, sans être excessif pour ne pas écarter inutilement des entreprises capables de réaliser les travaux.

• *Pertinence des effectifs exigés*

Le niveau des effectifs en personnel exigé lors d'un appel d'offres doit être défini d'une manière pertinente : il doit être suffisant pour permettre à l'entreprise de respecter le calendrier contractuel, sans être excessif pour ne pas écarter inutilement des entreprises capables de réaliser les travaux. Il convient de rappeler que, à l'exclusion de corps d'état très spécialisés, des effectifs insuffisants sur une période limitée peuvent être renforcés par la voie de la sous-traitance.

• *Choix du mode de dévolution*

Le choix du mode de dévolution des travaux est un choix stratégique majeur pour un maître de l'ouvrage. Ce choix ne doit en aucun cas être défini au stade de la passation du marché de maîtrise d'œuvre, comme cela est parfois préconisé. Ce n'est qu'après observation du contexte économique pendant les mois qui précèdent l'appel d'offres que le maître de l'ouvrage peut faire un choix efficace (voir fiche 10.03).

• *Choix du mode de passation*

L'appel d'offres ouvert est incontestablement plus propice à une concurrence efficace que l'appel d'offres restreint.

L'appel d'offres restreint peut en effet favoriser les ententes : des indiscrétions d'entreprises montrent que la confidentialité des listes d'entreprises agréées à l'issue de l'appel de candidatures est trop souvent un mythe.

Gestion des risques après un premier appel d'offres infructueux

Le réduction des risques passe par un prérequis incontournable : l'identification des causes d'« infructuosité ».

La recherche des causes repose sur une analyse fine des résultats par le maître d'œuvre et le conducteur d'opération.

• *Fausse « infructuosité »*

Dans un souci louable d'éviter des dépenses supplémentaires à la collectivité ou de ne pas prendre de risque juridique, certaines commissions d'appel d'offres ou personnes responsables de marché déclarent l'appel d'offres infructueux sur le simple constat du dépassement de l'enveloppe financière prévisionnelle, sans prendre le soin d'exiger du maître d'œuvre une vérification de ses estimations.

La déclaration d'« infructuosité » n'a de sens qu'après une très sérieuse validation de l'estimation du montant des travaux par le maître d'œuvre, voire, si nécessaire, par un économiste tiers, étranger à l'équipe de maîtrise d'œuvre. En effet, le risque de pénalisation amène parfois le maître d'œuvre à ne reconnaître que très difficilement son erreur d'estimation.

• *Insuffisance de concurrence*

L'insuffisance de concurrence peut résulter de causes intrinsèques à la procédure d'appel d'offres (par exemple, exigence de qualifications ou de références disproportionnées au regard des caractéristiques de l'ouvrage à construire) ou de la conjoncture économique générale ou locale. Les causes intrinsèques sont souvent corrigibles par modification du dossier (voir ci-avant § Réduction des risques en amont) ; les causes liées à la conjoncture économique sont plus difficiles à contourner.

• *Ententes et positions dominantes*

La question des ententes doit être abordée sans dogmatisme : les ententes ne sont ni systématiques ni exceptionnelles.

Face aux ententes, le maître de l'ouvrage public sera fragilisé s'il n'adopte pas un minimum de dispositions préventives, correctives ou offensives. En pratique, bon nombre d'ententes subsistent grâce à la passivité plus ou moins consciente de certains maîtres d'ouvrage.

La lutte contre les positions dominantes est beaucoup plus difficile : pour certains corps d'état techniques spécialisés, il n'est pas rare que deux ou trois entreprises se partagent le marché, parfois jusqu'à ce qu'elles soient condamnées à l'initiative du Conseil de la concurrence...

Remarque

S'il est d'usage d'associer étroitement les notions d'économie de marché et de concurrence, dans les faits, l'un des modes de fonctionnement le plus abouti de l'économie de marché n'est pas la concurrence mais l'entente : pour un entrepreneur, il est avéré que l'entente est un moyen très efficace d'optimisation du rapport bénéfice/investissement. De plus, une entente organisée intelligemment peut être difficile à prouver.

Stratégie pour faire échec à une entente présumée

La stratégie la plus efficace pour contrer une entente présumée repose sur deux principes :
– relancer l'appel d'offres en procédure ouverte et en changeant le mode de dévolution. Si le premier appel d'offres était organisé en lots séparés, le second doit l'être à l'entreprise générale et réciproquement ;
– ne pas hésiter à inciter des entreprises extérieures à la région à répondre ; si certains acteurs de l'opération ont une organisation d'envergure nationale (conducteur d'opération, maître d'œuvre), ils peuvent efficacement y contribuer.

En cas d'échec le maître de l'ouvrage a encore la ressource d'user d'une procédure négociée afin de limiter l'impact financier de la situation. Certains modes de négociation peuvent en la matière être efficaces, telle par exemple la négociation précédée de la remise d'une nouvelle offre cachetée, demandée séance tenante aux entrepreneurs, placés en situation de ne pouvoir communiquer entre eux.

Remarque

Il est rappelé que la procédure négociée n'est accessible en marché public, après un appel d'offres infructueux, que si les conditions initiales du marché ne sont pas modifiées (CMP, art. 64).

COMMENT ÉVITER LES DYSFONCTIONNEMENTS DUS À LA MISSION DE SYNTHÈSE

Identification du problème

Les études de synthèse ont pour objet d'assurer la cohérence spatiale des ouvrages définis par les plans d'exécution, tant au stade des études qu'en cours de travaux et dans le bâtiment achevé.

Elles se traduisent par des plans de synthèse, qui représentent sur un même support toutes les parties de l'ouvrage, pour l'ensemble des corps d'état, de manière à garantir leur totale cohérence.

Elles sont réalisées par une structure dédiée, appelée cellule de synthèse. Au sein de cette cellule, le directeur de synthèse organise et coordonne les études d'exécution réalisées par les projeteurs mis à sa disposition par chaque entreprise.

Les dysfonctionnements en relation avec la mission de synthèse sont fréquents et, en général, causes de retards et conflits graves.

Analyse

En théorie, le problème d'organisation de la cellule de synthèse ne concerne le maître de l'ouvrage que lorsque la dévolution des travaux est réalisée par lots séparés et que le marché de maîtrise d'œuvre n'intègre pas la fourniture des plans d'exécution.

En effet, lorsque les plans d'exécution sont à la charge d'une entreprise unique (entreprise générale), c'est cette dernière qui doit organiser à ses frais la mission de synthèse.

Lorsque la mission confiée au maître d'œuvre intègre les études d'exécution (EXE), celles-ci sont réputées inclure les études de synthèse.

En pratique, les difficultés de fonctionnement de la cellule de synthèse n'épargnent aucun mode d'organisation de l'opération.

Les dysfonctionnements principaux sont dus aux travers suivants :
– oubli de la mise en place contractuelle de la cellule de synthèse dans une procédure par lots séparés ;
– performances insuffisantes de la cellule de synthèse dans tous les cas.

Les performances insuffisantes de la cellule de synthèse résultent en général d'une mauvaise organisation de cette structure, assortie d'un manque d'expérience d'un ou de plusieurs de ses acteurs majeurs.

La direction de synthèse est un métier difficile, nécessitant des compétences multiples.

Le directeur de synthèse doit être un généraliste du bâtiment, capable à la fois de coordonner et de diriger les travaux de la cellule de synthèse, mais aussi de soutenir la contradiction avec les projeteurs spécialisés de chaque entreprise. En effet, les conflits spatiaux et techniques mis en évidence au sein de la cellule ne sont en général solubles que par l'adoption d'une disposition plus complexe et plus onéreuse par au moins l'une des entreprises concernées. Seul un excellent directeur de synthèse peut éviter que les conflits techniques et financiers ne deviennent des conflits relationnels qui perturbent très vite le déroulement des travaux.

Comme dans beaucoup de domaines, le maître de l'ouvrage n'obtient souvent, en la matière, que la prestation qu'il a été en mesure d'exiger par le contrat qui le lie au titulaire de la mission de synthèse.

Solutions

En cas d'oubli de la mission de synthèse

L'oubli de la mission de synthèse est le fait de maîtres d'ouvrage occasionnels qui n'ont pas cru devoir se doter du concours d'un mandataire ou d'un conducteur d'opération professionnels. La réponse à cette situation est traitée à la fiche 2.11.

En cas de dysfonctionnement de la cellule de synthèse

• *Solution préventive*

Pour obtenir une prestation de synthèse de qualité, le maître de l'ouvrage doit :
– imposer un cahier des charges contractuel définissant de façon très précise la mission et l'organisation de la cellule de synthèse ;
– dès le stade de la mise en concurrence, exiger des candidats à la mission de synthèse la production d'un organigramme de fonctionnement de la cellule,

assorti des noms et des références personnelles des acteurs.

• *Solution corrective*

En cas de dysfonctionnement de la cellule de synthèse constaté en cours d'études, la gravité de la situation impose une remise à plat totale de la prestation, qui se traduira, en tant que de besoin, par l'adoption par avenant ou par négociation d'un nouveau cahier des charges, plus précis et plus complet, et d'un nouvel organigramme, assortie si nécessaire de l'intervention de nouveaux acteurs.

Lorsque le dysfonctionnement résulte de carences des projeteurs mis à disposition par les entreprises, les mesures coercitives sont celles prévues par le CCAG applicable aux marchés publics de travaux en cas de défaillance de l'entrepreneur.

Commentaire

Le tableau 10.05.1 représente les cas les plus fréquents d'attribution de la mission aux acteurs d'une opération de construction.

Tableau 10.05.1 – Principaux attributaires de la mission de synthèse.

		Prestataire chargé de la mission de synthèse		
Mode de dévolution des travaux	**Prestataire chargé des études d'exécution**	**Solution impérative ou fortement conseillée**	**Solution courante mais non impérative**	**Solution courante alternative**
Entreprise unique	Entreprise	Entreprise		
	Maître d'œuvre	Maître d'œuvre		
Groupement	Entreprises		Mandataire d'un groupement	Structure spécifique
	Maître d'œuvre	Maître d'œuvre		
Lots séparés	Entreprises		Maître d'œuvre	Structure spécifique
	Maître d'œuvre	Maître d'œuvre		

DEMANDE D'ATTESTATION D'ASSURANCE AVEC LES OFFRES DE CANDIDATURE DES ENTREPRISES

10.06

Identification du problème

Perpétuant une habitude ancienne, certains maîtres d'ouvrage réclament aux entreprises une attestation d'assurance décennale au titre des pièces justificatives à fournir en annexe à leur offre de candidature.

Le maître d'ouvrage qui croit ainsi se protéger en obtenant très en amont une garantie indispensable peut de fait aboutir à un résultat inverse, en créant de plus les conditions juridiques d'annulation de l'offre.

Analyse

La demande d'attestation d'assurance de responsabilité des constructeurs (biennale et décennale) au stade des candidatures semble procéder du bon sens. De fait, elle ignore deux dispositions légales majeures :
– l'article 12 de la loi du 4 janvier 1978 sur l'assurance construction, qui stipule que « toute personne physique ou morale, dont la responsabilité peut être engagée sur le fondement de la présomption établie par les articles 1792 et suivants du Code civil à propos de travaux de bâtiment, doit être couverte par une assurance.
À l'ouverture de tout chantier, elle doit être en mesure de justifier qu'elle a souscrit un contrat d'assurance la couvrant pour cette responsabilité.
Tout contrat d'assurance souscrit en vertu du présent article est, nonobstant toute stipulation contraire, réputé comporter une clause assurant le maintien de la garantie pour la durée de la responsabilité pesant sur la personne assujettie à l'obligation d'assurance » ;
– l'article 45 du Code des marchés publics, qui fixe une liste limitative des renseignements qui peuvent être exigés des candidats à un appel d'offres. Cette liste n'inclut pas l'attestation d'assurance.

Commentaire

La demande d'attestation d'assurance avec le dossier de candidature peut avoir pour conséquence de conduire le maître de l'ouvrage à ignorer qu'il n'est pas assuré.

Cette grave lacune se produit à l'issue de l'enchaînement suivant :
– la remise des candidatures a lieu en fin d'année calendaire (année n) et le début des travaux au début de l'année suivante (année n + 1) ;
– l'entreprise, défaillante en fin d'année n, ne paye pas sa cotisation d'assurance et n'est de fait pas assurée pour l'année n + 1 ;
– le maître de l'ouvrage néglige de demander l'attestation d'assurance au stade de l'ouverture du chantier (cette demande relève en général de la compétence du maître d'œuvre).

Le problème se pose de la même manière pour tous les acteurs de la construction réputés « constructeurs » au sens de l'article 2 de la loi sur l'assurance construction, notamment les prestataires intellectuels.

Solution

La solution passe par le strict respect des principes légaux et réglementaires :
– ne pas demander d'attestation d'assurance avec la candidature ;
– demander les attestations d'assurance de tous les constructeurs au stade de l'ouverture du chantier.

En pratique, les attestations des entrepreneurs sont demandées par le maître d'œuvre, les attestations des prestataires intellectuels par le conducteur d'opération.

ABSENCE D'ASSURANCE OBLIGATOIRE DES OUVRAGES DE VIABILITÉ

Identification du problème

L'article 1792 du Code civil stipule que « tout constructeur d'un ouvrage est responsable de plein droit, envers le maître de l'ouvrage, des dommages, même résultant d'un vice de sol, qui compromettent la solidité de l'ouvrage ou qui, l'affectant dans l'un de ses éléments constitutifs où l'un de ses éléments d'équipement, le rendent impropre à sa destination ».

Dans cet article, le vocable ouvrage désigne aussi bien les ouvrages de génie civil que les ouvrages de bâtiment.

L'article L. 243-1-1.28 du Code des assurances exclut du domaine d'obligation d'assurance des catégories d'ouvrages bien définies.

Texte officiel

Code des assurances

Art. L. 243-1-1 – I. - Ne sont pas soumis aux obligations d'assurance édictées par les articles L. 241-1, L. 241-2, et L. 242-1, les ouvrages maritimes, lacustres, fluviaux, les ouvrages d'infrastructures routières, portuaires, aéroportuaires, héliportuaires, ferroviaires, les ouvrages de traitement de résidus urbains, de déchets industriels et d'effluents, ainsi que les éléments d'équipement de l'un ou l'autre de ces ouvrages. Les voiries, les ouvrages piétonniers, les parcs de stationnement, les réseaux divers, les canalisations, les lignes ou câbles et leurs supports, les ouvrages de transport, de production, de stockage et de distribution d'énergie, les ouvrages de télécommunications, les ouvrages sportifs non couverts, ainsi que leurs éléments d'équipement, sont également exclus des obligations d'assurance mentionnées au premier alinéa, sauf si l'ouvrage ou l'élément d'équipement est accessoire à un ouvrage soumis à ces obligations d'assurance. [...]

Par voie de conséquence les constructeurs de voiries, d'ouvrages piétonniers, de parcs de stationnement, de réseaux divers, de canalisations ne sont pas obligés de s'assurer tout en étant redevables de la garantie décennale, sauf si l'un de ces ouvrages est accessoire à un ouvrage soumis aux obligations d'assurance.

Analyse

Difficultés pour le maître de l'ouvrage constructeur de bâtiments

Le maître d'ouvrage constructeur de bâtiments qui réalise exceptionnellement l'un des ouvrages mentionnés au deuxième alinéa de l'article L. 243-1-1 du Code des assurances peut rencontrer deux difficultés :

– si cet ouvrage est indépendant, réalisé en dehors de toute construction de bâtiment, il ne sera pas soumis aux obligations d'assurance, et le maître d'ouvrage pourra facilement, par référence instinctive à son domaine d'action habituel (le bâtiment), passer à côté de cette exclusion ;

– si cet ouvrage est un accessoire d'un ouvrage de bâtiment, en l'absence de jurisprudence claire sur la notion d'accessoire, le maître de l'ouvrage pourra réaliser un ouvrage non assuré sans en avoir conscience.

• *Qualification des ouvrages accessoires*

Dans un mémoire sur la réforme du 8 juin 2005 de l'assurance construction, publié dans les cahiers détachables du *Moniteur des travaux publics et du bâtiment* du 16 septembre 2005, Jean-Pierre Karila, docteur en droit, avocat à la cour, professeur à l'ICH, commente la notion d'accessoire dans les termes suivants :

« De nombreux critères peuvent être invoqués pour caractériser le rattachement accessoire.

« On peut distinguer les critères physiques, les critères psychologiques et les critères temporels :

« – *le critère physique* conduit à reconnaître la qualité d'accessoire à un ouvrage ou un élément d'équipement physiquement rattaché à l'ouvrage. Il s'agit donc d'un critère technique ;

« – *le critère psychologique* conduit à retenir la qualification d'accessoire dès lors que l'ouvrage ou l'élément d'équipement réalisé s'inscrit psychologiquement, pour le maître de l'ouvrage, comme la continuation de son ouvrage principal sans qu'il soit nécessaire qu'un lien physique unisse les ouvrages dont il s'agit ;

« – *le critère temporel* quant à lui conduirait à distinguer ce qui est construit concomitamment, ou à tout le moins dans un temps rapproché, de ce qui est postérieur, seuls les premiers étant accessoires tandis que les autres resteraient des ouvrages à part entière.

« Parmi ces critères, il paraît acquis que la jurisprudence retiendra le caractère accessoire dès lors que l'ouvrage s'intégrera dans un ouvrage le rendant en quelque sorte indivisible de cet ouvrage. Il n'est pas exclu néanmoins que la jurisprudence retienne à l'occasion le critère psychologique d'une part et le critère temporel d'autre part. [...] »

Solution

Le maître de l'ouvrage a intérêt à exiger, par contrat, l'assurance des parties d'ouvrages relevant de la liste des exclusions :
– pour les corps d'état intégrant à la fois des travaux de bâtiment et des travaux exclus du domaine des assurances obligatoires ;
– pour les travaux exclus du domaine des assurances obligatoires inclus dans une opération de construction de bâtiment ;
– pour les travaux exclus du domaine des assurances obligatoires et réalisés en accompagnement d'une opération de construction de bâtiment, mais non simultanément.

Remarque

Dans le présent paragraphe, la notion d'ouvrages exclus correspond à la liste limitative du deuxième alinéa de l'article L. 243-1-1 du Code des assurances précité.

ASSURANCE DÉCENNALE DES TRAVAUX RÉALISÉS SUR UN BÂTIMENT EXISTANT

Identification du problème

En matière d'interventions sur des constructions existantes, la question de l'assurance et de la responsabilité décennale se pose. Les travaux relèvent des domaines de garantie définis par les principes inscrits dans les articles 1792 et 2270 du Code civil lorsqu'ils concernent une prestation suffisamment importante pour être qualifiée d'ouvrage.

Cela suppose une appréciation cas par cas, difficilement réductible à une règle simple.

Cette appréciation est encore plus difficile depuis l'ordonnance n° 2005-658 du 8 juin 2005 portant modification de diverses dispositions relatives à l'obligation d'assurance dans le domaine de la construction et aux géomètres experts. L'article L. 243-1-1 du Code des assurances, introduit par cette ordonnance, dispose en effet dans son § II que « ces obligations d'assurance ne sont pas applicables aux ouvrages existants avant l'ouverture du chantier, à l'exception de ceux qui, totalement incorporés dans l'ouvrage neuf, en deviennent techniquement indivisibles ». Nul ne peut prévoir la portée jurisprudentielle de ce texte.

Analyse

La réponse à la question écrite d'un parlementaire est à ce sujet édifiante dans le sens où elle se limite à exprimer une évidence, en apportant toutefois une plus-value par des exemples :

« En matière de travaux sur constructions existantes, sont à assurer les ouvrages qui engagent la responsabilité décennale de leurs constructeurs en raison de leur nature et de leur importance, par exemple les travaux de ravalement assurant une étanchéité » (*JO* 9 avril 1990).

Selon Albert Caston, auteur de *La Responsabilité des constructeurs* (Éditions du Moniteur, 5e éd., 2000) : « L'ouvrage, justiciable des articles 1789 et 2270 [du Code civil], est nécessairement un immeuble par nature ou éventuellement par destination. Une installation mobilière n'est pas soumise à la garantie des articles 1789 et 2270, pas plus que des travaux de faible importance ». (L'exemple cité est celui du scellement d'une antenne de télévision.)

Le même auteur précise que « selon les travaux préparatoires de la loi de 1978, des travaux de réhabilitation tombent sous le coup de l'article 1792 » et que « peu de travaux de plomberie échapperont à la responsabilité décennale dans toute la mesure où leur défaillance est susceptible de rendre la construction impropre à sa destination. »

Solution

Le maître de l'ouvrage exigera, par voie contractuelle, l'assurance responsabilité des constructeurs (biennale et décennale) chaque fois qu'il sera en mesure de répondre par l'affirmative à l'une des questions suivantes.

1. Les travaux concernent-ils un ouvrage clairement identifiable par sa géométrie ou sa fonction (par exemple, extension hors murs d'un bâtiment existant) ?

2. Les travaux concernent-ils un ouvrage encore couvert par la garantie décennale ?

3. En cas de sinistre sur la prestation à fournir, est-ce que l'ouvrage initial ou final peut être rendu impropre à sa destination ?

Identification du problème

La notion d'offre anormalement basse est particulièrement délicate à utiliser. Les principes en sont formalisés à l'article 55 du Code des marchés publics. Si une offre paraît anormalement basse à la personne responsable du marché (pour l'État) ou à la commission d'appel d'offres (pour les collectivités territoriales), l'offre ne peut être rejetée qu'après une demande écrite de précisions à l'entreprise. Il peut exister des justifications, en particulier pour les prix de fournitures, lorsqu'une entreprise a des stocks excédentaires.

Il est très difficile de détecter une offre anormalement basse sur la seule base du prix global et forfaitaire ; il est indispensable d'analyser la décomposition de ce prix.

Texte officiel

Code des marchés publics

Art. 55 – Si une offre paraît anormalement basse à la personne responsable du marché pour l'État, pour les établissements publics de santé et les établissements publics sociaux ou médico-sociaux, ou à la commission d'appel d'offres pour les collectivités territoriales, elle peut la rejeter par décision motivée après avoir demandé par écrit les précisions qu'elle juge opportunes et vérifié les justifications fournies.

Peuvent être prises en considération des justifications tenant notamment aux aspects suivants :

a) Les modes de fabrication des produits, les modalités de la prestation des services, les procédés de construction ;

b) Le caractère exceptionnellement favorable des conditions d'exécution dont bénéficie le candidat ;

c) L'originalité du projet.

Commentaire

Définition de l'offre anormalement basse

Dans son avis n° 96A08 du 2 juillet 1996 relatif aux propositions formulées dans un rapport portant sur la réforme du droit de la commande publique, le Conseil de la concurrence définit l'offre anormalement basse.

Doctrine

Conseil de la concurrence, avis n° 96A08 du 2 juillet 1996

[...]

Pour les marchés de travaux, devrait être considérée comme « anormalement basse », par assimilation aux prix de prédation, une offre de prix inférieure au coût moyen variable prévisionnel du chantier considéré. Pourrait également être considérée comme « anormalement basse » une offre de prix supérieure à ce coût moyen variable mais inférieure au coût moyen total s'il était établi que cette offre avait été faite avec pour objectif, une fois le marché attribué, de faire artificiellement remonter le prix effectivement payé par l'acheteur public au moyen d'avenants. En revanche, ne saurait être retenue la solution consistant à poser que seraient « anormalement basses » par nature les offres de prix inférieures à la somme des coûts moyens variables et d'un pourcentage forfaitaire des coûts indirects, déterminé *a priori* et sans considération des conditions effectives d'exploitation de l'entreprise concernée. Une telle solution reviendrait en effet à rendre suspectes les offres des entreprises qui sont parvenues à la meilleure maîtrise de leurs coûts indirects.

En dernier lieu, la Cour de justice des Communautés européennes a estimé, dans son arrêt « Fratelli Costanzo SpA c/ Commune de Milan » du 22 juin 1989, que l'exclusion d'office d'une offre jugée anormalement basse sur la base d'un critère mathématique n'était pas conforme aux dispositions de l'article 29, paragraphe 5, de la directive 71/305 du 26 juillet 1971 du Conseil, alors en vigueur.

Analyse

Dans son avis n° 96A08 du 2 juillet 1996 relatif aux propositions formulées dans un rapport portant sur la réforme du droit de la commande publique, le Conseil de la concurrence a exprimé des positions qui font référence en matière de traitement des offres anormalement basses.

Doctrine

Conseil de la concurrence, avis n° 96A08 du 2 juillet 1996

[...]

– L'exercice de la libre concurrence, et donc le progrès économique, supposent que l'accès aux marchés ne soit pas limité par des barrières artificielles. Le droit de la concurrence n'interdit pas que, pour pénétrer des marchés nouveaux, des entreprises consentent des efforts, parfois importants, en matière de prix et de services, éventuellement jusqu'à une marge nulle, voire négative, et répartissent les pertes et les profits qu'elles retirent de leur activité entre les différents marchés qu'elles obtiennent. Vont par contre au-delà du souci légitime de conquérir de nouveaux marchés dans un environnement préservant l'exercice de la concurrence les stratégies de prix prédatrices. De telles stratégies consistent, pour l'entreprise soumissionnaire, à viser à l'élimination de ses concurrents en proposant les fournitures ou prestations considérées à des prix inférieurs à ses coûts moyens variables, ou encore des prix entraînant obligatoirement une perte substantielle, et en compensant ultérieurement les pertes résultant de son offre sous-évaluée soit par la conclusion d'avenants plus avantageux, soit à l'occasion d'autres marchés. […]

– Une offre peut paraître particulièrement basse par rapport à celle des autres soumissionnaires lorsqu'elle émane d'un « dissident » réellement concurrentiel et que les autres entreprises avaient noué une entente les ayant conduit à déposer des offres anormalement élevées. […]

– Une offre ne saurait être qualifiée d'« anormalement basse » par seule référence aux autres offres, que ce soit leur moyenne générale, la moyenne des plus basses, la moyenne des trois suivant les deux plus basses, ou tout autre mode de calcul de cette nature qui a pu être imaginé, car une telle référence n'aurait aucun lien avec la compétitivité réelle de l'entreprise soumissionnaire, qui dépend notamment de la structure de ses coûts, de sa productivité, de sa compétence technique et de sa santé financière. Par ailleurs, l'estimation des maîtres d'œuvre et d'ouvrage reflète avec une bonne approximation les prix unitaires réellement payés par les acheteurs publics lors de marchés similaires ou comparables, mais passés et qui ont pu être conclus dans un contexte d'entente entre les soumissionnaires. Ces modes de détermination des « offres anormalement basses » pourraient conduire à éliminer la ou les seules offres réellement concurrentielles dans le cas, que le Conseil de la concurrence a de bonnes raisons de considérer comme n'étant ni théorique ni rare, où une entente aurait été nouée entre la plus grande partie des offreurs lors du marché considéré ou pour l'ensemble des marchés ayant servi de références à l'établissement de l'estimation du maître d'ouvrage.

– En résumé, l'appréciation du niveau d'une offre ne pourrait résulter que de l'analyse du rapport entre le bordereau des prix unitaires déposé et la structure des coûts de l'entreprise concernée.

Remarque

Il arrive parfois que l'offre anormalement basse soit la conséquence d'une erreur matérielle commise par l'entreprise au moment de l'établissement de son offre. Dans tous les cas, il faut demander à l'entreprise si elle entend, néanmoins, réaliser le marché conformément aux conditions de son offre de prix, notamment lorsque l'offre est globale et forfaitaire.

En l'absence de justification acceptable, le maître d'œuvre doit proposer au maître de l'ouvrage d'éliminer l'offre.

Mais il n'est pas rare qu'une entreprise essaye de trouver une parade à de telles interrogations en acceptant de s'engager ; le risque de difficultés en cours de chantier est alors élevé.

La parade suppose une correction arithmétique de l'erreur, qui va en général de pair avec une réduction de la marge de l'entreprise, l'entreprise ne pouvant augmenter son prix global et forfaitaire.

Non seulement cette correction ne suffit pas à « gommer » le caractère anormalement bas de l'offre, mais bien souvent elle le rend encore plus évident…

Solution

La réglementation et la jurisprudence protègent fortement les entreprises auteurs d'offres anormalement basses. Toute entreprise auteur d'une offre anormalement basse peut, sans difficulté, justifier son offre et placer le maître de l'ouvrage public dans la situation de ne pas être en mesure de pouvoir distinguer une offre visant à pénétrer des marchés nouveaux d'une offre de prix prédatrice.

En la matière, tous les risques sont pour le maître de l'ouvrage public : risque de recours en cas d'élimination d'une offre jugée à tort anormalement basse, risque de défaillance grave de l'entrepreneur en cours de travaux en cas d'acceptation de l'offre anormalement basse.

D'une manière assez paradoxale, il est plus facile pour le maître de l'ouvrage public d'éliminer une offre de prix simplement basse mais incohérente ou insuffisamment performante qu'une offre anormalement basse…

ÉQUIVALENCE DES NORMES

Identification du problème

L'appréciation de l'équivalence des normes et systèmes de certification de produits suppose la mise en place de procédures rigoureuses. À défaut, le maître de l'ouvrage prend le risque d'accepter une prestation aux performances insuffisantes et s'expose à un recours pour rejet abusif d'une offre étrangère.

Analyse

« Le marché unique [européen] requiert que les spécifications contractuelles ne soient pas discriminatoires à l'égard des fournisseurs et entrepreneurs de l'Espace économique européen. Cela conduit à admettre que certains produits peuvent être équivalents aux spécifications du marché, sans que leur conformité soit attestée sous la forme prescrite par le marché » (extrait de la recommandation n° T1-99 du GPEM Travaux et maîtrise d'œuvre, adoptée le 7 octobre 1999).

L'appréciation de l'équivalence, du ressort du maître d'œuvre, est délicate et fait courir un risque juridique majeur au maître de l'ouvrage :
– en cas d'acceptation erronée d'une prestation jugée, à tort, équivalente, le maître de l'ouvrage est à la merci du recours d'une entreprise évincée ;
– en cas de rejet d'une prestation jugée, à tort, non équivalente, le maître de l'ouvrage est à la merci du recours de l'entreprise injustement évincée.

Solution

Recommandation n° T1-99

La recommandation n° T1-99 du GPEM Travaux et maîtrise d'œuvre précitée donne aux maîtres d'ouvrage publics de nombreux conseils pour gérer cette difficulté, notamment sous la forme de clauses additives à faire figurer dans les CCAP des marchés de travaux.

Ainsi que l'a écrit Daniel Jouneau dans le *Guide Bonhomme de la maîtrise des projets de bâtiments*, « cette recommandation doit être considérée comme indispensable à tout maître d'ouvrage ayant à utiliser la notion d'équivalence entre normes ou entre systèmes de certification de produits ». Cette recommandation est disponible sur le site Internet du ministère de l'Économie, des Finances et de l'Industrie, à l'adresse suivante : www.minefi.gouv.fr/daj/guide/gpem/t1-99/t1_99.pdf

Exemple de clause pour le règlement de la consultation

La recommandation n° T1-99 prévoit l'adjonction dans le règlement de la consultation de la clause majeure suivante :

« Le soumissionnaire fournira avec son offre les certificats de conformité aux normes et marques de qualité concernant les produits suivants :
(…) Pour ceux de ces produits faisant référence à des normes ou marques de qualité étrangères, le soumissionnaire fournira tous les documents complémentaires permettant d'apprécier l'équivalence. »

« Les certificats originaux établis éventuellement dans une langue autre que le français devront être accompagnés de leur traduction en français. Seuls seront examinés les certificats émis par des organismes accrédités par des organismes d'accréditation signataires des accords dits « E.A. », ou à défaut ayant fourni la preuve de leur conformité à la norme EN 45011. »

Documentation

Collectif, *Guide Bonhomme de la maîtrise des projets de bâtiments*, Éditions du Moniteur (ouvrage à mises à jour).

STRATÉGIE FACE AUX VARIANTES

Identification du problème

L'article 50 du Code des marchés publics permet aux candidats aux appels d'offres de présenter une offre comportant des variantes.

Texte officiel

Code des marchés publics

Art. 50 – En cas d'appel d'offres ou de mise en concurrence simplifiée, sauf disposition expresse contraire figurant dans le règlement de la consultation, les candidats peuvent présenter une offre comportant des variantes par rapport aux spécifications des cahiers des charges qui ne sont pas qualifiées d'intangibles dans le règlement de la consultation. Les variantes doivent être proposées avec l'offre de base.

Analyse

Avantages des variantes

Pour le maître de l'ouvrage, les variantes présentent l'avantage de permettre d'utiliser le savoir-faire propre aux entreprises pour optimiser le rapport qualité-coût du futur ouvrage.

Pour les entreprises, les variantes présentent l'avantage de développer leur technicité tant dans le domaine des prestations intellectuelles que dans celui de l'innovation technologique.

Inconvénients des variantes

L'analyse des performances de certaines variantes au regard des règles d'appels d'offres peut se révéler délicat, voire complexe, et potentiellement sujette à erreur d'appréciation de la part du maître d'œuvre.

Si le maître d'œuvre conclut à tort à une équivalence de performance d'une variante moins chère, entraînant ainsi la sélection abusive de l'entreprise auteur de cette variante, le maître de l'ouvrage court un risque important de contentieux de la part de l'entrepreneur, objectivement mieux-disant, évincé à tort.

Réciproquement, si le maître d'œuvre conclut à tort à la non-équivalence de performance d'une variante réellement compétitive, entraînant ainsi l'éviction abusive de l'entreprise concernée, le maître de l'ouvrage court, là encore, un risque important de contentieux de la part de l'entrepreneur, objectivement mieux-disant, évincé à tort.

La généralisation des variantes, issue du Code des marchés publics de 2004, va donc augmenter sensiblement le risque juridique encouru par les maîtres d'ouvrage : les contentieux devraient, en la matière, se multiplier, avec un effet en cascade, le maître de l'ouvrage devant légitimement se retourner contre son maître d'œuvre sur le terrain de la responsabilité contractuelle si ce dernier a commis une erreur d'appréciation de la performance de la variante.

En cas de marchés par lots séparés, le choix d'une variante proposée par un entrepreneur pour un lot donné peut imposer des modifications colatérales dans les autres corps d'état, difficiles à gérer et même parfois illégales car perturbant l'économie de certaines offres.

Solutions

Latitude laissée au maître de l'ouvrage

Le maître de l'ouvrage dispose de toute latitude pour définir sa stratégie en matière de variantes :
– dans le silence des clauses du règlement de consultation, liberté totale accordée aux entreprises candidates ;
– interdiction totale ;
– variantes possibles pour certaines prestations ou certains corps d'état bien définis (variantes dites libres) ;
– variantes obligatoires pour certaines prestations ou certains corps d'état bien définis ;
– variantes obligatoires pour certaines prestations ou certains corps d'état bien définis, libres pour d'autres.

Dans tous les cas, la seule règle fondamentale à appliquer est l'absolue nécessité de clarté et de précision du règlement de consultation.

Traitement administratif des variantes

Les variantes s'analysent rigoureusement, comme l'offre de base (CMP, art. 53). De fait, la variante constitue une deuxième offre. Il existe toutefois une différence importante : comme pour l'offre de base, il appartient au maître d'œuvre de juger du niveau de performance de la variante au regard des clauses du dossier de consultation (notamment du CCTP), mais ce travail se révèle souvent bien plus difficile.

La variante n'est recevable que si l'entrepreneur a répondu à l'offre de base : bien que cette disposition soit prévue par le Code des marchés publics (art. 50), il est souhaitable de la rappeler aux entrepreneurs dans le règlement de la consultation. Cette disposition diminue le risque d'élimination d'offres incomplètes et accroît ainsi l'efficacité de la concurrence.

Orientations pour un choix stratégique

Si l'objectif du maître de l'ouvrage est l'optimisation, à tout prix, du rapport performance/coût de l'ouvrage, il ne doit pas hésiter à appliquer la règle de base prévue par l'article 50 du Code des marchés publics en laissant le champ des variantes totalement libre.

Dans le cas le plus général, le maître de l'ouvrage gagnera à définir, avec son maître d'œuvre, une stratégie de variantes mesurée, ciblée sur des prestations relevant de domaines que le maître d'œuvre maîtrise parfaitement, de manière à ne pas multiplier à outrance le risque juridique.

Remarque

Lorsque l'on constate que certains maîtres d'œuvre n'ont pas la capacité à réaliser les plans d'exécution d'un ouvrage, on peut légitimement s'inquiéter de la capacité de ces mêmes maîtres d'œuvre à juger du niveau de performance de variantes très techniques.

RELECTURE DES RAPPORTS D'ANALYSE D'OFFRES DE TRAVAUX

Identification du problème

L'élaboration du rapport d'analyse des offres est à la charge du maître d'œuvre pour les appels d'offres de travaux et à la charge du conducteur d'opération pour les appels d'offres de prestations intellectuelles. Il est fréquent de rencontrer des rapports peu clairs et ne respectant pas des règles essentielles pour la légalité du marché qui va suivre, notamment en matière de travaux.

Analyse

Le rapport d'analyse des offres est un document d'une importance capitale pour la sécurité juridique du maître de l'ouvrage. Une prise de risque minimale suppose un rapport clair et rigoureux.

Commentaire

La présente fiche correspond à l'hypothèse d'un appel d'offres ouvert. L'admissibilité de l'offre est supposée analysée en séance par la commission d'appel d'offres au vu des documents issus de la première enveloppe.

Solution

Contenu du rapport

Le rapport d'analyse des offres doit identifier et commenter :
– le contenu matériel des offres et la conformité de ce contenu avec le règlement ;
– la qualité de l'offre au regard des critères de jugement (présentés, si possible, dans leur ordre de priorité) ;
– les prix et quantités aberrants.

Remarque

Certains maîtres d'œuvre analysent les offres de marchés forfaitaires comme s'il s'agissait de marchés sur prix unitaires (correction du forfait pour tenir compte d'erreurs constatées dans la décomposition du prix global et forfaitaire alors que la règle est inverse). De telles pratiques illégales sont de nature à entraîner la nullité du marché.

Forme du rapport

Le rapport doit être présenté d'une manière logique :
– analyse des offres critère par critère ;
– tableaux comparatifs de prix ;
– propositions de l'auteur du rapport, en cohérence avec les analyses qui précèdent (cette cohérence est loin d'être systématiquement acquise).

Relecture du rapport

Il est hautement irresponsable de présenter à une commission d'appel d'offres un rapport d'analyse relu par son seul auteur. La relecture par un tiers qui va veiller au respect des cohérences rappelées dans la présente fiche est indispensable.

La répartition des rôles en la matière est présentée dans le tableau 10.12.1.

Tableau 10.12.1 – Relecture du rapport par un tiers.

Nature du futur marché	Intervenant chargé de l'analyse des offres et de la rédaction du rapport correspondant	Intervenant chargé de la relecture du rapport
Travaux	Maître d'œuvre	Conducteur d'opération (1)
Prestations intellectuelles	Conducteur d'opération (1)	Services du maître de l'ouvrage

(1) Ou services du maître de l'ouvrage lorsqu'il n'y a pas de conducteur d'opération externe.

GESTION DES NUISANCES RÉSULTANT DE TRAVAUX RÉALISÉS EN SITE OCCUPÉ

Identification du problème

Les opérations de réhabilitation lourde en site occupé sont toujours complexes et souvent source de conflits avec les utilisateurs du bâtiment. Le problème peut atteindre une acuité extrême pour des activités sensibles ou à risque, telles que certaines activités hospitalières.

Analyse

Si les spécialistes s'accordent pour affirmer que la réhabilitation d'un bâtiment en site occupé doit, dans toute la mesure du possible, être évitée, il n'en demeure pas moins que ce type d'opération est parfois incontournable. Lorsque c'est le cas, les nuisances doivent être réduites à la source ou, à défaut, gérées de manière consensuelle.

Solutions

Solution préventive

La réduction des nuisances sur un chantier est une démarche à intégrer dès la conception de l'ouvrage par une exigence appropriée du programme d'architecture et d'ingénierie.

Toutefois, la plupart des nuisances résultent des procédés constructifs ou de mise en œuvre du matériel ou des matériaux sur le chantier. La réduction de ces nuisances relève donc de la compétence propre des entreprises dans un domaine en général hors de la responsabilité directe de la maîtrise d'œuvre.

C'est donc au stade de l'établissement et du jugement des offres que les solutions adoptées par les entreprises en vue de réduire les nuisances doivent être décrites et analysées. En la matière, le recours à l'entreprise générale peut être une solution bien adaptée, car un seul acteur peut ainsi maîtriser les nuisances d'une manière transversale, pour l'ensemble des corps d'état.

Solution corrective

Toutes les nuisances ne peuvent malheureusement être évitées.

La mise en place d'un groupe de suivi des nuisances se réunissant hebdomadairement constitue un moyen efficace de gestion collective des contraintes de chantier en site occupé.

Ce groupe rassemble les représentants des acteurs suivants :
- maître de l'ouvrage ;
- conducteur d'opération ;
- maître d'œuvre ;
- coordonnateur de chantier (OPC) ;
- coordonnateur SPS ;
- entreprises concernées ;
- utilisateurs des locaux.

La présence au sein du groupe du ou des chefs des services concernés est fortement souhaitable.

Le groupe de suivi analyse chaque semaine les nuisances prévisionnelles identifiables au regard des activités de chantier de la semaine suivante.

Les entreprises concernées, le maître d'œuvre, le CSPS et l'OPC rappellent les solutions prévues pour réduire ces nuisances et les modifient ou les complètent en tant que de besoin.

Si les nuisance résiduelles restent incompatibles avec l'activité, des solutions fonctionnelles sont recherchées et mises en place : arrêt éventuel du chantier à certaines heures ou arrêt de l'activité, transfert d'activités dans des zones plus éloignées de la zone de travaux, protections supplémentaires, nouveaux circuits d'accès, etc.

Le groupe de suivi fait le point sur l'efficacité des mesures adoptées la semaine précédente et en tire les enseignements.

Pour les activités à haut risque (bloc opératoire par exemple), le chef de service concerné, s'il est reconnu pour sa modération et son objectivité, peut se voir doter d'une ligne téléphonique « rouge » lui permettant d'arrêter le chantier. L'ensemble des acteurs concernés doit avoir conscience que le processus de suivi mis en place aura prouvé son efficacité si, en fin de travaux, le « téléphone rouge » n'a pas été utilisé…

NÉCESSAIRE GESTION DES TRAVAUX MODIFICATIFS

Identification du problème

La construction d'un bâtiment est presque toujours celle d'un prototype, que nul ne sait achever sans un minimum d'ajustements de prestations.

En pratique, à ces nécessaires ajustements s'ajoutent les modifications résultant d'aléas de nature diverse (aléas techniques ou administratifs, aléas de sol ou nouvelle réglementation, par exemple), les modifications demandées par le maître de l'ouvrage, et les modifications demandées par le maître d'œuvre en raison des imperfections de ses dossiers d'études.

Pour l'ensemble des motifs rappelés ci-avant, la construction d'un bâtiment sans aucune modification est une utopie.

Or, le marché de travaux est un contrat qui lie une entreprise et le maître de l'ouvrage. Le maître d'œuvre a le pouvoir de gérer ce contrat par le biais d'outils contractuels, et notamment par le CCAG applicable aux marchés publics de travaux, mais il n'a en général pas le pouvoir de modifier les prestations prévues au contrat, ni celui d'engager des dépenses supplémentaires.

Analyse

Pour permettre au maître d'œuvre de gérer correctement les marchés de travaux et au maître de l'ouvrage de conserver la responsabilité du programme et de l'engagement des dépenses, un processus décisionnel clair et pratique doit être mis en place. Il doit permettre que les modifications de prestations soient réalisées dans le respect des règles du contrat et des règles de la comptabilité publique.

Solution

Principe

La solution repose sur un principe simple : toute modification de coût ou de prestation doit faire l'objet d'une décision préalable du maître de l'ouvrage.

Processus dit « de la fiche de travaux modificatifs »

En pratique, l'objectif recherché est atteint par la mise en œuvre du processus dit « de la fiche de travaux modificatifs » (voir figure 10.14.1).

Impérieuse nécessité d'un classement des travaux modificatifs

Comme les modifications du programme, les travaux modificatifs doivent faire l'objet d'un classement en quatre catégories. À défaut, la gestion des engagements contractuels du maître d'œuvre est quasi impossible (voir fiche 9.04).

10.14 NÉCESSAIRE GESTION DES TRAVAUX MODIFICATIFS

Demande de travaux modificatifs

Le demandeur peut être l'un quelconque des intervenants au titre de l'opération de construction, à l'exception des utilisateurs futurs de l'ouvrage, pour lesquels il est fortement recommandé que les demandes transitent par un représentant habilité à engager le maître de l'ouvrage.

↓

Devis

Établi par l'entrepreneur, vérifié et si nécessaire corrigé par le maître d'œuvre, puis transmis au conducteur d'opération avec les observations du maître d'œuvre

↓

Fiche de travaux modificatifs

Établie par le conducteur d'opération qui classe les travaux modificatifs dans l'une des quatre catégories contractuelles, formule son avis, puis transmet la fiche au représentant légal du maître de l'ouvrage

↓

Décision

du représentant légal du maître de l'ouvrage

↓

Décision positive

Ordre de service du maître d'œuvre à l'entrepreneur

Décision négative

Lettre de refus du maître d'œuvre à l'entrepreneur

Figure 10.14.1 – Mise en œuvre du processus de la fiche de travaux modificatifs (source : Philippe Estingoy et Michel Rabatel, Montage et suivi d'une opération de construction, *Éditions du Moniteur, 1994, 2e éd., 2002).*

PRÉSENCE DU CONDUCTEUR D'OPÉRATION AUX RÉUNIONS DE CHANTIER

Identification du problème

La réunion de chantier est un contexte à risque juridique important pour un conducteur d'opération :
– les situations favorables à l'immixtion (voir fiche 2.13) dans le domaine de compétence du maître d'œuvre sont fréquentes et parfois insidieuses ;
– la seule présence du conducteur d'opération, technicien « réputé compétent », à une réunion de chantier peut l'amener à cautionner une décision du maître d'œuvre ou de l'entreprise du seul fait qu'il n'aura pas marqué sa désapprobation, et à engager ainsi sa responsabilité ;
– un entrepreneur peut profiter de la présence du conducteur d'opération en réunion de chantier pour le prendre à témoin d'une erreur du maître d'œuvre et essayer de décrédibiliser ce dernier.

Analyse

Les risques recensés ci-avant doivent être connus par le conducteur d'opération, qui doit les assumer et les gérer en tant que risques inhérents à son métier.

La question de la participation du conducteur d'opération aux réunions de chantier se pose depuis la création de ce métier, issu de la réforme de 1973. Certains spécialistes y répondaient par la négative. Aujourd'hui, le débat n'est pas clos, même si la nécessité de la présence du conducteur d'opération aux réunions de chantier s'impose comme une évidence pour beaucoup d'acteurs.

Solution

Réponse à l'attente du maître de l'ouvrage

Si le représentant légal du maître de l'ouvrage choisit de participer aux réunions de chantier malgré les mises en garde qui ont pu lui être adressées à ce sujet, il ne peut aborder cette réunion sans être accompagné du conducteur d'opération, qui pourra lui éviter de commettre de graves erreurs (voir fiche 2.25).

Si le représentant du maître de l'ouvrage décide de ne pas participer aux réunions de chantier, il y exigera en général la présence d'un observateur en la personne du conducteur d'opération.

Remarque

Contrairement à un mandataire, le conducteur d'opération n'a pas la capacité juridique de représenter le maître de l'ouvrage, c'est-à-dire le pouvoir de contracter des engagements en ses lieu et place.

Sept arguments en faveur de la participation du conducteur d'opération à la réunion de chantier

La réunion de chantier est un lieu de communication privilégié entre entreprises, maître d'œuvre, contrôleur technique, coordonnateur de sécurité et indirectement maître de l'ouvrage. Elle est destinée par essence à mettre en évidence et à résoudre les difficultés survenant dans le déroulement de l'opération.

Un conducteur d'opération qui ne participe pas aux réunions de chantier ne peut être crédible, tant les tâches qui lui incombent pendant où à l'issue de ces réunions sont nombreuses et importantes.

Au cours ou à l'issue des réunions de chantier, le conducteur d'opération est ainsi amené à :
– protéger le représentant du maître de l'ouvrage (si celui-ci est présent) contre d'éventuelles erreurs ou maladresses qui pourraient lui être préjudiciables, notamment des prises de décision hâtives sous la pression des entreprises ;
– veiller à ce que les travaux modificatifs soient gérés dans les conditions définies aux marchés ;
– attirer l'attention du maître de l'ouvrage sur les conséquences de certaines modifications (surcoûts d'investissement ou de maintenance, dérogations au programme) ;
– déceler les signes précurseurs de défaillance de l'un des acteurs ;
– proposer au plus tôt les mesures de sauvegarde à adopter en cas de défaillance de l'un des acteurs ;
– veiller à ce que maître d'œuvre, coordonnateur de travaux, contrôleur technique, coordonnateur de sécurité et autres prestataires intellectuels éventuels accomplissent complètement la part de leur mission relative aux travaux, dans le respect de leurs marchés respectifs ;
– diffuser, en cas de besoin, aux participants (entrepreneurs compris) les informations nécessaires à la bonne connaissance des procédures administratives (sous-traitance, décision de poursuite des travaux, mise à disposition de parties d'ouvrage, etc.) et les informer de leurs implications.

Source

Philippe Estingoy et Michel Rabatel, *Montage et suivi d'une opération de construction*, Éditions du Moniteur, 1994, 2e éd., 2002.

VISITE DU CHANTIER PAR LES FUTURS UTILISATEURS

Identification du problème

Les maîtres d'ouvrage publics subissent souvent une forte pression de la part des utilisateurs du futur bâtiment pour visiter le chantier.

Une réponse favorable peut générer des dérives, notamment des demandes de modification des locaux ; une réponse défavorable génère non seulement des tensions mais aussi, et assez systématiquement, des tentatives de visites sauvages du chantier, avec tous les risques que cela suppose pour les personnes.

Analyse

Entre deux maux, le maître de l'ouvrage doit choisir le moindre : le risque de visites sauvages doit l'inciter à accepter des visites organisées.

Solution

Les visites de chantier organisées et destinées aux futurs utilisateurs doivent, pour être constructives, obéir à certaines règles.

– La fréquence est à adapter à la taille et à la durée du chantier. Pour les chantiers d'une durée inférieure à un an, une visite tous les deux mois est une fréquence satisfaisante ; en tout état de cause, une visite par mois constitue une fréquence maximale. Pour les chantiers d'une durée supérieure à un an, une visite par trimestre suffit.

– La visite est évidemment à organiser en étroite relation avec le chef de chantier, le maître d'œuvre et le coordonnateur de sécurité ; elle est nécessairement accompagnée, tant pour des motifs de sécurité que pour pouvoir présenter des commentaires appropriés.

– Les mesures de sécurité à prendre doivent être définies préalablement et mises en œuvre à chaque visite (casques, bottes, etc.).

– Le nombre de participants doit être limité (rarement plus de dix personnes) en fonction des impératifs de sécurité.

– Un lieu et une heure de rendez-vous doivent être fixés ; les retardataires ne sont pas admis.

– L'organisation de telles visites suppose un consensus préalable sur un point clé : en aucun cas la visite ne peut conduire à une remise en cause du projet.

GESTION ET PAIEMENT DES DÉPENSES COMMUNES DE CHANTIER

Identification du problème

Lorsque les travaux sont traités en lots séparés, la gestion des dépenses communes de chantier – qu'il s'agisse de dépenses d'investissement (construction des locaux de chantier par exemple) ou de fonctionnement (consommation électrique d'une grue, etc.) – est une question complexe, souvent source de conflits.

Analyse

Les dépenses communes de chantier recouvrent des prestations souvent nombreuses et onéreuses.

Les dépenses communes de chantier non affectées à des entreprises par le biais de leurs contrats respectifs sont réputées couvertes par le compte des dépenses communes, dit compte *prorata*.

Les conflits ont en général deux origines :
– pour une dépense commune affectée à une entreprise, la non-exécution de la prestation ;
– pour les dépenses affectées au compte *prorata*, le retard voire le refus de versement de sa participation par une entreprise.

Commentaire

Exemple de dépenses communes de chantier : salle de réunion, chauffage en cours de chantier, transformateur provisoire et consommation électrique, clôture, panneau de chantier, gardiennage, etc.

Solutions

Solution préventive

La solution préventive repose sur deux principes simples :
– clarté des clauses du contrat relatives aux dépenses communes de chantier ;
– affectation, contractuelle, d'un maximum de dépenses à des entreprises déterminées.

Le deuxième principe a pour conséquence de transformer la dépense commune en une prestation d'intérêt commun due par une entreprise déterminée et prévue comme telle dans son offre de prix.

Exemples

1. La construction des locaux de chantier est mise à la charge de l'entreprise de gros œuvre.
2. Les installations de préchauffage du bâtiment sont mises à la charge du lot chauffage-ventilation ;
3. La consommation d'énergie pour le préchauffage du bâtiment est mise à la charge du lot plâtrerie-peinture.

Le mode de répartition des dépenses communes doit être parfaitement explicité dans le CCAP. Une entreprise doit être désignée pour assurer la coordination de ces dépenses et la gestion du compte associé.

Le maître de l'ouvrage et le maître d'œuvre ne doivent se préoccuper de cette gestion qu'au stade de la rédaction des pièces contractuelles des marchés de travaux et en cas de litige entre les entreprises.

Solution corrective

• *Non-exécution d'une prestation individualisée par une entreprise*

En cas de non-exécution d'une prestation d'intérêt commun par une entreprise, certains maîtres d'œuvre exigent la prise en charge de cette prestation par le compte des dépenses communes. (L'exemple le plus fréquent est la prise en charge au titre du compte *prorata* de la part de nettoyage incombant à l'entreprise.)

Ce réflexe, lié au caractère « commun » de la prestation, oublie la nature juridique de celle-ci et conduit à l'imputation au compte *prorata* d'une dépense indue. Le premier conflit peut alors en générer d'autres, issus de refus en cascade de versements de participations à la gestion de ce compte.

La non-exécution d'une prestation d'intérêt commun par une entreprise doit se traiter exactement comme la non-exécution d'une autre prestation contractuelle (voir fiche 13.01).

• *Refus de paiement de la participation au compte* prorata

Le compte des dépenses communes est un marché de droit privé. Pour se prémunir contre les risques liés au non-paiement des participations, l'entreprise gestionnaire du compte des dépenses communes demande parfois au maître de l'ouvrage de conditionner le paiement du solde de chaque marché de travaux à la fourniture préalable d'un quitus de solde de la ligne du compte *prorata* de l'entreprise correspondante. Cette disposition, qui facilite considérablement la tâche du gestionnaire du compte *prorata*, est juridiquement contestable. En effet, elle conditionne le solde d'un marché public à la bonne exécution d'un marché privé.

En cas de difficulté, il est toutefois normal que le maître d'œuvre dans un premier temps, le maître de l'ouvrage ensuite, viennent en aide au gestionnaire du compte des dépenses communes :

– le maître d'œuvre est habilité à analyser l'origine du conflit et à apporter sa médiation ;
– si le marché le prévoit, la somme litigieuse peut être versée par le maître de l'ouvrage sur un compte de consignation jusqu'à la résolution du litige (fût-ce par voie judiciaire).

11

CONCEPTION-RÉALISATION

Identification du problème

La conception-réalisation est la procédure par laquelle le maître de l'ouvrage confie simultanément la conception et la réalisation d'un ouvrage à un prestataire unique (au sens juridique du terme ; en fait, dans la plupart des cas, le concepteur-réalisateur est un groupement).

Concepteur de l'ouvrage et entrepreneur se fondent au sein d'une même entité qui fait disparaître la notion traditionnelle de maîtrise d'œuvre et l'acteur indépendant correspondant.

L'absence de cet intervenant majeur est déconcertante pour un maître de l'ouvrage inexpérimenté en conception-réalisation ; de plus, elle pose des problèmes indirects qu'il est nécessaire de bien identifier, voire de corriger.

Analyse

En procédure classique, le maître d'œuvre fournit quatre types de prestations complémentaires :

– il conçoit l'ouvrage et veille à sa bonne réalisation (jusqu'à la loi MOP, la jurisprudence utilisait la référence à ce couple de prestations pour définir la mission de maîtrise d'œuvre) ;

– il a la charge de la gestion et du suivi de la bonne exécution du ou des marchés de travaux (notamment par le biais des tâches administratives et de contrôle que lui attribue le CCAG applicable aux marchés publics de travaux) ;

– il est tenu à un devoir de conseil envers le maître de l'ouvrage, notamment en matière de choix de solutions techniques et de matériaux ;

– il sert d'écran juridique protecteur au maître de l'ouvrage dans tous les actes juridiques associant avis technique et décision administrative, notamment au stade des opérations de réception des ouvrages.

En procédure de conception–réalisation, cette notion traditionnelle de maîtrise d'œuvre garante des intérêts du maître de l'ouvrage et de la bonne exécution des marchés de travaux n'existe plus. La conception-réalisation fait disparaître l'indépendance entre maître d'œuvre et entreprise.

Solution

Il est nécessaire, pour le maître de l'ouvrage, d'apporter des éléments compensatoires à la disparition de la notion traditionnelle de maîtrise d'œuvre, par la mise en place d'une mission d'assistance technique au maître de l'ouvrage, qui permet de combler les lacunes mises en évidence dans l'analyse ci-avant, à l'exclusion de la production de prestations portant responsabilité en matière de conception.

Cette mission, qualifiée d'assistance technique au maître de l'ouvrage (ATMO) par certains auteurs (voir § Documentation), ne doit pas être confondue avec la mission de conduite d'opération, qui conserve toute sa pertinence.

Le profil type d'un ATMO de conception-réalisation est celui d'une structure d'ingénierie aux compétences à la fois administratives et techniques. Cette structure doit posséder des références de missions analogues ou de missions de maîtrise d'œuvre pour des projets d'une complexité comparable à celle du projet considéré. Pour les grands projets, elle doit être en mesure de soutenir des débats contradictoires avec le concepteur-réalisateur sur des sujets techniques complexes (par exemple, l'installation électrique).

Les principales prestations à exiger de l'ATMO (par le biais du CCTP de son marché) sont :
– l'assistance au maître de l'ouvrage lors de l'analyse des offres et de la mise au point du marché de conception-réalisation ;
– la vérification que les études réalisées par le groupement concepteur-réalisateur sont à tous les stades conformes au programme de conception-réalisation de l'opération et aux dossiers d'études antérieurs ;
– le contrôle de la conformité des divers documents d'exécution et de synthèse avec le programme de conception-réalisation de l'opération et les dossiers d'études antérieurs ;
– la vérification de la bonne exécution des travaux et du respect du calendrier contractuel ;
– la comptabilisation des retards et l'application des pénalités éventuelles ;
– l'établissement des ordres de service et des constats contradictoires nécessaires à la bonne exécution du marché de conception-réalisation ;
– la vérification des décomptes mensuels et l'établissement des états d'acompte ;
– l'établissement des procès-verbaux des opérations préalables à la réception conjointement avec

l'architecte cotraitant du groupement concepteur-réalisateur ;
- la proposition de la réception des travaux au représentant légal du maître de l'ouvrage ;
- l'assistance au maître de l'ouvrage en cas de réserves ou de réclamations formulées par le groupement, ou en cas de litige sur le règlement ou l'exécution des prestations ;
- le conseil au maître de l'ouvrage dans ses choix d'options techniques en réponse aux alternatives éventuellement proposées par le groupement concepteur-réalisateur ;
- l'assistance au maître de l'ouvrage pendant la période de garantie de parfait achèvement.

Commentaire

L'ATMO apporte une sécurité juridique au maître de l'ouvrage :
- en ne permettant pas aux services du maître d'ouvrage de s'immiscer, leur coresponsabilité ne peut pas être invoquée ;
- en agissant en qualité d'intervenant responsable, couvert par une assurance responsabilité civile et décennale.

Documentation

Philippe Estingoy et Michel Rabatel, *Montage et suivi d'une opération de construction*, Éditions du Moniteur, 1994, 2e éd., 2002.

MAINH, *Conception-réalisation : guide pour le choix et la mise en œuvre*, juillet 2004 (disponible sur Internet à l'adresse suivante : http://www.mainh.sante.gouv.fr/Documents/Actu_47_guide%20conception%20réalisation.pdf).

NÉCESSITÉ D'UNE MAÎTRISE D'OUVRAGE FORTE

Identification du problème

Dans les années quatre-vingts, certaines équipes de conception-réalisation lauréates de projets nationaux vantaient cette procédure avec un discours du type : « Passez-nous la commande, nous nous occuperons de tout. » À l'expérience, ce discours et la procédure se révèlent totalement antinomiques.

La conception-réalisation peut être un outil efficace et performant si, et seulement si, le maître de l'ouvrage se donne les moyens adaptés pour la maîtriser.

Analyse

Les prestations dues au titre des marchés de conception-réalisation sont très peu encadrées sur le plan réglementaire. Le maître de l'ouvrage ne peut donc compter que sur le contenu de son contrat pour se protéger.

Par la nature même des projets traités avec cette procédure (nécessité d'une taille minimale et complexité fréquente), seules sont aptes à répondre à la commande des entreprises générales (ou des groupements d'entreprises) bien structurées dans les domaines technique, administratif et juridique.

Les entreprises répondant à ce profil sont en général très strictes sur l'application des termes des contrats, qui doivent donc être d'une grande rigueur et d'une grande clarté.

Commentaire

La procédure de conception-réalisation est une procédure quasi impossible à maîtriser pour un maître de l'ouvrage qui ne sait pas se doter des outils administratifs spécifiques indispensables et s'assurer le concours de prestataires compétents.

Ces difficultés ont plusieurs origines, notamment :
– absence d'outils administratifs appropriés (absence de CCAG par exemple) ;
– impérieuse nécessité d'une définition complète, claire et précise de la commande par le maître de l'ouvrage sous la forme d'un programme aux caractéristiques spécifiques (voir fiche 11.04) ;
– nécessité de combler l'absence d'intermédiaire compétent pour assister le maître de l'ouvrage dans ses relations contractuelles avec l'ensemblier ;
– au stade du programme, difficulté de définir des objectifs qualitatifs contractuels mesurables pour toutes les prestations de second œuvre ;
– risque de prépondérance de la logique d'entreprise dans les choix de conception de l'ouvrage.

Une maîtrise insuffisante de ces difficultés peut être à l'origine de sérieux déboires pour le maître de l'ouvrage, notamment en matière de qualité des ouvrages ou de respect du budget prévisionnel de l'opération.

Source

D'après Philippe Estingoy et Michel Rabatel, *Montage et suivi d'une opération de construction*, Éditions du Moniteur, 1994, 2e éd., 2002.

Solution

Avant d'opter pour la procédure de conception-réalisation, le représentant du maître de l'ouvrage doit se poser les cinq questions suivantes.
1. Quels avantages cette procédure peut-elle procurer au regard du projet à réaliser ? (Le guide *Conception-réalisation* de la MAINH peut aider le maître de l'ouvrage à répondre à cette question – voir § Documentation.)
2. Le recours à cette procédure, dont l'usage est restreint par la loi, sera-t-il légal pour le projet à réaliser ?
3. Mes structures propres de maîtrise d'ouvrage sont-elles capables de rédiger les pièces administratives, très spécifiques d'un marché de conception-réalisation, en particulier un document substitutif au CCAG (voir fiche 11.07) ?
4. Mes structures propres de maîtrise d'ouvrage sont-elles capables d'assurer la mission de conduite d'une telle opération ?
5. Mes structures propres de maîtrise d'ouvrage sont-elles capables d'assurer la mission d'ATMO (définie par la fiche 11.01) ?

Les réponses positives aux questions 1 et 2 constituent des prérequis. Des réponses négatives aux questions 3, 4 et 5 mettent en évidence des faiblesses qui doivent être comblées par le recours à des prestataires externes spécialisés.

Documentation

MAINH, Conception-réalisation : guide pour le choix et la mise en œuvre, juillet 2004 (disponible sur Internet à l'adresse suivante : http://www.mainh.sante.gouv.fr/Documents/Actu_47_guide%20conception%20réalisation.pdf).

GESTION CONTRACTUELLE DE L'« EFFET DE CLIQUET »

11.03

Identification du problème

En procédure de conception-réalisation, le programme est classé en tête de la hiérarchie des pièces contractuelles. En règle générale, cette disposition protège le maître de l'ouvrage en imposant tout au long de l'opération un niveau minimal de qualité. Toutefois, le niveau de qualité de certaines prestations proposées par le groupement concepteur-réalisateur au stade de l'offre, voire au stade de certaines étapes de conception postérieures à l'offre, peut présenter des performances que ce groupement a volontairement choisies supérieures à celles du programme.

Paradoxalement, dans la gestion du contrat, la référence systématique au programme peut permettre de revenir à des prestations moins performantes, répondant strictement aux exigences du programme.

Analyse

L'offre de conception-réalisation, du niveau d'un APS, ne permet pas de définir avec précision toutes les prestations. Le maître de l'ouvrage ne découvre certaines prestations dans le détail qu'au stade des études de projet (et sous la réserve expresse que cette phase d'étude ait été imposée par voie contractuelle), voire en cours de travaux.

Il n'est pas rare que le gestionnaire du marché de conception-réalisation (dit ATMO – voir fiche 11.01) découvre alors que telle prestation présente des performances en deçà du niveau contractuel imposé par le programme. Il a alors besoin d'imposer le retour aux performances exigées par le programme pour garantir au maître de l'ouvrage le niveau de qualité dû.

Ce schéma est le plus courant et fait obstacle au changement de position hiérarchique du programme dans les pièces contractuelles. Mais le concepteur-réalisateur peut le retourner à son profit en exigeant le retour au programme pour une prestation qu'il a très clairement prévue avec des performances supérieures, notamment au stade de son offre, dans le but de présenter au jury un projet plus performant que celui de ses concurrents.

Solution

Pour se prémunir contre ce type de remise en cause, il est nécessaire que le règlement de consultation et le CCAP du marché de conception-réalisation contiennent une clause précisant que toutes les prestations proposées par le contractant, à un stade quelconque de la conception ou de l'exécution de l'ouvrage, et présentant un niveau de performance supérieur à celui du programme, sont réputées acquises par le maître de l'ouvrage (« effet de cliquet »).

Pour les prestations jugées d'un niveau inférieur par l'ATMO, ce sont celles du programme qui priment, sauf acceptation formelle de l'écart par le maître de l'ouvrage.

La gestion pratique de cette disposition passe par l'utilisation d'un « cahier des écarts » contractuel, remis par le candidat au stade de son offre, vérifié par l'ATMO et, si nécessaire, amendé au stade de la mise au point du marché. Aux stades ultérieurs, le cahier des écarts suit les évolutions de prestations en plus ou en moins comme un tableau de bord de gestion de travaux modificatifs en procédure classique. Toutefois, le cahier des écarts est contractualisé, à chaque évolution, par un ordre de service accepté sans réserve.

Source

D'après MAINH, *Conception-réalisation : guide pour le choix et la mise en œuvre*, juillet 2004 (disponible sur Internet à l'adresse suivante : http://www.mainh.sante.gouv.fr/Documents/Actu_47_guide%20conception%20réalisation.pdf).

SPÉCIFICITÉ DU PROGRAMME DE CONCEPTION-RÉALISATION

Identification du problème

En procédure de conception–réalisation, le programme est classé en tête de la hiérarchie des pièces contractuelles. Cette position confère à cette pièce une importance juridique capitale qui a une conséquence directe : le programme de conception-réalisation ne peut souffrir ni erreur ni oubli sans préjudice pour le maître de l'ouvrage.

Analyse

En procédure dite « classique », le programme de l'opération, encore appelé programme d'architecture et d'ingénierie, peut évoluer jusqu'au stade des études d'avant-projet inclus. L'article 2 de la loi sur la maîtrise d'ouvrage publique est très explicite en la matière : « Le programme et l'enveloppe financière prévisionnelle, définis avant tout commencement des avant-projets, pourront toutefois être précisés par le maître de l'ouvrage avant tout commencement des études de projet. »

Cette latitude permet au maître de l'ouvrage d'enrichir le programme au vu des observations formulées par le maître d'œuvre et de corriger les lacunes éventuelles du document.

Une telle possibilité n'existe pas en conception-réalisation.

Par ailleurs, en procédure classique comme en conception-réalisation, un bon programme doit fixer des exigences et des performances sans imposer de solution technique. Or la description performantielle des composants d'un ouvrage n'est pas toujours aisée ; de plus, la vérification des performances contractuelles peut, pour certaines prestations, se révéler difficile.

Les insuffisances actuelles des méthodes de description performantielle – admissibles en procédure classique en raison des possibilités, compensatrices, de gestion de la qualité issues de la démarche progressive de conception (esquisse, APS, APD, etc.) – doivent faire l'objet de solutions appropriées en conception-réalisation, notamment en vue de l'obtention de prestations de qualité pour certains constituants de second œuvre.

Solutions

Performances du programme

Avec la procédure de conception-réalisation, le maître de l'ouvrage doit se donner les moyens d'obtenir un programme d'excellente qualité. Cela suppose une sélection rigoureuse du programmiste (voir fiche 3.01) et une démarche de programmation conduite dans un délai suffisamment long. Tout gain de temps arbitraire à ce stade de l'opération fera courir au maître de l'ouvrage un risque sans commune mesure avec l'enjeu de calendrier.

Qualité des prestations de second œuvre

Les insuffisances des méthodes de description performantielle ne peuvent être comblées qu'à l'aide d'un recours prudent à la rédaction descriptive.

Il existe en la matière deux solutions.

• *Solution 1*

En annexe au programme de conception-réalisation, le programmiste ou l'ATMO ajoute un cahier descriptif des prestations de second œuvre. Ce cahier ne doit concerner qu'une liste limitée de prestations judicieusement sélectionnées en fonction de l'importance de leurs performances futures pour le bon fonctionnement de l'ouvrage (par exemple, dans un hôpital : ventilo-convecteurs, ascenseurs, portes des locaux accessibles aux chariots, etc.). Ce cahier, rédigé comme un CCTP de marché de travaux, est toutefois clairement présenté comme étant destiné à fixer un niveau minimal de performance : toute prestation présentant des performances équivalentes sera acceptée.

Remarque

Le CCAP du marché de conception-réalisation précise qui a compétence pour juger de l'équivalence de performances ; en général, il s'agit de l'ATMO, éventuellement associé au contrôleur technique.

• *Solution 2*

Le règlement de l'appel d'offres fait obligation aux candidats de fournir, en annexe à leur offre, un cahier définissant avec précision certaines prestations (marques et types des composants en particulier), correspondant à une liste prédéterminée. Cette liste est judicieusement établie en fonction de l'importance des performances futures de divers éléments nécessaires au bon fonctionnement de l'ouvrage.

• *Avantages, inconvénients*

La solution 2 est plus claire en matière de responsabilité de conception et plus conforme à l'esprit de la procédure de conception-réalisation. Elle présente l'inconvénient de donner moins de garanties au maître de l'ouvrage : l'auteur de la meilleure offre pourra, dans un ensemble globalement satisfaisant, proposer quelques équipements bas de gamme qui devront être remplacés au stade de la mise au point du marché ou, si la modification est trop importante, par un avenant, généralement porteur de plus-value.

CONSÉQUENCE DES ERREURS DE CONCEPTION

Identification du problème

Le lauréat de l'appel d'offres de conception-réalisation est assez souvent l'équipe qui a le mieux optimisé le rapport qualité/coût de son projet (notamment lorsque la commission technique et le jury ont fait correctement leur travail). Par voie de conséquence, l'équipe lauréate est aussi, et assez souvent, l'équipe qui signe le contrat avec la marge bénéficiaire la plus faible.

Parallèlement, l'objectif économique d'une entreprise est de faire le bénéfice maximal.

La conjonction de ces deux éléments contradictoires peut, en certaines circonstances, amener le mandataire du groupement concepteur-réalisateur à adopter des comportements tendancieux.

Deux situations sont fréquentes :
- tentation de facturer au maître de l'ouvrage les prestations consécutives à des erreurs de conception (cas traité dans la présente fiche) ;
- surfacturation des prestations consécutives à des modifications de programme (cas traité dans la fiche 11.06).

Analyse

Dans la procédure classique, une erreur de conception génératrice d'un surcoût ne dispense pas le maître de l'ouvrage de rémunérer l'entreprise pour les travaux correspondants ; au mieux, la réfaction éventuellement applicable à la rémunération du maître d'œuvre représente 8 % à 15 % de ce surcoût, selon le taux de rémunération et les règles de calcul de l'abattement.

Dans la procédure de conception-réalisation, les surcoûts pour erreurs de conception sont à la charge du groupement concepteur-réalisateur. En la matière, il est difficile de parler de véritable économie. Il s'agit plutôt d'une absence de dépense supplémentaire de l'ordre de 1 % à 3 % du montant des travaux.

Remarque

Contrairement à l'image donnée par l'anecdote de l'architecte oubliant l'escalier, les erreurs de conception graves sont assez rares. Pour une opération donnée, il est tout à fait exceptionnel que l'ensemble des erreurs de conception génère plus de 3 % de surcoût. (Seule l'étude d'un classement rigoureux des travaux supplémentaires, tel que préconisé dans la fiche 9.04 et réalisé sur plus d'une centaine d'opérations, a pu permettre aux auteurs de l'ouvrage Montage et suivi d'une opération de construction *de mesurer objectivement ce surcoût).*

Commentaire

Nous conviendrons de qualifier d'erreur de conception toute erreur ou tout oubli de prestation qui entraîne l'une des conséquences suivantes :
- rendre l'ouvrage impropre à sa destination ;
- faire obstacle au bon fonctionnement de l'ouvrage ou de l'un de ses équipements ;
- rendre l'ouvrage ou l'un de ses équipements non conforme au programme de conception-réalisation.

Solution

Seul un suivi technique précis de l'opération par un homme de l'art peut garantir au maître de l'ouvrage l'identification correcte des travaux modificatifs et leur classement suivant leur origine (voir fiche 9.04).

Cette question met une fois de plus en évidence l'impérieuse nécessité, pour le maître de l'ouvrage, de se faire assister par un ATMO (voir fiche 9.01).

CONSÉQUENCE DES MODIFICATIONS DE PRESTATIONS

Identification du problème

Le lauréat de l'appel d'offres de conception-réalisation est assez souvent l'équipe qui a le mieux optimisé le rapport qualité/coût de son projet (notamment lorsque la commission technique et le jury ont fait correctement leur travail). Par voie de conséquence, l'équipe lauréate est aussi, et assez souvent, l'équipe qui signe le contrat avec la marge bénéficiaire la plus faible.

Parallèlement, l'objectif économique d'une entreprise est de faire le bénéfice maximal.

La conjonction de ces deux éléments contradictoires peut, en certaines circonstances, amener le mandataire du groupement concepteur-réalisateur à adopter des comportements tendancieux.

Deux situations sont fréquentes :
- tentation de facturer au maître de l'ouvrage les prestations consécutives à des erreurs de conception (cas traité dans la fiche 11.05) ;
- surfacturation des prestations consécutives à des modifications du programme (cas traité dans la présente fiche).

Analyse

Dans la procédure classique, les dépenses supplémentaires de travaux n'ont pas nécessairement un impact sur les marchés de prestations intellectuelles (voir fiche 5.04). Pour traiter de cette question dans le cadre d'un marché de conception-réalisation, il convient de ne pas oublier que ce type de marché s'articule sur un marché confié à une entreprise générale et qu'en la matière les coûts de travaux sont à majorer de frais de nature diverse. Donc, en conception-réalisation, le maître de l'ouvrage va voir ses dépenses pour travaux supplémentaires nécessairement majorées d'au moins 5 % à 7 %, voire plus (voir fiche 4.10).

Par ailleurs, il est fréquent que le mandataire du groupement mette à profit les demandes de modifications pour tenter d'accroître sa marge. Trois tactiques méritent d'être signalées :
- le mandataire profite de l'imprécision du CCTP (qu'il a lui-même élaboré) pour facturer, en annexe à la prestation modificative et sous le libellé prestations supplémentaires, des prestations qui, en fait, sont dues au titre de son marché à prix global et forfaitaire car indispensables au bon fonctionnement de l'ouvrage. Sur ce point, l'analyse des devis modificatifs ne peut se faire avec les règles d'un marché de travaux classique. En effet, le groupement doit non seulement les prestations expressément décrites dans le CCTP, mais aussi toutes les prestations nécessaires pour réaliser un ouvrage complet, adapté à son usage, respectant le programme et fonctionnant de manière satisfaisante (voir fiche 11.05) ;
- le mandataire facture, en sus des prestations chiffrées à l'aide d'unités d'œuvre, toutes sortes de sujétions (location de grue, temps de chef de chantier, temps de secrétariat, plans d'exécution, etc.), alors même que ces prestations sont, en général, réputées incluses dans les prix d'unité utilisés pour élaborer le devis ;
- le mandataire propose la réalisation des prestations modifiées avec des unités d'œuvre ne correspondant pas à des prix unitaires contractuels ou au contraire assises sur des postes à prix unitaires très élevés (cette dérive n'est pas spécifique à la conception-réalisation).

En conclusion, dans un marché de conception-réalisation, le maître de l'ouvrage a la quasi-certitude que les travaux modificatifs vont lui coûter plus cher qu'en procédure classique.

Solution

Solution préventive

Tous les acteurs expérimentés dans cette procédure sont unanimes : la conception-réalisation est antinomique avec les multiples adaptations du programme et de prestations que l'on rencontre parfois en cours de chantier du fait de la volatilité du programme (voir l'ensemble des fiches de la partie 3).

Lorsque le maître de l'ouvrage décide de recourir à cette procédure, il doit, très en amont, avertir l'ensemble des acteurs concernés et notamment les futurs utilisateurs que, sauf contraintes de force majeure, le projet ne fera l'objet d'aucune modification postérieurement à la notification du marché.

Solution corrective

Lorsque la modification est incontournable, le devis des travaux modificatifs doit faire l'objet d'une analyse très détaillée de la part d'un tiers compétent, apte à prendre en compte les spécificités de ce type de marché (l'intervention de l'ATMO préconisée dans la fiche 11.01 est, en la matière, incontournable).

CONTOURNER L'ABSENCE DE CCAG

Identification du problème

Il n'existe pas de CCAG spécifique aux marchés de conception-réalisation, et le CCAG applicable aux marchés publics de travaux est totalement inadapté à ce cas puisque le maître d'œuvre y est omniprésent.

Analyse

L'application du CCAG Travaux suppose l'intervention permanente du maître d'œuvre en tant que prestataire chargé de veiller à la bonne exécution du marché conclu avec l'entrepreneur ; cette mission concerne plus de cinquante articles.

Même si l'on admet la thèse, controversée, selon laquelle, dans un marché de conception-réalisation, la mission de maîtrise d'œuvre subsisterait, cette mission se limiterait à la conception et au suivi de l'exécution de l'ouvrage ; le groupement concepteur-réalisateur ne pourrait en aucun cas être chargé du contrôle de la bonne exécution de son propre contrat.

Une autre solution apparaît alors : une clause dérogatoire générale ne peut-elle permettre au maître de l'ouvrage de se substituer au maître d'œuvre pour toutes les prestations de suivi et de contrôle de la bonne exécution du marché ? Une telle solution, qui ferait du maître de l'ouvrage un « constructeur » au sens de la loi du 4 janvier 1978 sur l'assurance construction, pourrait se révéler très pénalisante pour celui-ci en cas de sinistre.

L'application du CCAG Travaux à un marché de conception-réalisation ne peut donc résulter d'une dérogation générale, facile à exprimer.

Remarque

Les principales prestations de gestion du marché de travaux attribuées au maître d'œuvre du fait du CCAG sont rappelées dans le tableau 11.07.1.

Tableau 11.07.1 – Prestations de gestion du marché de travaux attribuées au maître d'œuvre.

Article du CCAG	Objet
2.45	• Prise de connaissance du nom de la personne physique qualifiée pour représenter le sous-traitant et du domicile élu par ce dernier à proximité des travaux.
2.51	• Rédaction, signature et numérotation des ordres de service.
2.52	• Prise de connaissance des éventuelles réserves formulées par l'entrepreneur à la réception d'un ordre de service.
5.1	• Détermination du point de départ des délais.
5.3	• Détermination des dates de remise de documents.
7.2	• Possibilité d'éviction des chantiers, ateliers ou bureaux de toute personne employée par l'entrepreneur. • Actes de malveillance.
9.1	• Transmission des demandes de dérogation aux obligations résultant des lois et règlements relatif à la protection de la main-d'œuvre et aux conditions de travail.
10.12	• Dépenses et marges pour installations de chantier. • Risque de défaillance.
11.3	• Travaux en régie.
12	• Constatations et constats contradictoires.
13.1.	• Décomptes mensuels.
13.2	• Acomptes mensuels.
13.3	• Décompte final.
13.4	• Décompte général – Solde.
13 bis	• Modalités complémentaires de règlement des comptes.
13.13	• Calcul du montant des travaux à l'entreprise.
13.16	• Demande d'établissement du projet de décompte suivant un modèle ou des modalités imposées par le maître de l'ouvrage.
13.21	• Détermination du montant de l'acompte mensuel à régler à l'entrepreneur.
13.22	• Notification, à l'entrepreneur, par ordre de service, de l'état d'acompte, accompagné du décompte.

11.07 CONTOURNER L'ABSENCE DE CCAG

Article du CCAG	Objet
13.231	• Information de l'entrepreneur de la suspension de paiement. • Suspension du délai de mandatement.
13.32	• Réception du projet de décompte final. • Établissement d'office du décompte final, après mise en demeure restée sans effet.
13.34	• Acceptation ou rectification du projet de décompte final.
13.41	• Établissement du décompte général.
13.44	• Réception du mémoire en réclamation établi par l'entrepreneur au vu du décompte général.
13.45	• Réception du décompte général signé.
13.54	• Notification au sous-traitant des sommes dont le paiement à son profit ont été acceptées par l'entrepreneur.
14.3	• Arrêt des prix provisoires pour le règlement des études ou des travaux nouveaux ou modificatifs.
14.4	• Réception des observations formulées par l'entrepreneur sur les prix provisoires.
15.5	• Estimation des conséquences financières des ordres de service entraînant une modification de la masse des travaux et notification de cette estimation à l'entrepreneur.
19.21	• Débat sur l'importance de la prolongation ou du report de délai avec l'entrepreneur et proposition soumise à l'approbation de la personne responsable du marché.
21.2	• Autorisation de modifier la provenance de matériaux, produits ou composants fixée dans le marché. • Notification par ordre de service des prix provisoires correspondants.
23	• Qualité des matériaux et produits – Application des normes.
24	• Vérification qualitative des matériaux et produits – Essais et épreuves.
25	• Vérification quantitative des matériaux et produits.
27.4 27.5	• Formulation d'observations sur le procès-verbal de l'opération de piquetage dressé par l'entrepreneur.
28.2	• Visa du programme d'exécution des travaux.
29.11	• Réception des observations formulées par l'entrepreneur sur les documents fournis par le maître de l'ouvrage.
29.13 29.14	• Visa des plans, notes de calculs, études de détail et autres documents établis par l'entrepreneur ou à sa demande.
30	• Injonction de reconstruire les ouvrages qui ne sont pas conformes aux stipulations du marché. • Acceptation des changements faits par l'entrepreneur à l'initiative de ce dernier.
31.2	• Accord préalable sur le choix des terrains destinés au dépôt des déblais en excédent.
31.3	• Apport d'un concours à l'entrepreneur pour lui faciliter l'obtention des autorisations administratives dont il aurait besoin.
31.44	• Après mise en demeure restée sans effet, prise de mesures visant à rétablir l'hygiène et la sécurité sur le chantier.
31.6	• Après mise en demeure restée sans effet, prise de mesures visant à maintenir les communications et l'écoulement des eaux.
31.91	• Opposition aux démolitions des constructions situées dans l'emprise du chantier.
34	• Avis sur les conditions d'usage des voies publiques.
36	• Décision d'éviction à l'encontre du personnel de l'entrepreneur en cas d'insubordination, incapacité ou défaut de probité.
38	• Prescription d'essais et de contrôles des ouvrages autres que ceux définis dans le marché.
39.1	• En cas de présomption de l'existence d'un vice de construction, prescription par ordre de service des mesures de nature à permettre de déceler ce vice.
40	• Réception des documents fournis après exécution.
41	• Organisation des opérations préalables à la réception et proposition de réception à la personne responsable du marché.
43.2	• Établissement de l'état des lieux préalable à la mise à disposition d'ouvrages ou de parties d'ouvrage.
46	En cas de résiliation : • établissement du procès-verbal des opérations de constatation relatives aux ouvrages et parties d'ouvrage exécutés, à l'inventaire des matériaux approvisionnés ainsi qu'à l'inventaire descriptif du matériel et des installations de chantier ; • prise d'autres mesures administratives éventuellement associées.
49	• Participation à la prise de mesures coercitives.
50.11 50.12	• Transmission au maître de l'ouvrage, avec avis, du mémoire en réclamation établi par l'entrepreneur.

Source : Philippe Estingoy et Michel Rabatel, Montage et suivi d'une opération de construction, Éditions du Moniteur, 1994, 2e éd., 2002.

Solution

Pour résoudre le problème, il existe deux solutions :
- la réécriture intégrale d'un cahier des clauses administratives communes (CCAC) spécifique (voir remarque), remplaçant intégralement le CCAG. Une telle solution n'est envisageable qu'avec l'appui d'un spécialiste du droit de la construction et de la maîtrise d'ouvrage publique ;
- l'élaboration d'un recueil pertinent des dérogations. Bien que plus aisée, cette solution n'est maîtrisable que par un maître d'ouvrage institutionnel ou un conducteur d'opération chevronné.

Cette seconde solution présente deux avantages :
- un avantage pédagogique, en distinguant bien les prestations de conception de l'ouvrage qui doivent rester à la charge du groupement concepteur-réalisateur des prestations de gestion du contrat ;
- un avantage pratique, le CCAG Travaux étant en général connu des acteurs de la construction.

Remarque

L'expression cahier des clauses administratives générales désigne un document à caractère réglementaire (CMP, art. 13) ; il est donc déconseillé de l'utiliser pour désigner un document qui ne possède pas cette qualité, d'où la terminologie proposée (CCAC).

Commentaire

Le recours à un ATMO, tel que préconisé dans la fiche 11.01, présente un avantage complémentaire indirect mais appréciable : il rend beaucoup plus aisée l'adaptation du CCAG Travaux aux marchés de conception-réalisation. L'ATMO peut en effet prendre à sa charge toutes les prestations de gestion du marché incombant au maître d'œuvre en procédure classique, à l'exclusion de celles engageant la responsabilité du maître d'œuvre en matière de conception de l'ouvrage.

12

GESTION DES FINS D'OPÉRATIONS

OBTENIR UN DOE DE QUALITÉ

Identification du problème

La réalisation des travaux de maintenance et, plus généralement, les interventions techniques sur le patrimoine bâti existant se heurtent très souvent aux difficultés générées par l'insuffisance des informations disponibles, écrites et graphiques, relatives à ce patrimoine.

Pour des bâtiments anciens cette situation résulte naturellement de l'insuffisance des dossiers techniques produits à l'époque de la construction et lorsque ces dossiers ont existé ils sont souvent égarés ou incomplets.

Pour des bâtiments de construction récente (postérieure à 1973 – voir remarque), la situation est paradoxalement assez voisine ; il est en effet très difficile d'obtenir un dossier des ouvrages exécutés (DOE) complet et précis.

Remarque

L'année 1973 a vu la réforme des rémunérations des marchés d'architecture et d'ingénierie et l'apparition réglementaire de la notion de DOE.

Analyse

Difficulté de collecte du DOE

L'origine de cette situation provient du mécanisme d'élaboration du DOE : à côté des prestations qui lui incombent directement, le maître d'œuvre doit collecter l'essentiel des « documents fournis après exécution » auprès des entreprises. Cette tâche est souvent difficile dans la mesure où les documents demandés aux entrepreneurs ne sont pas définis avec précision. De plus, la carence de l'entrepreneur dans ce domaine ne fait, en général, pas l'objet de sanctions très dissuasives.

Lacunes des textes réglementaires

• *Lacunes techniques*

Si le CCAG n'a pas vocation à décrire les prestations techniques dues par l'entrepreneur, il n'en est pas de même pour l'arrêté du 21 décembre 1993 pris en application du décret n° 93-1268 du 29 novembre 1993 relatif aux missions de maîtrise d'œuvre confiées par des maîtres d'ouvrage publics à des prestataires de droit privé. Cet arrêté constitue, de fait, un véritable cahier des clauses techniques générales (CCTG) du marché de maîtrise d'œuvre. Pour autant, cet arrêté manque d'homogénéité ; ainsi, le niveau de détail de la description de certaines phases d'études (telles les études d'avant-projet) contraste singulièrement avec la définition peu précise de la prestation relative au DOE. S'il est clair que le maître d'œuvre doit collecter certains documents auprès des entreprises, en revanche, le travail à réaliser en amont (élaboration du descriptif des prestations dues par l'entrepreneur) et en aval (remise en forme de ces documents afin de les rendre utilisables pour l'exploitation de l'ouvrage) ne fait l'objet d'aucune précision.

De même, alors que les textes indiquent simplement qu'au titre de sa mission le maître d'œuvre ne doit pas « la mise en place d'un système de gestion [de la maintenance] », l'annexe de l'arrêté exclut explicitement cette prestation, mais n'indique pas ce que le maître d'œuvre doit dans le domaine de la maintenance.

• *Causes des lacunes techniques*

L'explication des lacunes techniques réside dans le fait que l'essentiel des DOE est produit par les entrepreneurs, ce qui permet de tolérer un certain flou du marché de maîtrise d'œuvre sur ce sujet. Dans la logique des pièces contractuelles d'un marché de travaux, la description des prestations dues par l'entrepreneur se situe dans le cahier des clauses techniques particulières (CCTP) de ce marché, dont la rédaction incombe au maître d'œuvre.

• *Limites de la responsabilité du maître d'œuvre*

Avant d'être responsable de la collecte des documents auprès des entreprises, le maître d'œuvre est responsable de la rédaction des prescriptions du marché de travaux concernant la description des documents fournis après exécution.

S'il néglige cet aspect des prestations dues par l'entrepreneur, le maître d'œuvre va générer ses propres difficultés à produire le DOE dû au titre de son marché.

• *Lacunes administratives*

Le CCAG de 1976 prévoit que les plans et autres documents conformes à l'exécution seront remis, au plus tard, « deux mois après la réception ».

Cette disposition est peu contraignante pour les entreprises dans la mesure où elle n'est assortie d'aucune clause spécifiant que la réception ne peut être prononcée que sous réserve de la fourniture des plans et autres documents conformes à l'exécution. Ainsi, le CCAG traite différemment la production des DOE et les épreuves qui doivent être exécutées après une durée déterminée de service des ouvrages.

• *DOE et réception*

Une lecture stricte du CCAG, qui peut être celle de l'entrepreneur, permet d'affirmer que les DOE échappent au processus de réception, donc au domaine d'application de la garantie de parfait achèvement. En cas de carence de l'entrepreneur, il n'est donc pas possible de mobiliser le cautionnement pour faire exécuter, par un tiers, aux frais de l'entrepreneur défaillant, les documents conformes à l'exécution.

Solutions

Réponse aux lacunes techniques

Les lacunes techniques peuvent être aisément comblées par le maître d'œuvre grâce à un cahier décrivant en détail les documents ou autres prestations dus par l'entrepreneur après exécution des travaux.

Prestations complémentaires à prévoir

L'article 40 du CCAG ne mentionne que les « documents à fournir après exécution ». Il peut être intéressant, voire indispensable pour certaines installations techniques complexes, de prévoir, en plus de la fourniture de documents, des prestations de démonstration ou de formation destinées au personnel de maintenance.

Insertion contractuelle des prestations à fournir après exécution (PAE) dans le processus de réception des ouvrages

L'article 40 du CCAG opère une distinction entre les « notices de fonctionnement et d'entretien des ouvrages » dues au stade de la demande de réception, et les « plans et autres documents conformes à l'exécution » dus dans les deux mois suivant la réception.

Une telle distinction prend toute sa signification pour certains ouvrages d'infrastructure qui nécessitent un gros travail de récolement par levé topographique après achèvement des ouvrages (tronçon d'autoroute par exemple) ; elle ne se justifie pas pour un ouvrage classique de bâtiment. Pour ce type d'ouvrages, il n'y a donc pas d'inconvénient à réintroduire les PAE dans le processus de réception.

Remarque

Si l'on excepte certains chantiers particuliers très techniques, les chantiers de bâtiment tous corps d'état s'achèvent par l'intervention d'entreprises qui n'ont à fournir que des notices d'entretien (peintures), ou des plans de récolement d'ouvrages de surface, rapides à exécuter (voirie). La distinction prévue par le CCAG ne se justifie pas pour ce type de chantiers.

Pénalités et retenues inopérantes

Dans le schéma proposé au paragraphe précédent, l'ensemble des prestations dues après exécution devient, par dérogation à l'article 40 du CCAG, exigible au moment où l'entrepreneur demande la réception.

Si les PAE sont inexistantes ou incomplètes, ou si elles présentent des insuffisances, le maître d'œuvre n'a d'autre recours que de proposer au maître de l'ouvrage de prononcer la réception avec une réserve portant sur l'achèvement de ces PAE. En effet, l'absence des PAE ne fait pas obstacle au fonctionnement de l'ouvrage. Dans ce schéma, il n'y a pas de place pour un refus de réception, ni pour un système de pénalités de retard (la notion de retard n'a plus de sens puisque la réception va être prononcée).

Réfaction sur le prix

L'article 41.7 du CCAG de 1976 offre une garantie qui n'est pas à négliger. Il stipule en effet que « si certains ouvrages ou certaines parties d'ouvrages ne sont pas entièrement conformes aux spécifications du marché [...], la personne responsable du marché peut, eu égard à la faible importance des imperfections constatées et aux difficultés que présenterait la mise en conformité, renoncer à ordonner la réfaction des ouvrages estimés défectueux et proposer à l'entrepreneur une réfaction sur le prix.

« Si l'entrepreneur accepte la réfaction, les imperfections qui l'ont motivée se trouvent couvertes de ce fait et la réception est prononcée sans réserves. »

Annoncer dans le marché le montant de la réfaction qui serait appliquée si les éventuelles réserves relatives aux PAE n'étaient pas levées constitue une incitation très favorable au maître de l'ouvrage.

Exécution aux frais et risques de l'entreprise défaillante

Le repositionnement des PAE dans le domaine d'application de la réception permet au maître de l'ouvrage de recourir, si nécessaire, aux mesures palliatives prévues par l'article 41.6 du CCAG en faisant exécuter la prestation par un tiers aux frais et risques de l'entreprise défaillante.

Réponse aux lacunes des textes relatifs aux marchés de maîtrise d'œuvre

En l'absence de mesures appropriées garantissant la production, par l'entrepreneur, des prestations à fournir après exécution, il est illusoire, voire inique, d'envisager de pénaliser le maître d'œuvre pour les éventuelles lacunes d'un DOE dont les éléments sont essentiellement fournis par des tiers.

L'ensemble des dispositions dérogatoires ou additionnelles proposées dans les paragraphes précédents donnent au maître d'œuvre les moyens nécessaires pour obtenir que les entreprises fournissent les prestations dues après exécution dans le respect de leurs obligations contractuelles. À défaut, le maître de l'ouvrage peut même faire établir ces prestations par un intervenant tiers aux frais et risques de l'entrepreneur défaillant.

Dans ces conditions, plus rien ne s'oppose à l'adjonction au CCAP du marché de maîtrise d'œuvre d'un article prévoyant un délai pour la production des DOE par le maître d'œuvre, ainsi que des pénalités en cas de non-respect de ce délai.

Source

L'analyse des dysfonctionnements du système des DOE et la description des solutions permettant d'y remédier ont été présentées, dès 1994, dans l'ouvrage *Montage et suivi d'une opération de construction* de Philippe Estingoy et Michel Rabatel (Éditions du Moniteur), dont est extraite la présente fiche.

ÉVITER LA CONFUSION ENTRE OPÉRATIONS PRÉALABLES À LA RÉCEPTION ET RÉCEPTION

12.02

Identification du problème

Dans le langage courant des chantiers de bâtiment et de travaux publics, il est d'usage de désigner sous le vocable réception un ensemble d'opérations qui ne constituent, en fait, que les opérations préalables à la réception au sens du cahier des clauses administratives générales (CCAG) applicable aux marchés publics de travaux.

Quel maître d'ouvrage n'a pas entendu un architecte dire : « Je ne pourrai venir à la réunion de chantier la semaine prochaine, je réceptionne les travaux de construction de [...]. »

Ce qui ne pourrait être qu'un raccourci de langage cache souvent une réelle méconnaissance de la réalité juridique du processus de réception d'un ouvrage. Il peut en résulter des erreurs ou lacunes préjudiciables au maître de l'ouvrage.

Analyse

Un acte du maître de l'ouvrage

La réception est un acte administratif du maître de l'ouvrage.

Elle peut être prononcée avec ou sans réserves.

À l'exception de la réception tacite par silence du maître de l'ouvrage, il n'existe aucun automatisme administratif entre les opérations préalables à la réception et la réception proprement dite. En aucun cas le maître d'œuvre n'a le pouvoir de prononcer la réception.

Contenu des opérations préalables

Les opérations préalables à la réception rassemblent un ensemble de vérifications destinées à permettre au maître d'œuvre de juger de la conformité de l'ouvrage avec les clauses du marché.
C'est l'article 41.2 du CCAG Travaux qui définit le contenu des opérations préalables à la réception :

« Les opérations préalables à la réception comportent :
– la reconnaissance des ouvrages exécutés ;
– les épreuves éventuellement prévues par le CCAP ;
– la constatation éventuelle de l'inexécution des prestations prévues au marché ;
– la constatation éventuelle d'imperfections ou de malfaçons ;
– sauf stipulation différente du CCAP [...], la constatation du repliement des installations de chantier et de la remise en état des terrains et des lieux ;
– les constatations relatives à l'achèvement des travaux. »

Solution

Pour éviter toute difficulté, le maître de l'ouvrage doit bien connaître les étapes du processus prévu par le CCAG en matière de réception des ouvrages et veiller à ce qu'elles soient respectées par tous les acteurs concernés.

L'article 41 du CCAG Travaux fixe la procédure qui conduit des opérations préalables à la réception (voir figure 12.02.1).

• *Information par l'entrepreneur de la date d'achèvement*

« L'entrepreneur avise à la fois la personne responsable du marché et le maître d'œuvre, par écrit, de la date à laquelle il estime que les travaux ont été achevés ou le seront » (art. 41.1).

• *Opération contradictoire*

« Le maître d'œuvre procède, l'entrepreneur ayant été convoqué, aux opérations préalables à la réception des ouvrages dans un délai qui, sauf stipulations différentes du CCAP, est de vingt jours à compter de la date de réception de l'avis mentionné ci-dessus ou de la date indiquée dans cet avis pour l'achèvement des travaux si cette dernière est postérieure.

« La personne responsable du marché, avisée par le maître d'œuvre de la date de ces opérations, peut y assister ou s'y faire représenter. Le procès-verbal [...] mentionne soit la présence de la personne responsable du marché ou de son représentant, soit en son absence, le fait que le maître d'œuvre l'avait dûment avisée.

« En cas d'absence de l'entrepreneur à ces opérations, il en est fait mention audit procès-verbal et ce procès-verbal lui est alors notifié » (art. 41.1).

ÉVITER LA CONFUSION ENTRE OPÉRATIONS PRÉALABLES À LA RÉCEPTION ET RÉCEPTION 12.02

• *Procès-verbal*

Les opérations préalables « font l'objet d'un procès-verbal dressé sur-le-champ par le maître d'œuvre et signé par lui et l'entrepreneur ; si ce dernier refuse de le signer, il en est fait mention » (art. 41.2).

• *Information à l'attention de l'entrepreneur*

« Dans le délai de cinq jours suivant la date du procès-verbal, le maître d'œuvre fait connaître à l'entrepreneur s'il a ou non proposé à la personne responsable du marché de prononcer la réception des ouvrages et, dans l'affirmative, la date d'achèvement des travaux qu'il a proposée de retenir ainsi que les réserves dont il a éventuellement proposé d'assortir la réception » (art. 41.2).

• *Décision de la personne responsable du marché*

L'article 41.3 du CCAG Travaux dispose qu'« au vu du procès-verbal des opérations préalables à la réception et des propositions du maître d'œuvre, la personne responsable du marché décide si la réception est ou non prononcée ou si elle est prononcée avec réserves. Si elle prononce la réception, elle fixe la date qu'elle retient pour l'achèvement des travaux. La décision ainsi prise est notifiée à l'entrepreneur dans les quarante-cinq jours suivant la date du procès-verbal. »

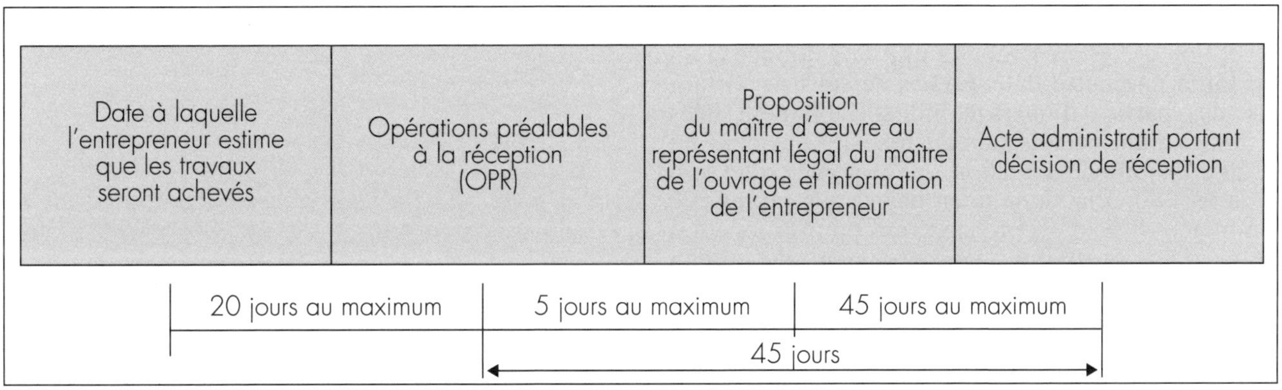

Figure 12.02.1 – Schéma récapitulatif de la procédure selon le CCAG Travaux.

UNICITÉ DE LA RÉCEPTION D'UN OUVRAGE

Identification du problème

Le CCAG applicable aux marchés publics de travaux (1976) lie la notion de réception au contrat conclu avec l'entrepreneur. La loi du 4 janvier 1978 relative à l'assurance construction lie la notion de réception à la notion d'ouvrage.

Analyse

Dans le cas d'ouvrages réalisés par des marchés séparés, la contradiction entre le CCAG et la loi sur l'assurance construction peut générer des situations inextricables. La stricte application du CCAG peut par exemple permettre au chauffagiste d'exiger la réception de ses prestations à une date donnée et au maçon à une autre date. En cas de sinistre portant sur des parties d'ouvrage indissociablement liées (rupture d'une canalisation incluse dans une dalle au droit d'un joint de dilatation, par exemple), quel sera le départ du délai de mise en œuvre des garanties ? La même difficulté se rencontrera pour la jonction entre deux prestations (raccordement du réseau de distribution d'eau froide réalisé par le plombier au réseau d'adduction réalisé par le titulaire du lot VRD, par exemple).

Solution

Pour régler le problème il suffit de prévoir, dans les CCAP des marchés de travaux, une clause, dérogatoire au CCAG, spécifiant qu'à l'exclusion des cas de réceptions partielles prévus par l'article 42 du CCAG, la réception est unique pour l'ensemble de l'ouvrage.

Le même article ou un article complémentaire précisera, de plus, quel entrepreneur est habilité à aviser à la fois la personne responsable du marché et le maître d'œuvre de la date à laquelle il estime que les travaux ont été achevés ou le seront (CCAG, art. 41.1).

DATE DE LA RÉCEPTION DES TRAVAUX

Identification du problème

La date de la réception est la date que le représentant légal du maître de l'ouvrage retient pour l'achèvement des travaux. Toutefois, cette date a des conséquences juridiques majeures (voir fiche 13.09), et le représentant légal du maître de l'ouvrage ne peut la fixer au hasard ou selon son propre intérêt. Dans certaines configurations, le choix de la date est aisé et souffre mal la contestation ; dans d'autres, il peut se révéler beaucoup plus délicat.

Analyse

Il appartient au représentant légal du maître de l'ouvrage de fixer la date de réception de l'ouvrage au vu de la proposition formulée en la matière par le maître d'œuvre.

Lorsque l'ensemble des acteurs respecte les dispositions prévues par le CCAG applicable aux marchés publics de travaux et lorsqu'il n'y a pas de tentative de la part de l'entrepreneur pour arracher une réception anticipée, la date de réception est en général la date à laquelle l'entrepreneur habilité à le faire considère que l'ouvrage est achevé.

Lorsque ces deux conditions ne sont pas remplies simultanément (ce qui est fréquent), la situation est beaucoup plus complexe et le maître de l'ouvrage gagne à adopter une méthode rigoureuse d'identification de la date d'achèvement des travaux.

Solution

En la matière, un schéma d'aide à la prise de décision peut être utilisé (voir figure 12.04.1).

Remarques

1. À propos des opérations préalables à la réception (OPR), voir la fiche 12.02.
2. Lorsqu'une insuffisance ou une malfaçon consignée comme réserve par le maître d'œuvre rend l'ouvrage impropre à sa destination, celle-ci fait obstacle à la réception.

En conclusion, la date de réception peut être :
- antérieure aux OPR (cas n° 1) ;
- la date la plus tardive des OPR (cas n° 4) ;
- postérieure aux premières OPR (cas nos 2 et 3).

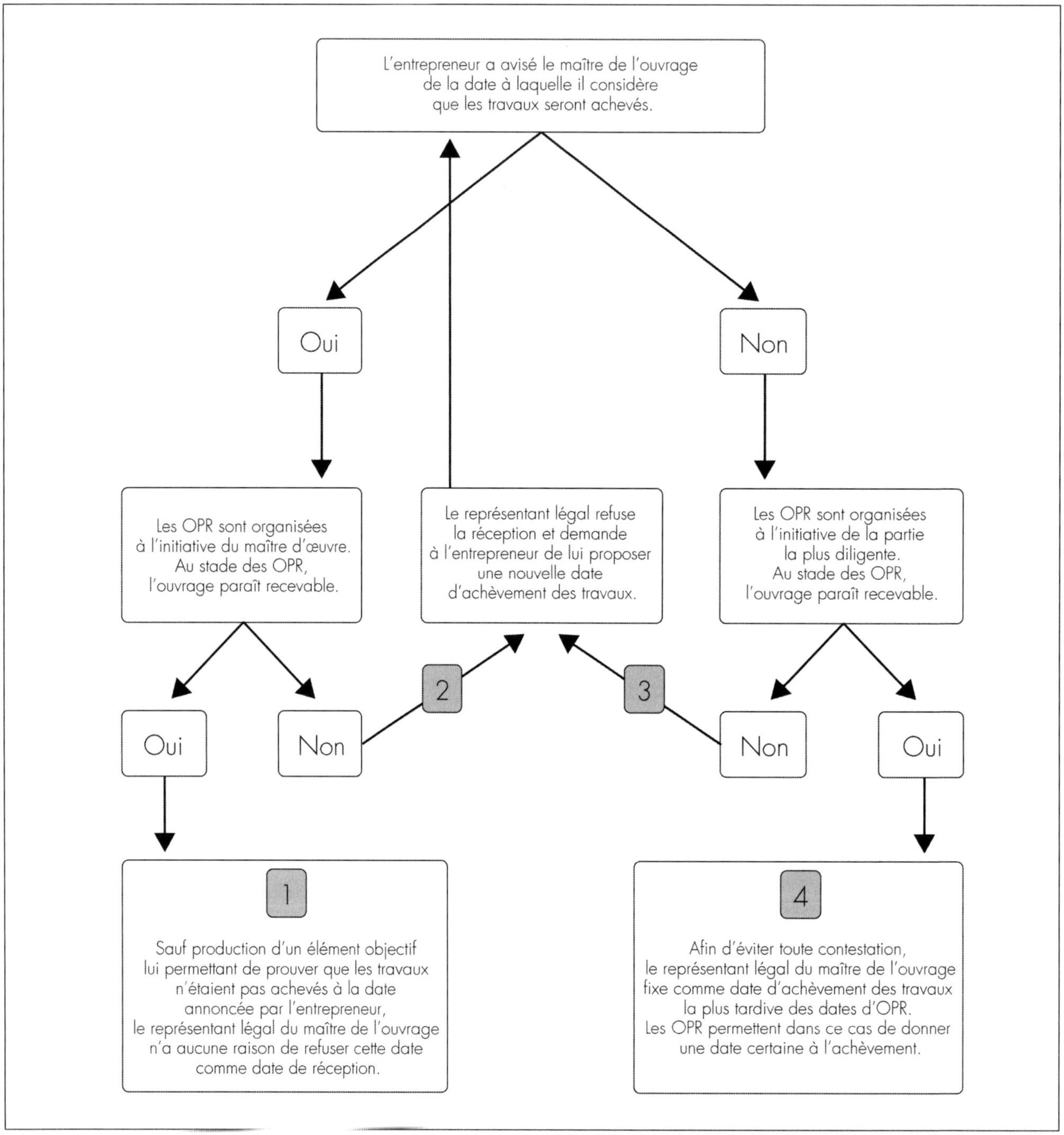

Figure 12.04.1 – Schéma d'aide à la décision (source : d'après Philippe Estingoy et Michel Rabatel, Montage et suivi d'une opération de construction, *Éditions du Moniteur, 1994, 2e éd., 2002).*

IMPORTANCE DE LA FORME DES DOCUMENTS DE RÉCEPTION

12.05

Identification du problème

La date de réception est le point de départ des délais de garanties (parfait achèvement, biennale et décennale). Elle marque aussi le changement de responsabilité en matière de garde de l'ouvrage (voir fiche 13.09).

Par voie de conséquence, dans tous les litiges intervenant sur ces domaines, la tentation est forte pour certaines parties (notamment les assureurs) de trouver matière à contester la garantie dans la forme ou le contenu des documents de réception.

Analyse

En cas de litige et de contentieux, les documents de réception sont très souvent utilisés pour juger des droits respectifs des parties. Il est donc très important que ces documents soient complets, clairs et correctement rédigés.

Les documents de réception sont présentés dans le tableau 12.05.1.

Solution

Au stade de la rédaction des documents, chaque acteur doit veiller à leur cohérence et à leur clarté.

De plus, le conducteur d'opération doit, veiller à la conformité de la démarche et à la cohérence d'ensemble des documents ; il doit particulièrement s'assurer :
– que les essais ou épreuves prévus sont réalisés et satisfaisants, ou qu'ils font l'objet de réserves ;
– que les vices apparents qu'il a lui-même décelés, ou dont il a eu connaissance, ont reçu un traitement approprié ou sont consignés comme réserves (voir fiche 12.06) ;
– qu'aucune des insuffisances ou malfaçons constatées par le maître d'œuvre ne rend l'ouvrage impropre à sa destination et ne fait ainsi obstacle à la réception.

Tableau 12.05.1 – Établissement des documents de réception.

Nature du document	Rédacteur	Responsabilité du document ou de l'acte
Procès-verbal des opérations préalables à la réception	Maître d'œuvre	Maître d'œuvre
Proposition de réception au représentant légal du maître de l'ouvrage	Maître d'œuvre	Maître d'œuvre
Décision de réception	Conducteur d'opération	Maître de l'ouvrage
Procès-verbal des opérations préalables à la levée des réserves	Maître d'œuvre	Maître d'œuvre
Proposition de la levée des réserves au représentant légal du maître de l'ouvrage	Maître d'œuvre	Maître d'œuvre
Décision de levée des réserves	Conducteur d'opération	Maître de l'ouvrage

PROTECTION DU MAÎTRE DE L'OUVRAGE CONTRE LES CONSÉQUENCES DES VICES APPARENTS

Identification du problème

Les vices affectant l'ouvrage et réputés apparents à la date de la décision de réception échappent aux domaines d'application des garanties (parfait achèvement, biennale et décennale).

Pour pallier les très lourdes conséquences de cette jurisprudence constante, les vices apparents sont mentionnés comme réserves en annexe à la décision de réception. Les réserves ne sont levées que lorsque les imperfections et malfaçons correspondantes mentionnées dans la décision de réception ont fait l'objet des correctifs appropriés, dans le respect des règles de l'art.

Le risque ainsi évoqué pourrait sembler être éliminé par la simple vigilance du maître d'œuvre. En fait, la situation est beaucoup plus complexe. En effet, est qualifiable de vice apparent non seulement le désordre, la malfaçon ou l'oubli décelable par un homme de l'art lors des opérations préalables à la réception, mais aussi tout défaut identifié par ce même homme de l'art au cours de la réalisation de l'ouvrage.

Analyse

Au stade des opérations préalables à la réception, un vice apparent peut se trouver à cinq mètres sous terre, ou être caché par un revêtement d'étanchéité ou un faux plafond.

Le traitement satisfaisant des vices apparents suppose donc non seulement une grande vigilance de la part du maître d'œuvre au cours des opérations préalables à la réception, mais aussi la mise en mémoire des désordres et malfaçons de toute nature constatés en cours de chantier.

Solution

Principe

Lorsqu'une réserve est émise en cours de travaux par le maître d'œuvre ou par le contrôleur technique au sujet de la conformité d'une prestation avec les cahiers des charges, elle atteste, en général, du caractère apparent d'un désordre ou dysfonctionnement.

Il est donc fondamental qu'une des deux suites ci-après soit donnée à cette réserve :
– les travaux correctifs correspondants sont exécutés et sont jugés satisfaisants par le maître d'œuvre (et, si besoin est, par le contrôleur technique), qui les accepte par un document écrit ;
– la réserve n'a jamais été levée de façon formelle : il est alors impératif de la faire apparaître à nouveau en annexe à la décision de réception.

Cet objectif ne peut être atteint que si le conducteur d'opération prend soin de tenir, tout au long de la phase de travaux, un registre dans lequel sont consignées les réserves (et refus de prestations) formulées par le maître d'œuvre ou le contrôleur technique.

Cette tâche peut être facilitée si l'une des clauses du contrat de maîtrise d'œuvre prévoit que le conducteur d'opération est destinataire d'une copie de tous les courriers adressés aux entreprises par le maître d'œuvre.

En pratique…

Le conducteur d'opération doit avoir le réflexe de conserver dans un classeur dédié tous les documents dont il a connaissance et qui font état d'une non-conformité de prestations aux cahiers des charges (courriers, comptes rendus de réunions de chantier, etc.).

Lorsque le procès-verbal des opérations préalables à la réception lui est transmis, le conducteur d'opération s'assure que toutes les malfaçons constatées dans les phases antérieures ont reçu un traitement accepté par le maître d'œuvre et, en tant que de besoin, par le contrôleur technique. S'il subsiste la moindre ambiguïté à ce sujet, ou si les malfaçons ne sont pas spontanément recensées par le maître d'œuvre comme réserves à l'issue des opérations préalables à la réception, le conducteur d'opération propose au maître de l'ouvrage une liste de réserves complémentaires à faire figurer dans la décision de réception.

Conseil pratique

Le conducteur d'opération doit s'employer à essayer de donner à cette liste complémentaire un caractère contradictoire, en obtenant l'aval préalable du maître d'œuvre et des entrepreneurs concernés. Le refus de signature éventuel de l'un des prestataires précités doit être mentionné.

PROTECTION DU MAÎTRE DE L'OUVRAGE CONTRE LES CONSÉQUENCES DES VICES APPARENTS 12.06

Responsabilités des acteurs

Le suivi des vices apparents par le conducteur d'opération n'est pas une prestation résultant d'une obligation légale ou réglementaire.

Le garant de l'identification des vices apparents de toute nature est le maître d'œuvre.

Toutefois, la prestation de vigilance complémentaire décrite par la présente fiche, et fournie par le conducteur d'opération, permet de réduire le risque juridique encouru par le maître de l'ouvrage.

Remarque

L'architecte qui omet de signaler un vice apparent lors des opérations préalables à la réception « engage sa responsabilité contractuelle de droit commun et ne saurait prétendre bénéficier de l'effet exonératoire de la réception concernant ce même vice » (voir Albert Caston, La Responsabilité des constructeurs, *Éditions du Moniteur, 5e éd., 2000). Toutefois, la responsabilité contractuelle est beaucoup moins aisée à mettre en œuvre que la garantie de parfait achèvement.*

TRAVAUX POSTÉRIEURS À LA RÉCEPTION

Identification du problème

Il n'est pas rare qu'un maître de l'ouvrage soit conduit à commander des travaux supplémentaires ou modificatifs après la réception de l'ouvrage.

La seule évocation de l'éventualité d'une commande de travaux à l'entrepreneur par voie d'avenant postérieurement à la réception de l'ouvrage suscite de vives réactions de la part de certains commentateurs. Ceux-ci, se fondant sur une jurisprudence aujourd'hui désuète, qui faisait de la réception la fin des relations contractuelles, considèrent que de tels avenants sont tout simplement impossibles. Pour d'autres, ils sont la preuve d'une mauvaise gestion de l'opération.

Analyse

Des travaux incontournables

Il existe au moins trois familles de travaux qu'un maître de l'ouvrage est contraint de commander après la réception :
– les travaux demandés par la commission de sécurité ou toute autre autorité officielle en aggravation de la réglementation (services vétérinaires, DGSNR, etc.) ;
– les travaux destinés à corriger des erreurs de conception que l'entrepreneur ne pouvait déceler (inadaptation d'un local à l'équipement qu'il reçoit par exemple) ;
– les travaux d'adaptation de l'ouvrage à un usage mal évalué par le programmiste ou non prévisibles (par exemple, local de surface insuffisante).

Ces travaux présentent une ou plusieurs des caractéristiques suivantes :
– ils ne relèvent pas du contrat initial et ne peuvent donc être imputés aux entrepreneurs au titre de la garantie de parfait achèvement ;
– ils sont indispensables ou imposés par une autorité incontournable ;
– ils sont urgents et peuvent faire obstacle à l'ouverture du bâtiment ;
– il est souhaitable de les faire réaliser par les entreprises chargées de la construction de l'ouvrage par souci d'efficacité, mais aussi et surtout pour éviter les confusions de responsabilité en matière d'application des garanties.

Exemples

1. La mise en place de ferme-portes ou de détecteurs d'incendie supplémentaires constitue une prestation fréquemment demandée par la commission de sécurité en aggravation du règlement de sécurité contre l'incendie.
2. Les erreurs de conception non décelables par un entrepreneur au titre de son devoir de conseil résultent souvent de la mise en œuvre de plusieurs corps d'état, tel le temps de réverbération acoustique excessif d'une salle de spectacle. Ce temps peut, lors des essais, se révéler non conforme au programme, alors même que chaque entrepreneur a scrupuleusement respecté son contrat.

La fin des relations contractuelles et comptables

Dans le domaine de la construction de bâtiments publics, depuis 1976, les relations contractuelles entre maître de l'ouvrage et entrepreneur ne cessent plus à la date de réception de l'ouvrage mais à l'issue de la période de parfait achèvement, voire pour certains analystes à la fin de la période de garantie décennale…

Toutefois, pour les marchés de travaux, le contrat est définitivement arrêté sur le plan comptable à la date de notification du décompte général et définitif (DGD).

Il est donc techniquement possible, et légal, de passer commande de prestations supplémentaires de travaux par voie d'avenant tant que le DGD n'est pas notifié.

Une procédure exceptionnelle

La commande de prestations supplémentaires de travaux postérieurement à la réception doit toutefois rester une procédure exceptionnelle, résultant de contraintes externes à la maîtrise d'ouvrage. Dans le cas contraire, cette pratique constitue un indice sérieux de mauvaise gestion de l'opération.

Solution

Les avenants conclus postérieurement à la réception de l'ouvrage doivent toutefois obéir à un minimum de règles de rigueur :

– ils doivent intervenir avant l'établissement du DGD ;

– ils doivent respecter les règles générales applicables aux avenants ;

– les travaux correspondants doivent être limités ;

– les travaux correspondants doivent être assortis d'un délai contractuel distinct, ce qui, en application de l'article 42 du CCAG, ouvre la possibilité d'une réception partielle ;

– les travaux correspondants doivent faire l'objet, à leur achèvement, d'une procédure de réception partielle spécifique ;

– la réception des travaux principaux, réalisée antérieurement, devient *ipso facto* une réception partielle, même si elle concerne la quasi-totalité de l'ouvrage. (Cette requalification est importante en matière de libération des sûretés éventuelles.)

Identification du problème

L'article R. 235-5 du Code du travail impose aux maîtres d'ouvrage d'élaborer un dossier d'entretien des lieux de travail (DELT) et en définit le contenu.

Texte officiel

Code du travail

Art. R. 235-5 – Les maîtres d'ouvrage doivent élaborer et transmettre aux utilisateurs, au moment de la prise de possession des locaux et au plus tard dans le mois qui suit, un dossier d'entretien des lieux de travail. Doivent notamment figurer dans ce dossier, outre les documents, notices et dossiers techniques prévus aux articles R. 235-2-3, R. 235-2-8 et R. 235-3-5, les dispositions prises :

a) Pour le nettoyage des surfaces vitrées en élévation et en toiture en application de l'article R. 235-3-2 ;

b) Pour l'accès en couverture et notamment :
– les moyens d'arrimage pour les interventions de courte durée ;
– les possibilités de mise en place rapide de garde-corps ou de filets de protection pour les interventions plus importantes ;
– les chemins de circulation permanents pour les interventions fréquentes ;

c) Pour faciliter l'entretien des façades et, notamment, les moyens d'arrimage et de stabilité d'échafaudage ou de nacelle ;

d) Pour faciliter les travaux d'entretien intérieur et notamment pour :
– le ravalement des halls de grande hauteur ;
– les accès aux machineries d'ascenseurs ;
– les accès aux canalisations en galerie technique, ou en vide sanitaire.

Ce dossier indique, lorsqu'ils ont été aménagés à cet effet, les locaux techniques de nettoyage et les locaux sanitaires pouvant être mis à disposition du personnel chargé des travaux d'entretien.

Ce dossier est tenu à la disposition de l'inspecteur du travail et des agents des services de prévention des organismes de sécurité sociale.

Or le maître de l'ouvrage n'a en général pas la compétence nécessaire pour élaborer le dossier d'entretien des lieux de travail.

Analyse

Les articles du Code du travail qui traitent du dossier d'entretien des lieux de travail sont organisés selon un système « gigogne », qui recouvre, au-delà des dispositions directement décrites dans l'article R. 235-5, des installations multiples. Sont notamment concernées :
– les installations d'éclairage, les portes et portails automatiques et les installations de désenfumage ;
– les installations électriques ;
– les installations d'aération et d'assainissement ;
– les dispositions retenues en matière d'accessibilité des handicapés.

La responsabilité de ce dossier complexe incombe au maître de l'ouvrage alors même qu'il n'a pas la compétence pour l'élaborer directement. Dans ces conditions, il ne lui reste qu'une solution : passer commande de la prestation correspondante à un tiers compétent.

Remarque

La multiplicité des domaines concernés se conjugue avec une multiplicité d'actions, qui recouvrent l'entretien, la maintenance et divers contrôles. La circulaire DRT n° 96-5 du 10 avril 1996 utilise d'ailleurs le vocable dossier de maintenance pour désigner le dossier d'entretien des lieux de travail.
Le dossier d'entretien des lieux de travail et le DIUO peuvent comporter des éléments communs ; il s'agit toutefois de dossiers différents : le DIUO décrit des éléments de l'ouvrage destinés à assurer la sécurité des interventions ultérieures, le dossier d'entretien des lieux de travail décrit d'une manière plus large et plus pratique les dispositions destinées à sécuriser et à faciliter l'entretien de l'ouvrage.

Solution

Parmi les acteurs habituels d'une opération de construction, les plus qualifiés pour élaborer le dossier d'entretien des lieux de travail sont le maître d'œuvre et le coordonnateur de sécurité. Toutefois, aucun des deux ne doit cette prestation au titre de son contrat de base. Une bonne solution consiste à prévoir :

1° la production du dossier d'entretien des lieux de travail par le maître d'œuvre (clause à insérer dans le CCTP du marché de maîtrise d'œuvre) ;

2° la formulation d'un avis sur le contenu de ce dossier par le coordonnateur SPS (clause à insérer dans le CCTP du marché de coordination en matière de sécurité) ;

3° la prise en compte de cet avis par le maître d'œuvre dans la version définitive du dossier (clause à insérer dans le CCTP du marché de maîtrise d'œuvre).

NÉCESSAIRE GESTION DE LA GARANTIE DE PARFAIT ACHÈVEMENT

Identification du problème

La garantie de parfait achèvement est contractuellement au maître de l'ouvrage acquise. Toutefois, en pratique, beaucoup de maîtres d'ouvrage ne tirent pas tout le bénéfice de cette garantie, et se trouvent souvent pris au dépourvu à l'issue du délai d'un an correspondant, sans avoir été réellement capables d'obtenir des entreprises toutes les prestations auxquelles ils avaient droit.

Analyse

Les maîtres d'ouvrage publics sont en général des personnes très actives, qu'ils s'agisse de maîtres d'ouvrage institutionnels, qui gèrent plusieurs opérations de construction simultanément, ou de maîtres d'ouvrage occasionnels, pour lesquels la responsabilité d'investisseur vient se rajouter à des responsabilités et tâches souvent lourdes (responsabilité d'élu, de directeur d'hôpital, etc.).

Dans ce contexte, le maître de l'ouvrage a plutôt tendance à subir les dysfonctionnements constatés pendant la période de garantie de parfait achèvement qu'à les gérer, et la période d'une année passe en fait extraordinairement vite…

Commentaire

Définition de la garantie de parfait achèvement

L'article 1792-6 du Code civil définit la garantie de parfait achèvement dans les termes suivants :

« La garantie de parfait achèvement, à laquelle l'entrepreneur est tenu pendant un délai d'un an à compter de la réception, s'étend à la réparation de tous les désordres signalés par le maître de l'ouvrage, soit au moyen de réserves mentionnées au procès-verbal de réception, soit par voie de notification écrite pour ceux révélés postérieurement à la réception. […]

« La garantie [de parfait achèvement] ne s'étend pas aux travaux nécessaires pour remédier aux effets de l'usure normale ou de l'usage. »

La garantie de parfait achèvement est réintroduite dans les marchés publics de travaux par le biais de l'article 44.1 du CCAG. Le délai de garantie est, sauf stipulation différente du marché et sauf prolongation décidée dans les conditions prévues au CCAG, d'un an à compter de la date d'effet de la réception, ou de six mois à compter de cette date si le marché ne concerne que des travaux d'entretien ou des terrassements.

Réglementation

CCAG applicable aux marchés publics de travaux

Art. 44.1 – […] Pendant le délai de garantie […], l'entrepreneur est tenu à une obligation dite « obligation de parfait achèvement » au titre de laquelle il doit :

a) Exécuter les travaux ou prestations éventuels de finition ou de reprise ;

b) Remédier à tous les désordres signalés par le maître d'ouvrage ou le maître d'œuvre, de telle sorte que l'ouvrage soit conforme à l'état où il était lors de la réception ou après correction des imperfections constatées lors de celle-ci ;

c) Procéder, le cas échéant, aux travaux confortatifs ou modificatifs dont la nécessité serait apparue à l'issue des épreuves effectuées conformément au CCAP ;

d) Remettre au maître d'œuvre les plans des ouvrages conformes à l'exécution […].

Solution

Gestion contractuelle de la garantie

Pour ne pas perdre tout ou partie du bénéfice de la garantie de parfait achèvement, le maître de l'ouvrage doit prévoir une gestion contractuelle de cette garantie par le biais de clauses appropriées à introduire dans les CCAP des marchés de maîtrise d'œuvre et de travaux.

Outils de gestion

La gestion contractuelle de la garantie de parfait achèvement repose sur deux outils, introduits dans le domaine des marchés publics en 1994 par les auteurs de l'ouvrage *Montage et suivi d'une opération de construction* : le cahier de parfait achèvement et la visite de fin du délai de parfait achèvement.

Documentation

Philippe Estingoy et Michel Rabatel, Montage et suivi d'une opération de construction, *Éditions du Moniteur, 1994, 2e éd., 2002.*

12.09 NÉCESSAIRE GESTION DE LA GARANTIE DE PARFAIT ACHÈVEMENT

Cahier de parfait achèvement

Le cahier de parfait achèvement comporte trois rubriques (voir tableau 12.09.1).

Les modalités pratiques d'utilisation de ce cahier sont simples :

– à côté du maître d'œuvre et du conducteur d'opération qui sont habilités, *es* qualités, à effectuer des constats de désordres ou de dysfonctionnements, le maître de l'ouvrage désigne, au sein de sa structure, une personne chargée de reporter, sur le cahier de parfait achèvement, les observations formulées par les utilisateurs du bâtiment. En cas d'urgence, cette personne est autorisée à saisir directement le maître d'œuvre, voire l'entrepreneur sous réserve d'informer simultanément le maître d'œuvre ;

– à intervalles réguliers définis dans son marché, le maître d'œuvre prend connaissance des observations, les valide et les répercute aux entreprises concernées. Pour certaines opérations complexes ou de taille importante, cette mission devra être hebdomadaire. Afin d'éviter tout malentendu avec le maître d'œuvre à ce sujet, la prestation de gestion du cahier de parfait achèvement est clairement décrite dans le marché de maîtrise d'œuvre ;

– à l'occasion de ses visites sur le site, le maître d'œuvre constate l'exécution (ou la non-exécution) des travaux de parachèvement, et adresse, en tant que de besoin, les injonctions nécessaires aux entreprises ;

– une fois par mois environ, le conducteur d'opération s'assure du bon déroulement de la procédure ;

– la démarche ainsi décrite est, chaque fois que nécessaire, renforcée par des actions ponctuelles, destinées à régler des problèmes particuliers ou urgents.

Visite de fin du délai de parfait achèvement

La visite de fin du délai de parfait achèvement constitue l'aboutissement de la procédure de gestion de la garantie de parfait achèvement engagée avec le cahier de parfait achèvement.

Un mois et demi, au plus tard, avant la fin du délai de parfait achèvement, le maître d'œuvre organise une « visite de parfait achèvement ».

Au cours de cette visite qui réunit maître d'œuvre, conducteur d'opération et maître de l'ouvrage, les intervenants établissent un constat de l'ensemble des désordres et dysfonctionnements qui subsistent à la date considérée. Ce constat reprend l'ensemble des défauts signalés par le biais du cahier de parfait achèvement et qui n'auraient pas reçu de traitement satisfaisant, ainsi que les défauts plus récents et non encore consignés dans ce cahier. La visite de parfait achèvement fait l'objet d'un procès-verbal établi par le maître d'œuvre.

Le procès-verbal de la visite de fin de parfait achèvement est notifié aux entreprises. En cas de réserves non levées, les entreprises concernées sont mises en demeure de remédier aux défauts signalés dans un délai maximal déterminé (en général ce délai ne peut être ni inférieur à quinze jours [CCAG, art. 49.1] ni supérieur au nombre de jours séparant la mise en demeure de la date de fin de garantie de parfait achèvement).

En pratique, il convient de veiller à conserver quinze jours pour les ultimes démarches administratives à la fin du délai de parfait achèvement, après l'échéance de la mise en demeure.

Lorsque la mise en demeure aboutit à un constat de carence, le maître de l'ouvrage dispose de moyens de protection très efficaces en enchaînant les actes administratifs suivants à l'encontre des entreprises défaillantes :

– décision de prolongation du délai de garantie ;

– décision d'opposition à la libération des sûretés ;

– notification des décisions aux parties concernées (entreprises et cautions).

Source

D'après Philippe Estingoy et Michel Rabatel, *Montage et suivi d'une opération de construction*, Éditions du Moniteur, 1994, 2e éd., 2002.

Tableau 12.09.1 – Contenu du cahier de parfait achèvement.

Constat de désordre		Travaux correctifs à réaliser		Constat d'exécution des travaux correctifs	
Nature du désordre	Constaté le <...> par <...>	Nature des travaux à réaliser	Par l'entreprise <...>	Travaux correctifs réalisés dans le respect des règles de l'art	Constatés le <...> par <...>

13

SÉCURITÉ JURIDIQUE

DU MAÎTRE D'OUVRAGE PUBLIC

PRÉVENTION ET GESTION DES DÉFAILLANCES D'UN ACTEUR

Identification du problème

La défaillance de l'un des acteurs est toujours un événement préjudiciable au bon déroulement d'une opération de construction. Cette situation est souvent aggravée par un manque d'anticipation et une réactivité désordonnée du tandem concerné (maître de l'ouvrage et conducteur d'opération si la défaillance touche un prestataire intellectuel ; maître de l'ouvrage et maître d'œuvre si la défaillance touche un entrepreneur de travaux).

Analyse

Le maître de l'ouvrage ne doit pas se contenter de subir la défaillance de l'un des acteurs de l'opération de construction. Il doit, assisté en cela par le conducteur d'opération ou par le maître d'œuvre, essayer de conserver un maximum d'initiative en la matière afin de préserver au mieux les intérêts de la collectivité ou de l'établissement public investisseur.

Solution

Anticipation

Une défaillance est d'autant moins préjudiciable à l'opération qu'elle est décelée au stade de ses premiers indices.

Les signes précurseurs d'une défaillance sont assez constants :
- prestations en retard, inachevées ou non exécutées ;
- absence à des réunions ;
- « oubli » de proposition de paiement des sous-traitants ;
- absence de réponse aux courriers ;
- changements d'interlocuteurs ;
- forte rotation des ouvriers ;
- difficulté à joindre les cadres dirigeants par téléphone.

Le conducteur d'opération (pour les prestataires intellectuels), le maître d'œuvre et le coordonnateur de chantier (pour les entrepreneurs) sont les observateurs avancés les plus aptes à déceler les signes avant-coureurs d'une défaillance.

Choix de stratégie

Dès que les signes précurseurs d'une éventuelle défaillance sont décelés, le maître de l'ouvrage doit, en liaison avec ses conseillers, choisir la stratégie la plus appropriée.

Le choix de la bonne stratégie suppose tout d'abord la possession d'un maximum d'informations sur l'état financier et sur le comportement du prestataire présumé défaillant.

Ces informations sont obtenues en cumulant les démarches suivantes :
- expertise des prestations déjà réalisées (nature, qualité, délais) ;
- interrogation d'autres acteurs du secteur du BTP de la région (maîtres d'ouvrage, conducteurs d'opération, mandataires, coordonnateurs de chantier, etc.)
- commande de l'extrait K*bis* au greffe du tribunal de commerce.

Si les résultats de ces démarches sont convergents et mettent en évidence un état de carence grave et avéré, le maître de l'ouvrage aura, en général, intérêt à engager une démarche permettant la mise en évidence administrative de la carence en vue du remplacement, au plus tôt, du prestataire défaillant (voir la procédure décrite ci-après).

S'il y a doute sur la gravité de la carence, le maître de l'ouvrage doit opter pour une démarche qui le protège, tout en essayant de donner au prestataire le maximum de chances d'achever ses travaux. En effet, lorsqu'un prestataire défaillant a déjà commencé à exécuter son marché de façon significative, l'intérêt convergeant des deux contractants passe souvent par une poursuite de l'exécution du contrat.

Réaction mesurée privilégiant l'achèvement du contrat

Lorsqu'il y a doute sur la gravité de la carence et dans la mesure du délai de réaction disponible sans préjudice majeur pour l'opération, le maître de l'ouvrage a intérêt à adopter une stratégie de réaction mesurée et graduée :

- courrier de relance adressé par la personne chargée de veiller à la bonne exécution du contrat (conducteur d'opération pour les marchés de prestations intellectuelles, maître d'œuvre pour les marchés de travaux) ;
- en cas d'échec, convocation du prestataire défaillant par le maître de l'ouvrage en présence de la personne chargée de veiller à la bonne exécution du contrat ;
- en cas d'échec, ordre de service de la personne chargée de veiller à la bonne exécution du contrat.

Cette dernière étape épuise les modes d'action privilégiant la survie contractuelle de l'acteur défaillant.

En cas d'échec, les présomptions de carence grave deviennent fortes, et la procédure de mise en évidence administrative de la carence s'impose.

Mise en évidence administrative de la carence

La mise en évidence administrative de la carence utilise les principes coercitifs définis par les différents CCAG (CCAG Travaux, art. 49 – CCAG PI, chapitre VI).

Il s'agit d'une procédure d'une extrême gravité dans la mesure où, une fois engagée, elle peut conduire, de façon inéluctable, à la résiliation du contrat.

Les phases en sont les suivantes :
- identification claire, par la personne chargée de veiller à la bonne exécution du contrat, d'une prestation due par le contractant et non exécutée ou non satisfaisante dans son contenu ;
- décision du maître de l'ouvrage portant mise en demeure de l'acteur défaillant. Pour être efficace, la mise en demeure doit fixer simultanément deux objectifs, la production de la prestation contractuelle non satisfaisante et un délai limite pour cette production – pour éviter, en cas de contentieux, d'avoir à justifier de l'usage de la procédure d'urgence, le maître de l'ouvrage veillera, sauf absolue nécessité, à laisser un délai minimal de quinze jours) ;
- notification de la décision par tout procédé ayant valeur probante (ordre de service ou remise en main propre par la personne chargée de veiller à la bonne exécution du contrat, ou par un huissier) ;
- convocation, par lettre recommandée avec accusé de réception, de l'acteur présumé défaillant à un constat contradictoire d'exécution ou de non-exécution de la prestation pour une date postérieure au délai limite défini ci-avant ;
- constatation contradictoire d'exécution ou de non-exécution de la prestation par la personne chargée de veiller à la bonne exécution du contrat.

En application des CCAG, les constats de carence intervenant avant la réception de la prestation entraînent la résiliation du contrat et la possibilité pour le maître de l'ouvrage de faire exécuter la suite dudit contrat par un intervenant tiers, aux frais et risques du prestataire défaillant.

Carence mineure avec impact fort sur le chantier

Il est fréquent que la non-exécution d'une prestation de faible importance ait un impact majeur sur un chantier (fermeture d'un local, aménagement d'un accès, éclairage provisoire, évacuation de matériaux, nettoyage, etc.).

Si la carence est passagère, l'obstacle est contournable en supprimant la prestation du marché de l'entrepreneur défaillant et en la rajoutant au marché d'un autre entrepreneur.

CONDUCTEUR D'OPÉRATION CONFRONTÉ À UN ACTE ILLÉGAL DU MAÎTRE DE L'OUVRAGE

Identification du problème

Un acte illégal du maître de l'ouvrage est toujours source de risque juridique pour lui-même, voire pour ses partenaires, et pour l'opération. Il appartient au conducteur d'opération d'exercer dans ce domaine une grande vigilance, qui sera en général appréciée par le maître de l'ouvrage mais qui pourra aussi être source de conflit.

Analyse

Un conflit entre maître de l'ouvrage et conducteur d'opération peut affecter gravement et durablement le déroulement d'une opération de construction (voir fiche 2.18). Ces deux intervenants ont donc intérêt à s'accorder, *a priori*, sur des règles communes de conduite à mettre en œuvre en cas d'acte illégal du maître de l'ouvrage.

Le guide *Repères déontologiques – La conduite d'opération : une mission de service public*, édité par le ministère de l'Équipement, des Transports et du Logement en juin 1996, peut constituer un support à cette démarche.

Solution

Principes

Les actes illégaux du maître de l'ouvrage sont en général des actes involontaires, que le conducteur d'opération doit s'attacher à prévenir ou, à défaut, à corriger chaque fois que cela est possible.

Il arrive parfois que l'acte illégal du maître de l'ouvrage soit délibéré. Dans ce cas, deux situations sont à distinguer :
– acte illégal sans présomption de délit de favoritisme ; par exemple, utilisation d'une procédure d'urgence en cas de retard dont le maître de l'ouvrage est lui-même responsable. Dans ce cas, le conducteur d'opération ne doit pas hésiter à dégager sa responsabilité par un écrit. Le maître de l'ouvrage doit accepter cet acte sans y voir un geste de défiance ;
– acte illégal avec présomption de délit de favoritisme ; si le maître de l'ouvrage persiste dans la direction qu'il a choisie, et ce malgré la mise en garde du conducteur d'opération, il est en général impossible de concilier les positions des deux acteurs, qui doivent alors trouver une issue honorable, dans le respect des prérogatives du maître de l'ouvrage et des règles déontologiques du conducteur d'opération.

Règles déontologiques du conducteur d'opération

• *Souci d'équité*

Le conducteur d'opération, garant des intérêts du maître de l'ouvrage, ne doit pas oublier qu'il est aussi un médiateur potentiel et que sa survie commerciale est peu compatible avec une implication médiatisée dans une procédure illicite. Il est donc contraint d'exercer sa mission avec un souci constant d'équité et de rigueur.

Par sa participation, même involontaire, à une procédure inique (concours d'architecture truqué par exemple), le conducteur d'opération peut perdre une part de la crédibilité indispensable à l'accomplissement efficace de son métier. Malheureusement, il lui est parfois difficile de se protéger contre des déviations qu'il ne maîtrise pas.

• *Respect de la volonté du maître de l'ouvrage*

Les règles élémentaires de son métier, conjuguées aux principes fondamentaux de la décentralisation, interdisent au conducteur d'opération de faire obstacle aux décisions, stratégies ou actes (même illégaux) du maître de l'ouvrage.

Un conducteur d'opération qui constate ou pressent que l'une des procédures envisagées risque d'être contraire aux principes élémentaires de l'équité ou de la légalité, doit au moins informer le maître de l'ouvrage des conséquences éventuelles des choix en cause.

Dans les cas graves, le conducteur d'opération doit pouvoir refuser de cautionner la procédure litigieuse. Ce refus doit pouvoir prendre la forme d'une résiliation du contrat de conduite d'opération.

• *Respect de la déontologie de sa profession*

Le maître de l'ouvrage public doit accepter de son conducteur d'opération que celui-ci puisse refuser de cautionner une procédure.

Source

Philippe Estingoy et Michel Rabatel, *Montage et suivi d'une opération de construction*, Éditions du Moniteur, 1994, 2e éd., 2002.

CARACTÈRE OBLIGATOIRE DU PROGRAMME

Identification du problème

Au-delà des vicissitudes dénoncées dans la fiche 3.09, l'absence de programme dans une opération conduit à une double illégalité, qui peut avoir des conséquences graves pour l'opération.

Analyse

Le programme constitue l'un des stades majeurs en amont d'une opération d'investissement, dont le maître de l'ouvrage ne peut s'affranchir tant pour des motifs techniques et d'efficience (développés dans la fiche 3.09) que pour des motifs juridiques. Le programme est obligatoire en application des dispositions de l'article 2 de la loi du 12 juillet 1985 sur la maîtrise d'ouvrage publique.

Texte officiel

Loi MOP

Art. 2 – I – Le maître de l'ouvrage est la personne morale, mentionnée à l'article premier, pour laquelle l'ouvrage est construit. Responsable principal de l'ouvrage, il remplit dans ce rôle une fonction d'intérêt général dont il ne peut se démettre.

Il lui appartient, après s'être assuré de la faisabilité et de l'opportunité de l'opération envisagée, d'en déterminer la localisation, d'en définir le programme, d'en arrêter l'enveloppe financière prévisionnelle, d'en assurer le financement, de choisir le processus selon lequel l'ouvrage sera réalisé et de conclure, avec les maîtres d'œuvre et entrepreneurs qu'il choisit, les contrats ayant pour objet les études et l'exécution des travaux.

Lorsqu'une telle procédure n'est pas déjà prévue par d'autres dispositions législatives ou réglementaires, il appartient au maître de l'ouvrage de déterminer, eu égard à la nature de l'ouvrage et aux personnes concernées, les modalités de consultation qui lui paraissent nécessaires.

Le maître de l'ouvrage définit dans le programme les objectifs de l'opération et les besoins qu'elle doit satisfaire ainsi que les contraintes et exigences de qualité sociale, urbanistique, architecturale, fonctionnelle, technique et économique, d'insertion dans le paysage et de protection de l'environnement, relatives à la réalisation et à l'utilisation de l'ouvrage.

Le programme et l'enveloppe financière prévisionnelle, définis avant tout commencement des avant-projets, pourront toutefois être précisés par le maître de l'ouvrage avant tout commencement des études de projet. Lorsque le maître de l'ouvrage décide de réutiliser ou de réhabiliter un ouvrage existant, l'élaboration du programme et la détermination de l'enveloppe financière prévisionnelle peuvent se poursuivre pendant les études d'avant-projets. Il en est de même pour la réalisation d'ouvrages neufs complexes d'infrastructure et de bâtiment, sous réserve que le maître de l'ouvrage l'ait annoncé dès le lancement des consultations. Les conséquences de l'évolution du programme et de l'enveloppe financière prévisionnelle sont prises en compte par voie d'avenant.

Le maître de l'ouvrage peut confier les études nécessaires à l'élaboration du programme et à la détermination de l'enveloppe financière prévisionnelle à une personne publique ou privée. [...]

Par ailleurs, le programme est la pièce contractuelle qui contribue à la définition de la commande de manière majeure dans le marché de maîtrise d'œuvre, dans la mesure où il fixe les « besoins à satisfaire » au sens de l'article 5 du Code des marchés publics.

Un marché de maîtrise d'œuvre sans programme est donc en infraction avec les dispositions de cet article.

Solution

Pour concilier à la fois l'objectif de performance de son opération et éviter une grave prise de risque juridique, le maître de l'ouvrage doit se donner les moyens de se doter d'un programme performant (voir fiches 3.01 à 3.11).

RÔLE DE LA COMMISSION TECHNIQUE DANS UN CONCOURS

Identification du problème

Il est d'usage de faire précéder les travaux des jurys de concours de maîtrise d'œuvre par ceux d'une commission technique chargée de l'analyse des prestations des candidats.

Les travaux de cette commission sont à la fois indispensables et potentiellement porteurs de risques juridiques majeurs : en aucun cas la commission technique ne doit pouvoir être suspectée de s'être substituée au jury.

Analyse

Conformément aux dispositions de l'article 70 du Code des marchés publics, il appartient au maître de l'ouvrage de préparer les travaux du jury.

En effet, le jury ne peut travailler efficacement et équitablement sans disposer d'analyses préalables qui ne peuvent être réalisées en séance, soit en raison de leur complexité (conformité des projets aux règles de sécurité contre l'incendie par exemple), soit en raison de leur durée (vérification des surfaces par exemple).

Il convient en effet de rappeler que la durée optimale d'une réunion de jury est comprise entre une demi-journée et une journée.

En général, la préparation des travaux du jury repose sur les travaux d'une structure dédiée, appelée « commission technique ».

La commission technique comprend le plus souvent :
- le chef de projet ;
- le conducteur d'opération ;
- le contrôleur technique ;
- des représentants des futurs utilisateurs ;
- un certain nombre de spécialistes choisis en fonction de la nature de l'ouvrage qui fait l'objet du concours (architecte, urbaniste, ingénieur structure, acousticien, etc.)

Les travers susceptibles d'entacher d'illégalité les travaux de la commission sont :
- le non-respect de la confidentialité ;
- l'oubli du programme ;
- le non-respect des critères d'analyse ;
- la proposition d'un classement en lieu et place du jury.

Solution

Les travaux de la commission technique doivent être organisés de manière rigoureuse.

Il est souhaitable que les prestations des candidats soient exposées dans une salle fermée à clef, accessible seulement aux membres de la commission.

La commission technique doit être pilotée par un acteur expérimenté, qui connaît et maîtrise les risques juridiques afférents à cette procédure (en général le conducteur d'opération).

Les travaux de la commission ne doivent pas durer trop longtemps. Le nombre de séances de travail est à peu près constant et sans relation directe avec la taille de l'opération : trois à cinq séances suffisent en général.

Les membres de la commission doivent, dès le stade de leur sélection, s'engager à respecter la confidentialité des informations dont ils disposeront dans le cadre de leurs travaux, et cela même si les prestations des candidats sont anonymes.

L'analyse doit être réalisée dans le strict respect des critères prévus par le règlement et en référence permanente au programme de l'opération. Il n'est en effet pas rare que certains membres de la commission, notamment les non-professionnels, aient tendance à juger les prestations dans l'absolu, en toute subjectivité.

L'analyse doit être réalisée de manière transversale, critère après critère, pour l'ensemble des offres, sans synthèse globale, de manière à éviter tout classement implicite.

Les travaux de la commission technique doivent faire l'objet de conclusions écrites, qui sont présentées au jury par un rapporteur.

La personne responsable du marché ne doit pas faire référence à un avis de la commission technique dans les attendus de sa décision de désignation du ou des lauréats.

RÔLE DU CONDUCTEUR D'OPÉRATION AU STADE DES ÉTUDES D'EXÉCUTION

Identification du problème

Le CCAG applicable aux marchés publics de travaux et le décret n° 93-1268 du 29 novembre 1993 relatif aux missions de maîtrise d'œuvre confiées par des maîtres d'ouvrage publics à des prestataires de droit privé laissent au maître de l'ouvrage la possibilité de choisir qui, de l'entrepreneur ou du maître d'œuvre, réalise les études d'exécution des ouvrages.

Cette alternative peut générer une grave ambiguïté sur le rôle du conducteur d'opération au regard de la prestation correspondante.

Analyse

Pour définir le positionnement correct du conducteur d'opération au regard de la prestation des études d'exécution, il suffit de revenir aux principes fondamentaux d'organisation de l'opération :
– le prestataire chargé de veiller à la bonne exécution du marché de travaux est le maître d'œuvre ;
– le prestataire chargé de veiller à la bonne exécution du marché de maîtrise d'œuvre est le conducteur d'opération.

Lorsque les études d'exécution sont une prestation d'entreprise, leur contrôle incombe au maître d'œuvre.

Lorsque les études d'exécution sont une prestation du maître d'œuvre, leur contrôle incombe au conducteur d'opération.

Solution

Études d'exécution à la charge de l'entreprise

Dans ce cas, le suivi de la bonne exécution de la prestation « études d'exécution » ne saurait incomber directement au conducteur d'opération, qui limite son intervention au contrôle des missions confiées aux prestataires intellectuels :
– le coordonnateur de chantier (si son marché le prévoit) doit suivre la production des études d'exécution conformément au calendrier établi en fonction des impératifs du chantier ;
– le maître d'œuvre s'assure que les documents correspondants respectent les dispositions du projet et, dans ce cas, leur délivre son visa ;
– le contrôleur technique doit vérifier les études d'exécution. Sauf mission spécifique, son rôle se limite à la vérification des dispositions susceptibles de contribuer à la stabilité des ouvrages et à la sécurité des personnes.

Remarque importante

Lorsque les études d'exécution sont à la charge des entreprises, le conducteur d'opération est fondé à refuser d'en prendre connaissance dans la mesure où il n'est investi d'aucune mission supposant de sa part une analyse de ces études.

Études d'exécution à la charge du maître d'œuvre

Lorsque les études d'exécution sont à la charge du maître d'œuvre, le conducteur d'opération doit :
– s'assurer avant toute proposition de paiement de la prestation correspondante que la totalité des études d'exécution dues a été produite. Il ne s'agit en fait que de la prestation traditionnelle de suivi de la bonne exécution du marché de maîtrise d'œuvre ;
– s'assurer que les études d'exécution sont conformes aux dispositions du programme et cohérentes avec les études effectuées par le maître d'œuvre aux stades antérieurs (études de projet en particulier) ;
– si nécessaire, veiller à ce que les études d'exécution soient produites aux échéances prévues par le coordonnateur de travaux. Il est toutefois préférable que cette tâche soit confiée directement au coordonnateur de travaux, de façon que cet acteur dispose de la totalité des leviers nécessaires à l'accomplissement de sa mission (voir fiche 9.05).

Commentaire

En cas de sinistre résultant d'une erreur de conception commise au stade des études d'exécution, il n'est pas à exclure qu'un juge puisse attribuer une part de responsabilité au conducteur d'opération, intervenant réputé compétent et susceptible d'avoir eu connaissance du dossier des études d'exécution. Un tel jugement, qui ignorerait que le conducteur d'opération est un généraliste qui n'a pas compétence pour apprécier la pertinence de certaines dispositions techniques d'exécution (dimensionnement d'un ferraillage par exemple), n'est pas à exclure dans l'état actuel de la jurisprudence et du fait de la méconnaissance du métier de conducteur d'opération par certains experts.

Pour éviter une recherche en responsabilité pour erreur de conception au stade des études d'exécution, il est important que le contrat conclu entre le maître de l'ouvrage et le conducteur d'opération précise clairement le contenu de la mission du conducteur d'opération au stade des études d'exécution, en distinguant les deux cas mentionnés ci-avant.

Source

D'après Philippe Estingoy et Michel Rabatel, *Montage et suivi d'une opération de construction*, Éditions du Moniteur, 1994, 2e éd., 2002.

RISQUES LIÉS À LA DÉCISION DE PROLONGATION DE DÉLAI

13.06

Identification du problème

Lorsque certaines sujétions, dont l'entrepreneur n'est pas responsable, modifient la nature, l'importance ou les conditions d'exécution des travaux, le maître de l'ouvrage peut être amené à prolonger le délai d'exécution desdits travaux par simple décision. Cet acte, destiné à rétablir des conditions équitables d'exécution du contrat, peut, en certaines circonstances, ouvrir la porte à une réclamation de l'entrepreneur.

Analyse

L'article 19 du CCAG applicable aux marchés publics de travaux offre au maître de l'ouvrage la possibilité de prolonger le délai d'exécution des travaux par simple décision :
- en cas d'intempéries (art. 19.22) ;
- en présence d'un des événements énumérés à l'article 19.21.

Les difficultés analysées dans le cadre de la présente fiche résultent de l'application des dispositions de l'article 19.21.

Réglementation

CCAG applicable aux marchés publics de travaux

Art 19.21 – Lorsqu'un changement de la masse de travaux ou une modification de l'importance de certaines natures d'ouvrages, une substitution des ouvrages initialement prévus d'ouvrages différents, une rencontre de difficultés imprévues au cours du chantier, un ajournement de travaux décidé par la personne responsable du marché ou encore un retard dans l'exécution d'opérations préliminaires qui sont à la charge du maître de l'ouvrage ou de travaux préalables qui font l'objet d'un autre marché, justifie soit une prolongation du délai d'exécution de l'ensemble des travaux ou d'une ou plusieurs tranches de travaux, soit le report du début des travaux, l'importance de la prolongation ou du report est débattue par le maître d'œuvre avec l'entrepreneur, puis elle est soumise à l'approbation de la personne responsable du marché, et la décision prise par celle-ci est notifiée à l'entrepreneur par ordre de service.

Les dispositions de l'article 19.21 permettent au maître de l'ouvrage d'user de l'outil simple et rapide de la décision pour éviter à l'entrepreneur d'être injustement pénalisé pour un retard dont il n'est pas responsable.

Certains entrepreneurs utilisent la décision comme assiette d'une réclamation, d'autant plus difficile à contester par le maître de l'ouvrage que la décision constitue en elle-même la reconnaissance par le maître de l'ouvrage d'un événement qui peut être préjudiciable à l'entrepreneur.

Le schéma de la réclamation est simple :

retard → moyens techniques et humains supplémentaires → préjudice → réclamation → indemnisation

Solution

Préalablement à l'édition de sa décision de prolongation de délai, le maître de l'ouvrage doit prendre soin d'obtenir de l'entrepreneur (par le biais du maître d'œuvre) une clarification de sa position sur les effets collatéraux du retard.

S'il y a la moindre ambiguïté en la matière, le maître de l'ouvrage préférera un avenant traitant de l'intégralité des problèmes à une décision repoussant simplement à une date ultérieure un différend éventuel.

En cas d'urgence, la décision peut être utilisée dans un premier temps, puis être suivie d'un avenant dont le maître d'œuvre aura pris la précaution de faire arrêter les termes par les deux parties avant la notification de la décision.

Remarque

L'objet de la présente fiche n'est pas de faire obstacle à une légitime réclamation de l'entrepreneur ; il est à replacer dans l'esprit de l'ouvrage, qui entend contribuer à éviter des conflits inutiles, sources de retards et de surcoûts.

A contrario, *le souci de clarté du maître de l'ouvrage ne doit pas constituer une invitation, pour l'entrepreneur, à assortir systématiquement sa demande de prolongation de délai d'une demande d'indemnité. En la matière, la vigilance et l'habileté du maître d'œuvre sont nécessaires à l'élaboration d'un avenant équitable.*

INDEX

A

B

C

D

E

F

G

TABLE DES MATIÈRES

Photocomposition et mise en page : Image in Air, Simeyrols (24)
Achevé d'imprimer sur les presses de l'Imprimerie Chirat
à Saint-Just-la-Pendue en mai 2006
N° d'imprimeur : 9794
Dépôt légal : mai 2006
Imprimé en France